GUIDE

POUR L'ENSEIGNEMENT

DE LA

GYMNASTIQUE DES GARÇONS

CONFORME AU PROGRAMME OFFICIEL

Système approuvé par le Conseil supérieur d'hygiène publique,
et adopté par la Commission centrale de l'Instruction primaire et la Commission
spéciale chargée d'organiser l'enseignement de la Gymnastique
dans les Établissements d'instruction sommis à l'Inspection de l'État,

PAR

LE CAPITAINE DOCX,

Directeur de l'école régimentaire du 10e de Ligne;
Chevalier des Ordres royaux et militaires du Christ de Portugal et d'Isabelle
la Catholique d'Espagne; décoré de la Croix Rouge
et Officier d'Académie en France.

NAMUR.

IMPRIMERIE DE AD. WESMAEL-CHARLIER, LIBRAIRE, ÉDITEUR.

1875.

GUIDE

POUR

L'ENSEIGNEMENT DE LA GYMNASTIQUE DES GARÇONS

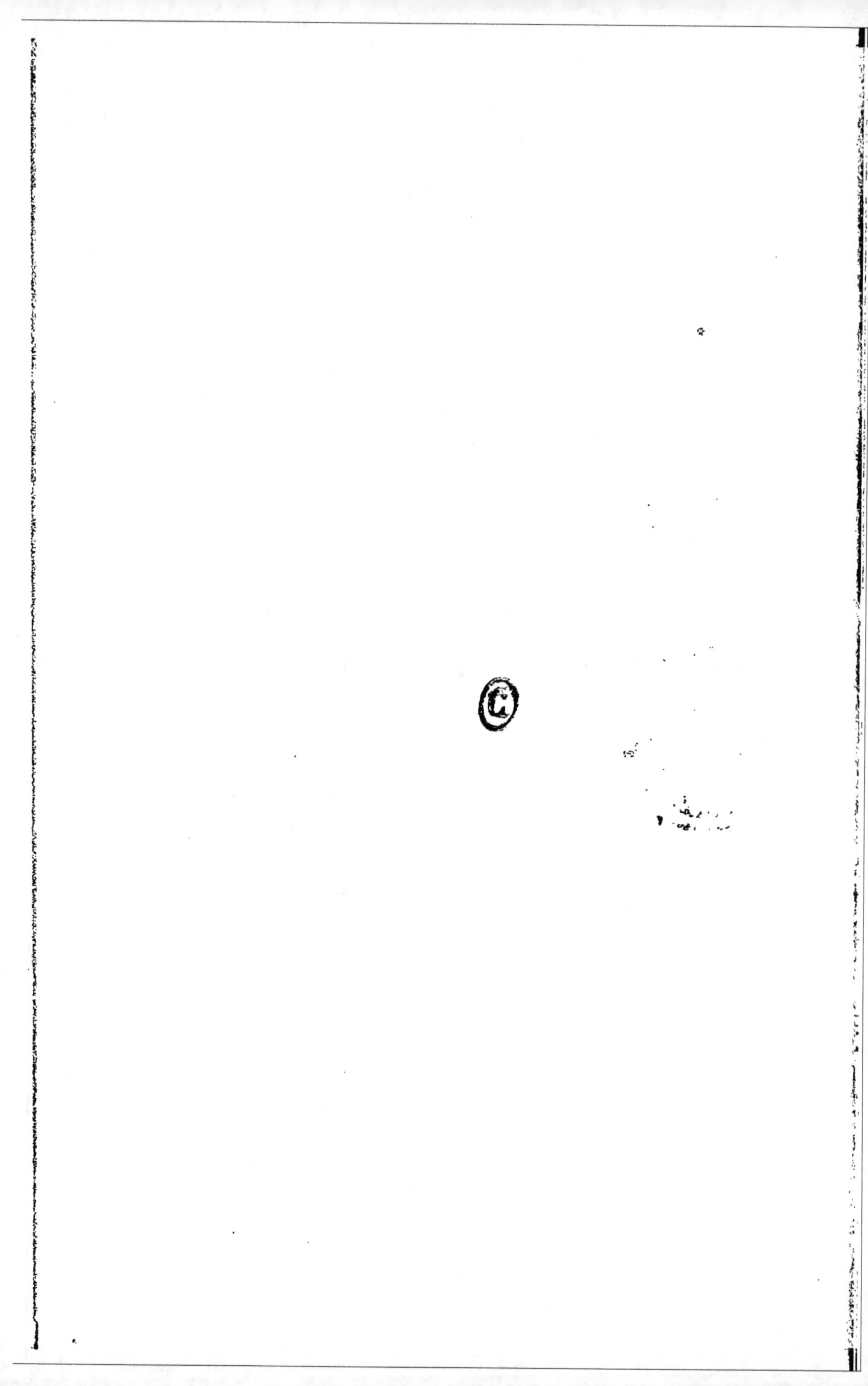

GUIDE

POUR L'ENSEIGNEMENT

DE LA

GYMNASTIQUE DES GARÇONS

CONFORME AU PROGRAMME OFFICIEL,

PAR

LE CAPITAINE DOCX,

Directeur de l'école régimentaire du 10e de Ligne ;
Chevalier des Ordres royaux et militaires du Christ de Portugal et d'Isabelle
la Catholique d'Espagne ; décoré de la Croix Rouge
et Officier d'Académie en France.

NAMUR.

IMPRIMERIE DE AD. WESMAEL-CHARLIER, LIBRAIRE, ÉDITEUR.

1875.

PRÉFACE.

En présentant au public une seconde édition de nos ouvrages de gymnastique, nous ne devons plus plaider la cause des exercices corporels.

Depuis quelque temps, il s'est produit un mouvement tellement favorable à l'enseignement de la gymnastique, qu'aujourd'hui déjà, la plupart des parents le réclament pour leurs enfants à qui il doit donner la force et la santé. D'autre part les vœux émis par les hommes d'État, les médecins et les amis de l'enfance, ayant décidé le Gouvernement à l'organiser d'une manière générale, uniforme et scientifique, ce serait, nous semble-t-il, un hors-d'œuvre que de nous occuper encore ici de son impérieuse nécessité au point de vue scolaire.

Le désir de satisfaire aux demandes des personnes chargées de donner à la fois les cours théoriques et le cours pratique dans les écoles normales, nous a engagé à réunir tous ces cours dans notre nouvelle édition.

L'ouvrage est divisé en quatre parties :

1° Histoire. — 2° Anatomie et physiologie. — 3° Pédagogie et méthodologie et 4° Pratique.

L'une de ces parties, *l'histoire*, nécessitant certains détails sur les systèmes en présence, qui font encore actuellement l'objet de discussions entre les hommes spéciaux, nous garderons la plus scrupuleuse neutralité, nous bornant à citer les faits accomplis, puisés dans les ouvrages d'écrivains célèbres et de médecins compétents, et nous réservant de prendre part ailleurs que dans un exposé historique, à cette polémique de système et d'école.

Notre rôle étant simplement celui de rapporteur, nous citerons avec respect toutes les personnes qui ont contribué à faire progresser cette science, à l'édification de laquelle nous serions heureux de sacrifier ce qui nous reste de force physique et intellectuelle.

Le capitaine,

G. DOCX.

Philippeville, le 24 mars 1875.

GUIDE

POUR L'ENSEIGNEMENT DE LA GYMNASTIQUE

DES GARÇONS.

Ire PARTIE.

HISTOIRE DE LA GYMNASTIQUE [1].

EXERCICES CORPORELS CHEZ LES PEUPLES ANCIENS.
— CHEZ LES GRECS. — CHEZ LES ROMAINS. — AU MOYEN AGE. — DANS
LES TEMPS MODERNES. — SYSTÈMES ET
MÉTHODES EN USAGE DANS LES DIFFÉRENTS PAYS DE L'EUROPE.

> « La vérité est du domaine public ; elle
> n'est la propriété exclusive de personne. »
> (Dr N. THEIS.)

ORIGINE.

Grand nombre d'auteurs ont dit, et avec raison,
que la gymnastique se perd dans la nuit des temps ;

[1] Nos renseignements historiques sont, pour la plupart, puisés dans l'excellent ouvrage du Dr N. DALLY : « *La Cinésiologie*, Paris, 1857. » Nous citons souvent ce brillant auteur ; parfois même il nous est arrivé de nous servir de ses propres expressions.

Les titres des ouvrages des autres auteurs consultés, qui nous ont fourni des matériaux précieux, figurent à la fin de cette partie.

car tout nous porte à croire qu'elle date de l'apparition de l'homme sur la terre.

En effet, il ne pouvait compter que sur lui-même et sur son travail, pour la satisfaction de ses nombreux besoins; réduit ainsi à chercher dans la force, la ruse ou l'adresse, la protection contre les agressions de ses ennemis, hommes ou animaux, était-il permis à son activité de sommeiller un instant! On peut donc affirmer que l'existence de l'homme, même celle des peuples, a eu pour principal soutien cette activité physique, que les anciens cultivaient comme un art, et qui, de nos jours, est devenue une science basée sur la connaissance approfondie de l'anatomie et de la physiologie.

ANTIQUITÉ.

Chine. — Quatre mille ans avant l'ère chrétienne, les Chinois s'adonnaient aux exercices corporels, tant au point de vue médical, par des mouvements combinés, qu'au point de vue de l'éducation, par des exercices d'escrime et la conduite des chars.

« La première fois qu'il est fait mention, dit *N. Dally*, dans les annales de la Chine, d'un système de mouvements propres à conserver la santé et à guérir les maladies, date des temps antéhistoriques, et nous reporte ainsi à l'époque où les *cent-familles* étaient encore en Pamir.

» Les pères *Amiot* et *de Prémare*, l'un dans son

Abrégé chronologique de l'histoire de l'Empire chinois; l'autre, dans ses *Livres sacrés de l'Orient*, disent que, *Yn-Kang-Chi*, deuxième empereur avant *Fou-Hi*, prescrivait des exercices militaires et des danses à ses sujets, afin de les soustraire aux maladies occasionnées par les grandes eaux qui ne s'écoulaient pas. Les mouvements qu'ils étaient obligés de faire, ne contribuaient pas peu à la guérison de ceux qui étaient languissants, et à maintenir en santé ceux qui se portaient bien. »

L'écrivain chinois qui rapporte cette tradition ajoute : « La vie de l'homme dépend de l'union du ciel et de la terre, et de l'usage de toutes les créatures. La matière subtile circule dans le corps; si donc le corps n'est point en mouvement, les humeurs ne coulent plus, la matière s'amasse, et de là les maladies, qui ne viennent toutes que de quelque obstruction. »

Les *Chinois* aimaient, outre certains exercices libres qu'ils pratiquaient au point de vue de la santé, les danses tournantes et des danses avec des boucliers ou des étendards; ces danses furent inscrites dans les rituels des cérémonies civiles et religieuses.

« Ce goût général des Chinois, dit N. Dally, pour les exercices du corps est né d'une maxime fonda-mentale, qui, en Chine, n'a point cessé d'être consi-dérée comme la base de tout progrès, de tout développement moral : *Le perfectionnement de soi-même.* » Le fondateur de la dynastie des Chang, 1766 ans avant J.-C., l'avait fait graver sur sa baignoire en ces termes : « Renouvelle-toi complétement chaque » jour; fais-le de nouveau, encore de nouveau, et » toujours de nouveau. »

« L'éducation de l'âme et celle du corps étaient, en Chine, organisées dans l'unité de l'être humain. Il y eut donc des principes et des règles qui s'appliquaient au développement des facultés intellectuelles et des facultés corporelles, pour conserver aux générations une certaine perfection intégrale. Nous n'avons pu découvrir quels sont ces principes et ces règles; mais la certitude de leur existence se déduit de l'organisation même de l'éducation publique de l'empire. » (N. Dally.)

La gymnastique existait donc en Chine, tant sous le rapport de l'éducation que sous le rapport hygiénique.

S'il y avait du doute à cet égard, nous recourrions encore à l'ouvrage de Mr N. Dally, où nous lisons : « La nation chinoise a tout noté parce qu'elle avait tout à conserver. Dans une encyclopédie en 64 volumes, publiée à la fin du seizième siècle, sous le titre de *San-Tsaï-Tou-Hoeï*, on trouve une collection de gravures sur bois représentant des figures anatomiques et des exercices gymnastiques, avec un texte explicatif. Il nous est donc permis de croire qu'elle possède aussi quelques écrits de gymnastique médicale.

Parmi les mouvements qui sont du domaine de la gymnastique médicale, on comprend : le *massage*, la *friction*, la *pression*, la *percussion*, la *vibration* et beaucoup d'autres mouvements passifs, dont l'application faite avec intelligence produit des effets essentiellement hygiéniques et curatifs.

Or, ces différents mouvements sont en usage en Chine depuis les temps les plus reculés. On les emploie pour dissiper la rigidité des muscles occasionnée par la fatigue, les contractions spasmodiques, les douleurs rhumatismales, après la résolution des fractures, et dans beaucoup de cas de pléthore sanguine au lieu de la saignée. Ces pratiques sont aujourd'hui passées dans les habitudes de la nation. La plupart des voyageurs font mention de cet usage et de ses effets salutaires.

Nous avons bien là un procédé de gymnastique médicale. Les Chinois le rapportent-ils à une raison physiologique quelconque, à un ensemble de doctrine thérapeutique? cela nous paraît probable, mais nous n'en avons pas encore de preuve. »

Dans tous les cas, la gymnastique médicale, on le voit, était connue en Chine longtemps avant notre ère; les Chinois exagérèrent peut-être les cures produites par les mouvements ou les poses qu'ils faisaient exécuter à leurs malades; mais nous ne devons pas moins convenir, quoique les Vésales n'eussent pas encore vu le jour, que leurs procédés nous mettent sur la trace de la gymnastique scientifique.

Sous le rapport de l'éducation, la gymnastique était aussi honorée chez les Chinois que sous le rapport médical; faut-il autre chose pour le prouver que cette belle maxime du grand Confucius, que tant de philosophes se plurent à répéter après lui : « Il ne s'agit pas de former deux hommes, mais il faut développer le corps et l'âme de telle sorte que l'un n'absorbe pas l'autre. »

Inde. — Dans l'Inde, les exercices corporels furent également connus; on s'y adonnait à la lutte, à l'escrime de la rapière et à celle du bâton. — On se préparait à la lutte par quelques mouvements libres, d'abord passifs, puis actifs et enfin avec des engins, tels que la massue ou un arc pesant que l'on soulevait au-dessus de la tête. Les lutteurs étaient nus, le bas-ventre recouvert d'une enveloppe serrée au-dessus des hanches; avant de commencer la lutte, ils étaient soumis à des frictions, des massages, qui se faisaient d'après des principes et des règles fixes.

Grèce. — Esculape (1280 ans avant notre ère), le dieu de notre pays, dit Galien, prescrivait aux uns des chants, des divertissements et une espèce de musique pour dissiper les troubles de l'âme et réprimer les passions; aux autres, l'exercice de la chasse, celui du cheval et les armes. Il déterminait même l'espèce de mouvement d'après la nature de la maladie, pensant qu'il faut non-seulement apprendre aux hommes à ranimer leur esprit par l'exercice, mais aussi leur enseigner à proportionner le remède à la maladie, et la nature de l'un à celle de l'autre. Ainsi, ajoute N. Dally, « dès l'origine des premières sociétés dans l'Occident, il y eut des règles, une méthode, un art spécial, une *ascétique*, enfin, pour les exercices du corps et pour ceux de l'esprit, en vue de la santé. »

Dans les premiers temps, les Grecs se livraient aux exercices gymnastiques en plein air : ils choisissaient pour cela un terrain uni et situé près du bord d'une rivière, car celle-ci leur offrait le délassement du bain et l'exercice de la natation. Les traditions athéniennes attribuaient à *Thésée* l'organisation et la réglementation des exercices gymnastiques; mais, suivant Galien, c'est seulement à l'époque de Clisthènes (fin du VIe siècle avant J.-C.) que l'art de la gymnastique fut réduit en système. Quoi qu'il en soit, il paraît que ce fut au temps de Solon que l'on commença à construire des gymnases réguliers, où se trouvaient, à côté des emplacements destinés aux exercices corporels, des bains, ainsi que des salles pour les philosophes, les rhéteurs, etc.

Bientôt il n'y eut pas dans toute la Grèce une ville de quelque importance qui ne possédât un établissement de ce genre. De nos jours on a découvert en divers lieux, et notamment à Ephèse, à Hiérapolis, à Alexandrie de Troade, des restes de gymnases antiques. Athènes seule en possédait trois d'une étendue considérable. C'étaient le Lycée, le Cynosarge et l'Académie, auxquels on en ajouta plus tard quelques autres moins importants.

CONSTRUCTION ET DISPOSITION DES GYMNASES GRECS.

Tous les gymnases étaient construits sur le même plan, si l'on fait abstraction de quelques différences de détail qui tenaient, soit à la nature de l'emplacement, soit au goût de l'architecte.

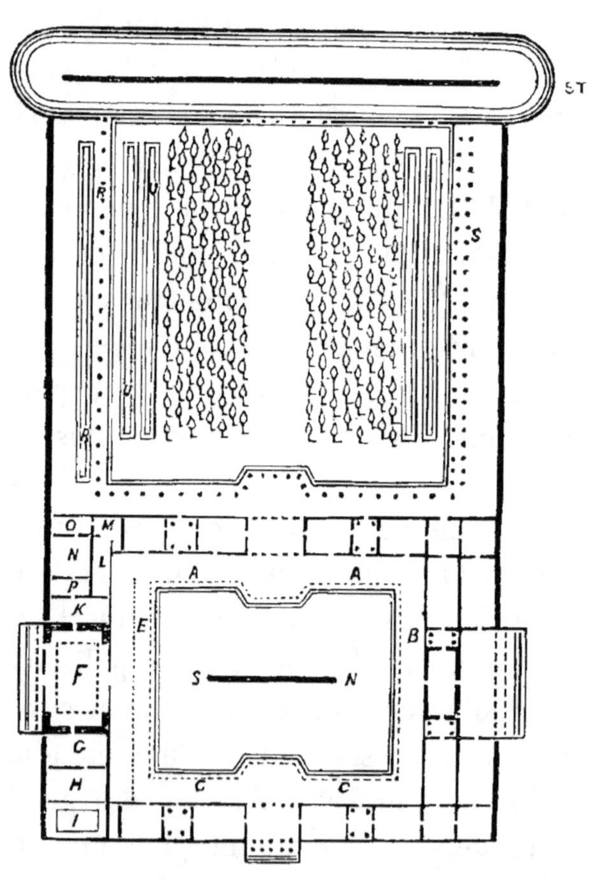

S. N. Cour carrée.	*I*. Loutron.	*O*. Laconicum.
A. B. C. E. Portiques.	*K*. Elaeothesium.	*P*. Calida lavatio.
F. Ephebeum.	*L*. Frigidarium.	*R. S*. Portiques.
G. Corycaeum.	*M*. Propigneum.	*U. U*. Promenades.
H. Conisterium.	*N*. Sudatorium.	*S. T*. Stade.

On y remarquait d'abord une grande cour carrée ou rectangulaire que Vitruve appelle à tort *Palestre;* elle n'avait pas moins de 2 stades ou 1200 pieds de pourtour. Ce péristyle était entouré de 4 portiques; sur trois d'entre eux, A, B, C, s'ouvraient de vastes salles *(exedrae)* qui étaient garnies de siéges, où les philosophes, les rhéteurs et ceux qui aimaient les discussions philosophiques et littéraires se réunissaient pour discourir.

Le quatrième portique, E, qui regardait le midi, était double, et donnait entrée dans plusieurs pièces ayant chacune une destination spéciale. Ainsi l'*Ephebeum*, F, était une grande salle rectangulaire réservée aux jeunes garçons. A sa droite, on voit le *Corycaeum*, G, où l'on s'exerçait à la paume, puis le *Conisterium*, H, où les lutteurs frottés d'huile venaient se couvrir de poussière; et enfin, à l'extrémité du portique, le bain froid que les Grecs nommaient *Loutron*. A la gauche de l'*Ephebeum*, on aperçoit successivement, l'*Elaeothesium*, K, où l'on se faisait oindre d'huile par les *Aliptes;* le *Frigidarium*, chambre à température modérée où l'on se tenait quelques instants au sortir du bain chaud avant de s'exposer au grand air; le *Propigneum*, M, c'est-à-dire le lieu où l'on faisait le feu pour chauffer les chambres et les bains; la chambre voûtée. *Sudatorium*, concamerata sudatio, N, pour faire suer, qui se trouve elle-même placée entre l'étuve ou *Laconicum*, O, et le bain d'eau chaude, *calida lavatio*, P. La seconde partie du gymnase présente aussi un vaste espace clos, mais n'ayant de portiques que sur trois côtés. Le portique S, qui regarde le nord, est double et très-profond. Le portique opposé, R, est au contraire simple, mais il est disposé de telle façon que le long du mur d'enceinte, ainsi que le long des colonnes, il existe une sorte de promenoir large d'au moins 10 pieds. Ces deux promenoirs sont séparés l'un de l'autre par un espace creusé large de 12 pieds, qui se trouve de 1 pied et 1/2 en contre-bas et où l'on descend par deux degrés. De cette manière, ceux qui se promenaient tout habillés sur le trottoir n'étaient point incommodés par les individus qui s'exerçaient dans le bas. Chez les Grecs, ce dernier portique était désigné sous le nom de *Xyste* : c'est dans ce lieu couvert que l'on s'exerçait pendant la mauvaise saison. A l'extérieur de ce portique, comme aussi le long du portique septentrional, se trouvent des promenades découvertes, UU, appelées *Paradromides* par les Grecs, et *Xysta* par les Romains. L'intervalle qui sépare ces promenades est encore occupé par des allées de platanes ou d'autres arbres, ornées de siéges en maçonnerie.

Enfin, derrière le *xyste* est un *stade*, ST, établi de manière qu'un grand nombre de personnes pouvaient voir commodément les exercices des athlètes. Les habitants des villes de la Grèce, pour décorer leurs gymnases, y érigeaient des statues aux dieux, aux héros, aux vainqueurs dans les jeux publics, ainsi qu'aux hommes illustres de la cité. Comme *Mercure* était le patron de ces établissements, on y voyait presque toujours la statue de ce dieu.

DISPOSITIONS RÉGLEMENTAIRES.

Les plus anciennes dispositions réglementaires relatives aux gymnases se trouvent dans les lois de Solon. L'une d'elles en interdisait l'entrée aux adultes, aux heures où les enfants les fréquentaient et pendant les fêtes de Mercure. Elle défendait également de les ouvrir avant le lever du soleil et prescrivait de les fermer au coucher de cet astre. Une autre loi excluait les esclaves des exercices gymnastiques. D'après une troisième loi de Solon, les enfants nés d'un citoyen athénien et d'une étrangère ne pouvaient entrer que dans le gymnase du *Cynosarge*.

Ce sage législateur avait encore établi d'autres règlements dans l'intérêt de la morale publique; mais il paraît qu'au temps de *Platon*, ils avaient cessé d'être observés. En outre, à cette époque, Athènes possédait plusieurs autres établissements analogues, mais plus petits, qui sont quelquefois appelés *palestres*, et où tous les âges étaient confondus. Ces changements et le relâchement dans la surveillance eurent pour résultat de faire disparaître la différence entre les gymnases et les académies d'athlètes, qui étaient les palestres proprement dites. C'est sans doute pour cela, que nous voyons les contemporains de Platon et les écrivains postérieurs employer indifféremment ces deux termes. Chez les Athéniens, ainsi que dans toutes les cités de race ionienne, les femmes mariées ou non étaient rigoureusement exclues des gymnases.

A Sparte et dans les autres pays d'origine dorienne, l'entrée des gymnases n'était interdite qu'aux femmes mariées. Quant aux jeunes filles, non-seulement elles assistaient comme spectatrices aux exercices des jeunes gens, mais encore elles y prenaient part, vêtues simplement de la courte tunique appelée *chiton*.

SURVEILLANCE ET ADMINISTRATION.

Nous avons vu qu'à Athènes la surveillance et l'administration des gymnases avaient été, de la part de Solon, l'objet d'une très-vive sollicitude : les infractions à certaines prescriptions étaient même punies de mort. D'après la législation solonienne, la direction des gymnases était confiée à un magistrat spécial appelé *gymnasiarque*. Cette charge était une des liturgies régulières, comme celles des *choréges* et des *triérarques*, et elle entraînait à de grandes dépenses. En effet, c'était au gymnasiarque qu'appartenait le soin d'entretenir et de payer les athlètes qui se préparaient à figurer dans les jeux publics de la Grèce. La décoration des gymnases et celle des emplacements où avaient lieu les luttes étaient également à sa charge. Au reste, le gymnasiarque était un véritable magistrat, et, à ce titre, il avait une espèce de juridiction sur tous ceux qui fréquentaient les gymnases et sur tout ce qui intéressait ces établissements. Son autorité s'étendait même au dehors, car *Plutarque* rapporte qu'il était chargé de surveiller la conduite des éphèbes en général.

Enfin, il avait encore la direction des jeux publics dans certaines grandes fêtes, particulièrement dans les *Lampadophories*, pour lesquelles il choisissait les meilleurs élèves des gymnases parmi les éphèbes. Suivant *Libanius*, le nombre des gymnasiarques était de dix, un par tribu. Ils portaient, entre autres insignes, un manteau de pourpre et des souliers blancs. Dans les premiers temps, leurs fonctions étaient annuelles; mais plus tard, sous la domination romaine, elles furent souvent limitées à un mois. Elles étaient si considérées, qu'on les vit ambitionner même par des généraux romains, et plus tard par des empereurs. Un autre office qu'on a cru longtemps relatif aux gymnases, était celui de *xystarque;* mais il n'en est pas question avant l'empire romain, et encore ne le rencontre-t-on qu'en Crète et en Italie. *Krause* a prouvé que cet office était étranger aux gymnases proprement dits, et ne se rapportait qu'aux écoles d'athlètes. Les *cosmètes* ne sont également mentionnés que sous l'empire; mais leurs attributions se rapportaient à l'administration des gymnases. Ils étaient chargés de diriger certains jeux, de tenir les registres d'inscription des éphèbes, et de maintenir parmi eux l'ordre et la discipline. Le *cosmète* avait pour auxiliaires un *anticosmète* et deux *hypocosmètes*. Un autre emploi d'une plus haute importance, au point de vue de l'éducation, était celui des *sophronistes*. Ils avaient pour mission d'inspirer aux jeunes gens l'amour de la vertu, de les soustraire aux mauvaises influences, d'assister à leurs exercices, de les surveiller, et de les corriger partout où besoin était, tant au dehors que dans l'intérieur des gymnases. Dans les premiers temps, on en comptait dix à Athènes; ils recevaient une drachme par jour. Sous *Marc-Aurèle*, on n'en voit plus figurer que six, assistés d'un nombre égal d'*hyposophronistes*. Les maîtres chargés de donner l'instruction spéciale dans les gymnases se nommaient *gymnastes* et *paedotribes*. Ces derniers devaient posséder les connaissances nécessaires pour surveiller les exercices.

Les gymnastes étaient les professeurs de gymnastique pratique. Il fallait en outre qu'ils fussent en état d'apprécier les effets physiologiques et l'influence de chaque espèce d'exercice sur la constitution physique des jeunes gens, afin de prescrire à chacun d'eux les mouvements qui lui convenaient le mieux. Ces instructeurs étaient ordinairement des athlètes qui avaient renoncé à leur profession, soit parce qu'ils n'y obtenaient pas de succès, soit pour tout autre motif. Les *aliptes*, qui avaient pour fonctions d'oindre d'huile le corps des jeunes gens et de le couvrir de poussière avant le commencement des exercices, remplissaient aussi quelquefois l'emploi d'instructeurs. Enfin, Galien mentionne parmi les professeurs de gymnases, un *sphaeristicus*, c'est-à-dire un maître spécial pour les différents jeux de paume. (Dictionnaire de B. Dupiney de Vorepierre.)

L'habitude de se dépouiller de tout vêtement, pour s'exercer en pleine liberté et afin de pouvoir mieux observer la forme et les attitudes, fit donner à l'ensemble des exercices du corps le nom de *gymnastique*, formé de *gumnos* (nu), et aux lieux où l'on s'exerçait, celui de *gumnasion* (gymnase).

MÉTHODE. — La plupart des exercices chez les Grecs étaient enseignés sous forme de jeux; ils comprenaient :

La *paume* ou jeu de balle, appelée ainsi parce que l'on se servait primitivement de la paume de la main. Elle était en grande faveur chez les Grecs comme chez les Romains et se jouait de différentes manières; la salle où se donnait ce jeu était appelée *sphéristère*. Les Grecs le nommaient *sphéristique* et les Romains, *pila*. Les règles de la paume étaient assez semblables à celles de nos jours.

La *toupie* ou le *rhombe* était aussi en faveur chez les enfants de l'antiquité que chez les nôtres.

Le *pentalithos* consistait à placer cinq petites pierres sur le revers de la main, à les jeter en l'air et à les recevoir dans la paume [1].

La *lutte à la corde*, jeu dans lequel deux enfants, tirant chacun à une extrémité d'une corde, essayaient de s'entraîner mutuellement au delà d'une ligne tracée sur le sol.

Le *skaperda*; dans ce jeu, deux joueurs tiraient chacun à une extrémité de la corde passée sur une poutre, et faisaient des efforts pour s'enlever mutuellement de terre. Ce jeu existe encore dans certains gymnases, mais la corde passe dans une poulie.

Dans certains jeux on réunissait, sous forme de concours, plusieurs exercices, tels, par exemple, que :

I. *La course*. Il y avait deux sortes de courses : la course *libre*, où il s'agissait de parcourir au plus vite une ou deux fois l'étendue du stade; et la course *soutenue*, où le nombre de stades à parcourir était déterminé d'avance. Les courses se faisaient aussi avec armes et boucliers.

II. *Le jet du disque*. Le disque était une sorte de palet de pierre et plus ordinairement de fer, de 25 à 30 centimètres de diamètre et affectant la forme d'une lentille, que l'on jetait au plus loin; le joueur était appelé *discobole*.

III. Le *javelot* avait un mètre de long, la pointe était en fer; on le lançait par la force du bras. C'était l'arme des troupes légères chez les Romains. La

[1] C'est le *jeu des osselets* qui existe encore aujourd'hui.

javeline était une espèce de pique terminée par une pointe de fer à trois faces.

IV. *Le saut*, qui s'exécutait avec les mains en liberté ou avec des fardeaux, tels que les haltères.

V. *La lutte*. Il y avait trois manières de lutter : 1° celle où les adversaires se saisissaient après certaines ruses ou menaces, où ils se terrassaient, et dans laquelle il était sévèrement défendu de frapper. L'adversaire renversé pouvait se relever, et ce n'était que lorsqu'il avait été terrassé trois fois qu'il était déclaré vaincu. La 2e était une lutte où les adversaires continuaient à lutter couchés, après que l'un d'eux était à terre et elle ne cessait que lorsqu'un des adversaires se déclarait vaincu. Enfin, il y avait la lutte de pulsion, les doigts croisés, que nous faisons encore de nos jours, excepté toutefois que les anciens y mettaient plus de vigueur et moins de ménagements : ils ne cessaient que lorsque l'un des lutteurs avait les doigts, les poignets et les bras tellement tordus qu'il devait demander grâce.

Pentathle. C'est sous ce nom que les Grecs comprenaient la réunion des cinq exercices précédents, c'est-à-dire le saut, la course, le disque, le javelot et la lutte. On donnait aussi le nom de *pentathles* aux athlètes qui se disputaient le prix de ces cinq jeux réunis.

Triagmos désignait la réunion du saut, du javelot et du disque.

Chez les Romains, le pentathle était appelé *quin-*

quertium. D'autres exercices étaient encore connus chez les Grecs ; ce sont :

La fronde. La fronde était un exercice de jet. L'instrument était fabriqué de cuir et de cordes et permettait de lancer des pierres et des balles. Plus tard, lorsque la fronde fut devenue une arme de guerre, on l'employa à lancer des traits enflammés, nommés *astioches*, et de petites boules d'argile rougies au feu.

La massue. La massue était une espèce de bâton noueux, mince par un bout et gros par l'autre ; il était un peu plus long et avait à peu près la forme d'une grande quille. Les anciens s'en servaient de la main droite et tenaient le bouclier de la main gauche.

Le pugilat était un des jeux athlétiques les plus usités chez les Grecs. Nous voyons par les poèmes homériques qu'il était fort en honneur à l'époque héroïque de la Grèce, non-seulement Hercule, Thésée, Tydée, Castor, Pollux, etc., mais encore Apollon lui-même, sont célébrés pour leur excellence dans cet art. Dans le pugilat, les adversaires armaient leurs mains d'une espèce de gantelet, nommé *ceste*, formé de lanières de cuir, fort souvent munies de plomb ou de fer. Les Grecs avaient des noms particuliers et des règles spéciales pour chaque espèce de lutte. Dans aucun cas, les adversaires ne pouvaient se saisir à bras-le-corps, ni se servir de leurs pieds ou de leurs jambes pour se renverser, ce qui était permis dans le *pancrace*. Parmi ces luttes, il y en a une surtout qui exigeait une grande adresse : elle consistait à rester sur la défensive jusqu'à ce que l'un des deux pugilistes se déclarât vaincu.

Dans ces combats, qu'on appelle de nos jours simplement *boxe* ou *boxe française* lorsqu'on se sert à la fois des bras et des jambes, on employait habituellement le bras gauche pour parer les coups et le bras droit pour les donner. Parfois les lutteurs portaient des calottes à oreilles pour protéger une partie de la tête.

Le pancrace était la réunion de la lutte et du pugilat, excepté toutefois qu'on n'y faisait pas usage du *ceste*. C'est Thésée qui, le premier, soumit à des règles fixes cette espèce de combat que l'on vit figu-. rer, dès la 33ᵉ olympiade, parmi les jeux olympiques. Quoique ce jeu paraisse moins meurtrier, puisqu'on ne se munissait pas les mains d'armes, il semble cependant qu'il était beaucoup plus terrible, par la raison qu'il ne cessait que lorsque l'un des *pancra-tiastes* fût tué ou s'avouât vaincu. Il arriva souvent que l'un des lutteurs étrangla son adversaire.

Course aux flambeaux. — La course aux flambeaux se faisait dans des solennités; les coureurs décrivaient certaines figures combinées. Ensuite venaient la danse et quelques autres jeux.

Gestation. — Les anciens donnaient le nom de *gestation* à tout exercice consistant à se faire porter en chaise ou en litière, à se faire traîner en chariot ou en bateau, afin d'imprimer au corps des secousses qui étaient jugées salutaires pour certaines indispositions ou maladies.

Par le mot *cinèse*, les Grecs entendaient tout mouvement rhythmé, cadencé ou dont la figure était déterminée.

Ils distinguaient par *ascétiques*, les mouvements qui avaient pour but d'agir à la fois sur le corps et sur l'esprit; en *somascétiques*, ceux qui visaient uniquement au développement corporel.

Les Grecs se servaient encore du mot *ascèse* pour désigner l'exercice en général, et *ascète* pour désigner l'homme qui s'adonnait à la fois aux exercices du corps et à ceux de l'esprit. Platon qui, selon les traditions, a figuré comme athlète dans les jeux publics, était à la fois athlète et philosophe et, partant, un *véritable ascète*.

L'agonistique s'adressait à tous les citoyens et, tout en leur enseignant l'art de combattre, elle comprenait également les exercices qui devaient développer rationnellement les qualités physiques et agir sur l'intelligence. Plus tard, lorsque dans les jeux le peuple se passionna pour les luttes, l'agonistique se confondit avec l'*athlétique* ou la *gymnique*.

Quand l'athlétique, le pire des maux, dit *Euripide*, prédomina, la Grèce inclina de plus en plus vers sa ruine.

Les Grecs étaient surtout convaincus de cette grande influence que l'éducation physique devait exercer sur l'esprit. L'éducation de la jeunesse comprenait trois branches : la grammaire, la musique et la gymnastique ; mais c'était à cette dernière branche qu'on attachait le plus d'importance. On la cultivait avec beaucoup plus de soin que les deux autres et on y consacrait plus de temps ; les philosophes et les médecins voyaient dans l'exercice le seul moyen de tenir le corps en parfaite santé [1].

C'est à la gymnastique que les Grecs durent aussi cette perfection dans les formes et cette harmonie dans les proportions, qui leur ont fourni le type de la beauté plastique, par laquelle les grandes œuvres de leurs artistes ont fait l'admiration des siècles suivants.

Hippodrome. — L'hippodrome servait chez les Grecs à la course de chars et de chevaux ; ils réservaient le stade, qui était souvent contigu à l'hippodrome, pour les courses à pied.

L'hippodrome d'Olympie mesurait quatre stades de long sur un de large ; des statues et divers monuments en garnissaient le pourtour. — Les Romains empruntèrent aux Grecs les divers jeux de l'hippodrome et donnèrent le nom de *cirque* à l'édifice ou à l'emplacement consacré à ces jeux.

Dans les premiers temps de la République

---

[1] Parmi les anciens qui ont contribué à la propagation des exercices corporels au point de vue de l'éducation ou qui les ont employés au point de vue médical, nous remarquons particulièrement : Homère, Bouddha-Gautamas, Pythagore, Hérodicus, Hippocrate, Xénophon, Celse et après, Lucien, Galien et Platon.

romaine, les combats d'animaux féroces se donnaient également dans les cirques. La course des chevaux n'avait pas, comme chez nous, pour but l'amélioration de la race chevaline ; elle servait uniquement d'amusement au peuple.

Les anciens avaient plusieurs sortes de chars : les uns étaient destinés à certains transports, d'autres servaient à la guerre, et enfin il y avait des chars spéciaux pour les jeux publics. Nous ne nous occuperons que de ces derniers ; leur forme ne peut être mieux comparée qu'à une sorte de coquille, fixée à un essieu reposant sur deux roues. Ils étaient en bois de chêne ou en osier ; ceux-ci ressemblaient assez bien aux *petits paniers* de nos jours, mais l'ouverture était tournée en arrière. Les conditions de cette course étaient à peu près celles qui, aujourd'hui encore, règlent les courses de chevaux.

Rome. — Les Romains apportèrent beaucoup d'ardeur dans le développement des forces corporelles, mais ils furent loin d'être les dignes continuateurs des Grecs relativement à la succession rationnelle des exercices au point de vue médical, hygiénique ou éducatif. Ils attachaient, il est vrai, une grande importance à la force physique, mais c'était dans le but exclusif de former de bons soldats et de perfectionner l'art de la guerre. En outre, ils se passionnèrent pour le cirque et l'amphithéâtre ; les combats des gladiateurs avaient pour eux plus d'attraits que les exercices gymnastiques proprement dits. Cette préférence des Romains pour le spectacle des combats leur fit bientôt trouver la forme des cirques trop peu convenable et ils construisirent des amphithéâtres à l'imitation de ceux des *Etrusques*.

Les premiers amphithéâtres étaient en bois et enlevés la fête terminée; toutefois on renonça bientôt à ces constructions fragiles, à cause du danger qu'elles offraient. Sous le règne de Tibère, un amphithéâtre en bois s'écroula pendant une représentation et 50,000 personnes furent tuées ou blessées.

Ce fut Statilius Taurus qui fit élever le premier amphithéâtre en pierre, mais les gradins étaient en bois; il fut brûlé sous Néron. Le premier amphithéâtre bâti entièrement en pierre fut commencé sous Vespasien et terminé par son fils *Titus* l'an 80 de notre ère : 1,200 prisonniers juifs y travaillèrent et il coûta environ 25 millions. La forme de l'édifice était elliptique, le grand axe avait 180 mètres et le petit axe 155 m. Le mur intérieur formant l'enceinte de l'arène où combattaient les gladiateurs et les bêtes féroces avait cinq mètres d'élévation.

Immédiatement au-dessus de ce mur commençaient les rangées de gradins pour les spectateurs. Le premier combat de gladiateurs eut lieu à Rome 264 ans avant J.-C. A l'origine, ces combats se donnaient pour célébrer les funérailles des hauts dignitaires; mais, dans la suite, des personnages considérables et même de simples particuliers laissaient, par testament, une somme destinée à payer les frais d'un spectacle de ce genre. La passion que les Romains éprouvaient pour cette barbarie sans nom, fut poussée à un degré incroyable : pour célébrer le triomphe de Trajan sur les Daces, on fit paraître dans l'arène jusqu'à dix mille combattants.

Les gladiateurs étaient ou des malfaiteurs qui avaient subi une condamnation, ou des esclaves ; parfois des citoyens libres descendaient volontairement dans l'arène. Sous l'Empire, des chevaliers, des sénateurs et jusqu'à des femmes se donnèrent en spectacle à la foule curieuse et avide d'émotions.

Il y avait des espèces d'académies, où des maîtres, appelés *Lanistes*, enseignaient tout ce qui concernait l'art des gladiateurs. Ces écoles étaient entretenues aux frais de l'État. Un inspecteur, nommé *Curator*, en avait le contrôle.

Le combat avait lieu de différentes manières : on se servait d'abord, pendant quelque temps, d'une épée de bois, appelée *rude* ; à un signal donné, les combattants la déposaient pour prendre des épées en acier aiguisées et à deux tranchants. Quelquefois les combattants portaient des casques couvrant la tête et la figure et frappaient sans y voir.

Les catervaires combattaient par groupes.

Les dimachères se battaient en tenant une épée dans chaque main.

Les cavaliers, comme leur nom l'indique, étaient à cheval ; ils portaient la lance, le bouclier, le brassard et le casque.

Les essédaires étaient montés sur des chars.

Les laqueatores se servaient d'un lacet pour envelopper leurs adversaires.

Les meridiani combattaient au milieu du jour ; ils étaient armés à la légère.

Les rétiaires avaient pour armes une sorte de lance à trois pointes et un filet dans lequel ils cherchaient à prendre leurs antagonistes.

L'empereur Constantin décréta l'abolition des combats de gladiateurs ; ils paraissent cependant avoir persisté jusqu'au règne d'Honorius, qui parvint à les supprimer définitivement.

Les Romains ne furent cependant pas toujours indifférents aux bienfaits, qu'à l'exemple des Grecs, ils eussent pu tirer d'une bonne éducation physique. Vers la fin de la république, un grand nombre de riches citoyens essayèrent d'établir, dans leurs villas, des lieux destinés aux exercices des Grecs. Ils les ornèrent, à la mode de leurs devanciers, de statues et d'œuvres d'art ; mais ce furent là des tentatives qui n'eurent aucun succès.

Les Romains ne comprirent pas l'importance de cette éducation rationnelle, saine et virile, qui avait fait des Grecs le premier peuple du monde : mais ils affluaient dans les amphithéâtres pour applaudir aux exploits de la force brutale, ou à des luttes barbares et sanglantes !

L'histoire romaine nous offre la preuve frappante que la décadence des peuples marche avec l'amoindrissement de leur activité physique et morale, leur gloire, avec la vigueur de celle-ci; comme ce que nous appelons leur mort suit infailliblement l'anéantissement de cet élément de leur existence.

MOYEN AGE.

Après la chute de Rome et jusqu'aux temps modernes, les exercices tombèrent dans l'oubli, et les peuples, malgré l'expérience des siècles passés, négligèrent cette éducation physique qui aurait exercé une heureuse influence sur leur activité intellectuelle. Ils renoncèrent ainsi au principal élément de leur existence. Ce fut une perte immense qui fit dire aux historiens qui analysèrent les causes de la grandeur et de la décadence des peuples anciens :

 « S'il fallait choisir entre toute l'expérience qui a
» été acquise depuis le commencement des âges,
» entre ce précieux dépôt de la sagesse humaine et
» la seule activité d'esprit, n'hésitons pas à préférer
» cette dernière, n'hésitons pas à la soigner dans
» l'homme, à la développer, à la préserver de toute
» atteinte. Elle seule, si elle demeure entière, répa-
» rera toutes nos pertes; la richesse littéraire seule,
» au contraire, ne sauvera pas une faculté ou pas
» une vertu. . . . .
» Trente millions au moins de Grecs demeurés
» dépositaires de tout le savoir des siècles passés ne

» firent, pendant douze siècles, pas faire un seul pas
» à une seule des sciences sociales . . . .

. . . .

» Mémorable exemple, et qui n'a point été unique
» au monde, de l'inutilité de l'héritage intellectuel
» des siècles passés, si la génération présente man-
» que de vigueur pour en faire usage. Ce ne sont pas
» des livres qu'il s'agit de conserver, c'est l'âme des
» hommes; ce n'est pas le dépôt des pensées, c'est
» la faculté de penser [1]. »

Au IXe siècle, temps de l'invasion des Normands, les peuples fuyaient épouvantés devant une poignée de brigands armés à la légère, qui ravageaient leurs champs, pillaient leurs églises et ruinaient leurs villes. Vers l'an 1000, la noblesse, pour éviter d'être surprise par les Barbares, enfants du Nord, augmenta l'importance de ses forteresses. « Pour leur faire face, le noble, dit Simonde de Sismondi, dut renoncer à tout exercice de l'esprit, à toute culture de son intelligence, pour vivre à cheval, sous le harnais et uniquement occupé d'exercices militaires; mais en même temps, le noble, devenu un soldat agile, vigoureux, invulnérable, l'emporta en force corporelle, en force physique, sur les centaines de *vilains* dont il était entouré! Il put même leur accorder des armes, les faire combattre sous ses ordres et rester leur maître parce qu'il était plus fort qu'eux tous. »

[1] Simonde de Sismondi.

Cette chevalerie obligea peu à peu la barbarie à se replier devant la civilisation armée, et elle décida, pendant trois à quatre siècles, du sort de plusieurs grands États. Son influence fut grande, car elle fit surgir une société nouvelle ayant pour seul élément édificateur cet esprit de chevalerie que Sismondi définit : « L'exaltation du sentiment de la force et de l'indépendance individuelle. »

Cet esprit remit en honneur les vertus absolument exilées de la terre pendant les siècles précédents : le respect pour la vérité surtout et la loyauté dans tous les engagements. Il réforma les mœurs, il confia à l'honneur du sexe le plus fort la protection et la défense du sexe faible ; il ennoblit enfin l'obéissance en la faisant reposer sur la seule base honorable qu'elle puisse avouer, l'intérêt de tous.

Les exercices qui étaient en honneur du temps de la chevalerie, sont : la paume, le maniement de l'épée et de la lance, l'assaut des châteaux-forts, les tournois et les carrousels.

Après le treizième siècle, et lorsque les armes à feu vinrent remplacer les armes blanches et les armes de jet, la nature des combats changea, et cette nouvelle manière de combattre reléguant la force physique au second plan, fit de nouveau tomber en désuétude les quelques exercices qui étaient encore en honneur à cette époque.

Mais bientôt une ère nouvelle s'ouvrit, tant pour les lettres et pour les arts que pour les sciences et la philosophie. A cette époque d'indécision et de division succéda la Renaissance : on réforma les mœurs, on modifia les institutions et on profita des traditions et du savoir des siècles passés pour reconstituer les sciences et les arts. La gymnastique profita de cette rénovation; son origine était à la fois trop noble et trop belle pour qu'elle restât plongée dans l'oubli et qu'elle ne reprît pas sa place parmi les sciences.

Jérôme Mercurialis, de Vérone, pendant que les philosophes interrogeaient le passé pour marcher plus sûrement à la conquête de l'avenir, consacra plusieurs années à recueillir, dans les bibliothèques du Vatican, tous les fragments épars de la gymnastique.

Mercurialis, Sadolet, Luther, Rollenhagen, Comenius, Montaigne et d'autres philosophes, pédagogues, éducateurs ou médecins, frappés de l'importance qu'on avait accordée, dans les temps anciens, à la gymnastique soit au point de vue éducatif, social, militaire, hygiénique, thérapeutique ou orthopédique, contribuèrent, par leurs écrits, à attirer l'attention sur l'utilité de cette science et firent connaître les raisons pour lesquelles les anciens en avaient fait la base de l'éducation. Camerarius, Locke, Frédéric Hoffmann, Boerhaave, J.-J. Rousseau et d'autres hommes célèbres dont nous parlerons dans le résumé ethnographique qui va suivre, furent également de ce nombre.

TEMPS MODERNES.

École allemande. — Au dix-septième siècle, en même temps que Locke en Angleterre, que Boerhaave en Hollande, Frédéric Hoffmann (né en 1660, à Halle en Saxe) fit entrevoir en Allemagne les féconds résultats de la cinésiologie au point de vue médical et psychologique ; il posa les premiers principes scientifiques de l'art du mouvement et en marqua toute l'étendue dans sa signification pratique ; ses écrits amenèrent un nouveau développement de la médecine et conduisirent à une conception plus nette et plus libre de la biologie ; « c'est, dit N. Dally, dans ces principes que se trouve la première origine de *l'école allemande* de la gymnastique du XIX° siècle. »

Les docteurs Kurt-Sprengel et Auber décrivent de la manière suivante les principes de ce célèbre médecin saxon : « Le premier principe du système de Frédéric Hoffmann est que le corps humain, de même que tous les autres corps de la nature, possède des forces matérielles à l'aide desquelles il opère ses mouvements. Tout corps, par cela même qu'il est corps, a des forces de cohésion et de résistance qui lui ont été données par le Créateur, et toutes les forces du corps agissent d'après le *nombre*, la *mesure* et l'*équilibre* : on peut les expliquer toutes mécaniquement et mathématiquement. Un agent matériel impondérable,

l'éther, *force active motrice*, anime toutes les propriétés des corps, et préside à tous les phénomènes
physiques dans l'unité de la création. »

Nous ne pensons pas, comme quelques auteurs en
dehors de l'Allemagne se l'imaginent, que Frédéric
Hoffmann soit le créateur de l'école allemande; mais
il est prouvé qu'il fit entrevoir la grande influence
que le mouvement était appelé à exercer au point de
vue scientifique, et, si aujourd'hui le peuple allemand
comprend dans sa philosophie une synthèse qui
affirme : *que le corps est l'esprit visible, et que nos
défauts spirituels se manifestent dans notre conformation corporelle*, c'est en grande partie au célèbre
Hoffmann qu'il en est redevable.

Après Hoffmann vint toute une pléiade d'hommes
dévoués qui dirigèrent leurs efforts vers le perfectionnement de la gymnastique et la considérèrent comme
une œuvre éminemment humanitaire. Parmi eux
nous voyons figurer en première ligne :

Basedow J.-B. (1724-1790), qui provoqua le plus
grand mouvement pédagogique de son époque, et qui
fut le vrai réformateur du système d'éducation en
usage jusqu'alors.

Ses ouvrages eurent un grand caractère humanitaire et firent l'admiration de toute l'Europe. Ce fut
dans l'institut philanthropique de Dessau qu'il dirigeait, qu'on chercha, la première fois depuis les temps
anciens, à faire marcher de pair l'éducation physique
et l'éducation intellectuelle et morale.

J.-E. Simon donna, dit-on, dans cet établissement, les premières leçons de gymnastique. Cette branche de l'enseignement fut largement encouragée par le prince Frédéric-Léopold-François d'Anhalt-Dessau, qui fit organiser et présida chaque année, dans les plaines de Worlitz, des jeux publics.

Parmi les disciples de Basedow qui se sont particulièrement distingués dans la pratique de l'éducation physique, nous remarquons *Wolke*, *Campe* et *Salzmann*, ses successeurs dans la direction de l'établissement de Dessau. *Salzmann* (1744-1811), après avoir dirigé cet établissement, fonda un institut analogue à Schnepfenthal; à son tour, *Campe*, alla en fonder un semblable à Hambourg. Les continuateurs de *Salzmann* furent nombreux; l'un de ses plus ardents collaborateurs fut *Guts Muths* qui le dépassa par la suite.

Guts Muths (1759-1839), après avoir étudié les traditions de l'antiquité et les écrits médicaux de son temps, se mit à l'œuvre avec une ardeur vraiment étonnante pour propager la gymnastique *pédagogique*.

En véritable pédagogue, il avait compris et il se plut à le répéter souvent, qu'une éducation complète doit aspirer à joindre la force corporelle à la force morale, le courage et la virilité aux dons du cœur et de l'esprit.

Méthode. — Il voulut que les exercices du corps fissent une heureuse diversion aux études, et, pour en faire naître le goût, il réunit les jeux habituels de la jeunesse et essaya de les coordonner en un ensemble pédagogique. Sa méthode se composait des exercices ci-après : principes du saut, — saut sans élan, — saut avec élan, — saut de barrière, — sauts à la perche, — sauts sans interruption, — saut sur un pied, — saut à califourchon, — course accélérée, — de résistance, — le traîneau, — le jeu des barres, — le colin-maillard.

Luttes libres, — luttes à la balle, — luttes au bâton, — l'art de nager, — de lancer divers objets, — de grimper.

Les exercices de jet se composaient de la fronde, — du javelot, — du disque et de l'arc. Cette série d'exercices comprenait aussi : le ballon, la balle au mur, la paume, le tonneau, les galets, les boules, les quilles, le jeu de Siam, le billard, le volant, le cerf-volant, le sabot, la toupie et la chasse.

Aux appareils : se soulever à une perche, — grimper au mât, — monter à l'échelle, — à la corde et à l'échelle de corde.

Les exercices d'*équilibre* se composaient de : l'équilibre sur une jambe, — marcher sur une poutre arrondie, — balancer et voltiger, — les échasses, — le patin, — l'équilibre et le balancement de corps étrangers, — sauter dans la corde, — le cerceau, — la culbute et la roue.

Dans ses divers écrits ou dans son journal pédagogique, il traita successivement tout ce qui a rapport à la gymnastique scolaire : gymnases, — appareils, — commandement militaire en gymnastique, — temps à consacrer aux exercices, — professeurs, — connexion intime entre les forces physiques et celles de l'esprit, — introduction de la gymnastique dans toutes les écoles de la Prusse.

Les exercices de l'Institut de *Schnepfenthal* furent imités dans d'autres écoles, et bientôt la gymnastique se répandit dans un grand nombre d'établissements de la Prusse.

« Il voulut faire renaître une gymnastique populaire et y réussit complétement; ce n'était pas une gymnastique scientifique, mais il ne voulut que cela; il l'obtint, laissant à d'autres la tâche de la reconstitution scientifique. Certes, ce n'est pas sa faute, si ce côté extérieur et pédotribique de l'art grec a été pris si longtemps, dans toute l'Europe, pour l'art lui-même. Ce n'est guère qu'aujourd'hui, après plus d'un demi-siècle d'applications décevantes, que partout on commence enfin à reconnaître l'erreur! » (N. Dally.)

Quoi qu'il en soit, on peut affirmer que *Guts Muths* exerça une grande influence, une influence européenne dirons-nous, sur l'introduction de la gymnastique scolaire dans les établissements d'instruction, et que c'est lui et *Salzmann* qui ont fait faire le premier et le plus grand pas à cette branche de l'éducation.

Vieth est également un homme qui marque dans

l'histoire de la gymnastique allemande. Professeur à Dessau, il se forma à l'école de Salzmann et de Guts Muths et fit faire quelques progrès à cet enseignement. Il publia dans un « *Essai d'une encyclopédie des exercices corporels,* » l'histoire des exercices, et dans une seconde partie, publiée l'année suivante (1795), le système des exercices.

MÉTHODE. — Il classa les exercices en passifs et en actifs. Dans les exercices passifs étaient compris : les positions couché, assis, balancé, porté par un autre, le bain, la voiture, la friction et tout ce qui pouvait contribuer à endurcir le corps.

Dans les exercices actifs, il rangea les exercices des sens et les exercices du corps. Ces derniers étaient divisés en deux sections : 1° Les attitudes, les mouvements libres, tels que marcher, courir, grimper, balancer, sauter, voltiger, patiner, danser et certaines combinaisons de ces exercices ; — 2° Soulever des fardeaux, les tirer, les porter, les balancer, lancer des objets, manier des armes, la lutte, le pugilat, l'escrime, l'équitation, etc.

Le système de *Vieth*, au point de vue de la méthode, était en progrès sur celui de *Guts Muths*.

C'est à partir de ce moment, et sous l'influence des écrits de *Basedow*, de *Salzmann*, de *Guts Muths*, de *Vieth*, etc., que la gymnastique scolaire fit de grands progrès. L'idée était connue, l'élan était donné et l'on vit, dans tous les pays, mais principalement en Allemagne, ce berceau de la pédagogie, naître une noble

émulation pour faire progresser cet enseignement
qui devait régénérer la jeunesse. C'est sous cette
influence qu'arriva *Jahn*, appelé par les Allemands
Vater Jahn.

Frédéric-Louis JAHN (1778-1852) occupe une
grande place dans l'histoire de la gymnastique
allemande.

A la fois philologue, théologien, professeur, député
et écrivain, il eut une vie politique très-agitée et des
allures qui en firent une véritable tribun. L'idée
d'utiliser la gymnastique au point de vue national et
de populariser cet enseignement éveilla son esprit,
et l'enthousiasma au point de ne lui faire considérer
les exercices corporels que comme un élément politique.

De mœurs à la fois austères et patriarcales, il
s'attacha à tout ce qui avait un but patriotique; son
caractère franc et loyal ne contribua pas peu à faire
entrer dans les habitudes du peuple allemand, qui le
surnomma le père des exercices *(Turnvater)*, le goût
des exercices corporels. Son système comprenait tous
les appareils qui sont encore aujourd'hui en usage en
Allemagne et que nous verrons plus loin.

MÉTHODE. — Sa méthode quoique appliquée aux
enfants, était plutôt créée pour les adultes, comme sa
devise : « *Vive qui peut vivre* » (« *Es lebe wer leben
kann* ») semble l'indiquer. Elle se distinguait de celles
de *Guts Muths* et de *Vieth* par un plus grand nombre d'appareils, par une nomenclature peut-être plus

technique, mais surtout par l'incroyable énergie qu'il parvint à faire acquérir à tous ses disciples.

On ne doit pas supposer que ce système se distinguât par l'emploi d'appareils particuliers, car tous ceux employés par *Jahn* existent encore dans les gymnases de nos jours, tant en Belgique qu'en Allemagne ou ailleurs. Ce système est caractérisé particulièrement par l'oubli des principes élémentaires de cet enseignement et par l'abus de certains appareils qui permettaient des tours de force.

Si l'on veut se faire une juste idée des exagérations auxquelles les principes de Jahn avaient conduit et des abus auxquels ils donnèrent lieu, il faut examiner dans quel état ce grand patriote et ses partisans avaient plongé cet enseignement vers 1811. Le Dr *Kloss* dit, à la page 27 de son *Katechismus der Turnkunst*, Leipzig, 1874 : « L'époque et le caractère rude et vigoureux de Jahn avaient favorisé un enseignement gymnastique qui n'était nullement en rapport avec un développement logique de la jeunesse ; c'était plutôt un art indépendant où l'on se distinguait en poussant l'adresse, la force et les autres qualités physiques jusqu'aux dernières limites de la possibilité. Négligeant les bienfaits d'une gymnastique éducative pour lui préférer un enseignement à la fois brusque et rude, on en arriva à ne considérer la gymnastique que sous le rapport des tours de force, qu'on se plaisait à exécuter en public ; de là les préjugés qui se formèrent contre ce salutaire enseignement. » Le même auteur ajoute : « Les maîtres de cette école tenaient exclusivement à une gymnastique produisant dans les articulations certaines douleurs, qui disparaissaient par les exercices du lendemain, mais pour faire place à des douleurs nouvelles. »

Les écrits de Jahn, qui sont en très-grand nombre, sont plus méthodiques que ceux de ses prédécesseurs ; ses continuateurs furent *Eiselen*, *Massmann* et *Dürre*.

Jahn et ses partisans ont identifié à un haut degré la gymnastique allemande avec le sentiment national et patriotique, et c'est en grande partie dans le développement de cette éducation, à la fois physique et nationale, dont l'initiative appartient au père Jahn, qui en avait prévu toute la portée, et dans les encouragements que cet enseignement a trouvés chez le Gouvernement et chez la plupart des princes allemands, que la Prusse a puisé la supériorité dont elle a fait preuve dans les grands événements militaires de 1866 et de 1870.

En 1872, une statue fut érigée à Jahn, à Berlin, dans la *Hasenhaide*, plaine où il avait établi son premier gymnase. En souvenir des services rendus à la cause de la gymnastique par le Turnvater allemand, la plupart des sociétés allemandes de gymnastique, établies dans différents pays, ont eu à cœur de vouloir envoyer à Berlin des pierres devant servir à la construction du piédestal de cette statue.

En 1819, les gymnases furent fermés en Allemagne

pour des raisons politiques; la direction imprimée par Jahn à cet enseignement ne fut pas étrangère à cette décision du Gouvernement prussien. En effet, pour en avoir une preuve, il suffit de prendre un écrit allemand quelconque de l'époque. Le Dr Koch, par exemple, dans un ouvrage publié en 1830 à Magdebourg sur la gymnastique diététique et psychologique, critique le système admis en Allemagne jusqu'à cette époque; il dit : « Dans la dernière période décennale, la gymnastique allemande n'était pas, à proprement parler, de la gymnastique : le but était de populariser certaines idées sociales et politiques; les exercices corporels n'en étaient qu'un moyen. »

Une autre preuve que les disciples de Jahn avaient l'habitude de dépasser la juste mesure qu'il convient d'observer en toute chose et surtout dans l'enseignement qui nous occupe, où l'oubli du moindre principe peut causer le plus grave accident, c'est que le ministre de l'Instruction publique, en rouvrant les gymnases en 1842, a cru devoir bien spécifier, dans sa circulaire du 6 juin de la même année : « Que les désavantages physiques et moraux de l'ancienne gymnastique devaient être éloignés; que les exercices corporels devaient être faits complétement et avec la simplicité déterminée par le but à obtenir; qu'on devait éviter tout ce qui serait superflu ou qui friserait le ridicule. »

Mais il est plus facile de créer un enseignement nouveau que de déraciner un abus! L'influence de

Jahn persista longtemps, et il fallut tout le dévouement d'un grand nombre de célèbres écrivains et médecins, en tête desquels nous plaçons les *Neumann*, les *Koch*, les *Richter*, les *Werner*, les *Schreber*, les *Karl Bock*, les *Rothstein* pour réformer certains abus et donner à la gymnastique une marche plus en rapport avec le but qu'elle doit atteindre.

Eiselen (1793-1846) composa plusieurs ouvrages en collaboration avec Jahn, qui, s'occupant beaucoup plus de créations nouvelles que d'approfondir les matières existantes, était heureux de trouver un tel collaborateur. Eiselen posséda, à un très-haut degré, le talent de perfectionner et d'arranger avec méthode les divers exercices et de leur donner une succession logique.

Eiselen rendit de grands services à la cause de la gymnastique allemande; pendant tout le temps que les sociétés gymnastiques furent interdites (1819-1842), il continua, dans des établissements privés, à propager le goût pour cette science et forma même plusieurs professeurs.

Institut central de gymnastique à Berlin. — Cet institut a été décrété en 1847 sur les propositions de l'un des deux officiers, le major *Hugo Rothstein*, envoyés par le Gouvernement prussien en Suède pour y étudier l'enseignement de la gymnastique rationnelle; il fut bâti sur le plan de l'Institut central de Stockholm; ses cours, divisés en une section civile et une section militaire, s'ouvrirent en 1851, sous la direction du major Rothstein.

Celui-ci, pénétré des avantages d'un enseignement scientifique et rationnel sur un système qui, comme nous l'avons vu précédemment, n'était qu'artificiel, introduisit de grandes modifications dans le système allemand et se rapprocha de la gymnastique de Ling; ce qui fit donner à sa méthode le nom de Ling-Rothstein. Cet officier eut, comme nous le prouvent ses nombreux écrits, de grandes luttes à soutenir pour introduire quelques modifications dans l'ancien système, dit *national*. Le courage, le dévouement et la persévérance qu'il fallut à cet homme distingué pour vaincre certains préjugés, sont une preuve que, quelque heureuse que soit une innovation, elle ne reçoit pas toujours l'accueil qu'elle mérite. Et, s'il fallait prendre, dans une autre sphère, une preuve de la lutte que la science a toujours à soutenir pour faire admettre ses vérités, nous dirions : Il y a plus d'un siècle qu'un savant allemand, le Dr *Soemmering*, démontra, par des expériences concluantes, que l'électricité rapproche les distances; et il y a à peine quelques années que cette heureuse découverte a reçu ses premières applications pratiques!

Entre autres appareils que le système *Ling-Rothstein* supprima dans le système allemand, figurèrent la barre fixe et les barres parallèles basses, considérées en Allemagne comme des *appareils nationaux* et pour lesquels le peuple se passionne.

Cette mesure fut considérée *comme un attentat à la*

science nationale et exaspéra la plupart des gymnastes
de l'Allemagne.

Qu'on n'aille pas croire cependant que le système
Ling-Rothstein soit le seul qui ait eu à lutter contre
les principes de Jahn : ce sort est réservé en Allemagne à toute innovation qui trancherait avec les principes existants. Nous lisons à la page 90 du rapport
de la *mission belge* à l'étranger, à propos des critiques
dont le système Jaeger a été l'objet : « En Allemagne
surtout, où la méthode de *Guts Muths*, *Jahn* et *Spiess*
est l'objet d'un culte universel, bien téméraire est
celui qui ose porter la main sur cette arche sacrée,
fut-ce, non pour l'entamer, mais pour l'enrichir de
nouveaux ornements. »

Après le major *Rothstein*, qui se retira en 1863, la
direction de l'Institut central fut confiée au major *von
Stocken*.

Depuis le départ du major Rothstein, l'ancien
système prit le dessus dans la méthode enseignée à
l'institut central, particulièrement pour ce qui concerne la section civile. Les adversaires mêmes de
Rothstein convinrent cependant des avantages de sa
méthode : récemment encore, le Dr Kloss disait dans
son *Katechismus der Turnkunst* : « Il est pourtant
vrai que le système Ling-Rothstein offre beaucoup
de bonnes choses et que la simplicité et le naturel de
ses exercices sont surtout remarquables. »

Le même auteur avoue que la gymnastique
suédoise a aidé au développement et à la consolida-
tion de la gymnastique allemande.

Après Jahn vint *Spiess*, qui est à la gymnastique scolaire ce que le premier fut à la gymnastique nationale.

Adolphe Spiess (1810-1858), le vrai créateur de la gymnastique scolaire, est le premier qui ait établi une distinction bien tranchée entre la gymnastique de société ou *facultative* et la gymnastique scolaire ou *obligatoire*. Il reçut son éducation dans une école où la gymnastique était enseignée d'après les principes de *Guts Muths*; il est donc à supposer qu'il s'inspira des principes de ce dernier. En 1830 déjà, il donna un cours d'exercices d'ensemble à Giesen.

Méthode. — Spiess créa un grand nombre d'exercices libres et, sans avoir fait une étude approfondie de l'anatomie et de la physiologie, il s'attacha cependant à n'ordonner aucun exercice qui ne fût en rapport avec la conformation du corps. Il s'attacha ensuite à coordonner les mouvements, à leur donner une gradation rationnelle, à les adapter aux différents âges; il fit une distinction bien tranchée entre les exercices qui conviennent à chaque sexe, et couronna l'ensemble de ces exercices par une méthode raisonnée.

Dans tous ses exercices, Spiess visa à obtenir la simultanéité; il avait compris que la gymnastique scolaire ne peut être féconde en résultats utiles, qu'à la condition d'exercer tous les élèves à la fois. C'est aussi ce qui le mit sur la voie des exercices d'ordre dont il fut le créateur et auxquels il attacha une très-haute importance.

Les exercices d'ordre, disait-il avec raison, ont non-seulement l'avantage de pouvoir exercer tous les élèves en même temps, mais ces marches et ces contre-marches, ces figures combinées développent encore l'intelligence et exercent une grande influence sur l'ordre et la discipline; ils apprennent aux enfants à se soumettre à un grand *tout,* où chacun est censé représenter un rouage d'une grande machine que l'arrêt ou la faute d'un seul ferait arrêter ou mettrait en déroute. Il faut donc que la vue et l'ouïe soient constamment tenues en éveil, que la réflexion soit prompte, l'attention constante et que chaque élève soit toujours prêt à se soumettre à celui qui le guide ou qui le dirige. En attachant une grande importance aux exercices libres et d'ordre, qui résument, à peu de chose près, toute la gymnastique du faible, Spiess rendit possible l'introduction de l'enseignement de la gymnastique dans les écoles de filles. On peut même dire qu'il est le créateur de la gymnastique pour demoiselles; car, avant lui, on ne fit que peu ou pas attention au sexe dans le choix des exercices.

Dans ses exercices pour filles, Spiess s'attacha particulièrement à bien les rhythmer; il adapta des chants et de la musique à un grand nombre.

On a reproché à Spiess d'avoir négligé, dans ses exercices pour garçons, certains appareils, parti-

culièrement les barres basses, quoiqu'il en fît usage
et qu'il fît même subir à ces dernières certaines
transformations, afin de pouvoir y exercer un plus
grand nombre d'élèves à la fois. Simple rapporteur
de ce qui se passe ailleurs, il ne nous appartient pas
d'examiner ici si ce reproche est mérité. Le jour n'est
peut-être pas bien éloigné, où une planche orthopédique oblique ou tout autre appareil de sustentation,
moins dangereux pour l'enfant que les barres, sup-
plantera, même en Allemagne, ces dernières dans la
gymnastique scolaire.

Spiess publia de 1840 à 1846 la *gymnastique allemande,* en 4 parties, et en 1847, un manuel gymnastique pour les écoles. Jusqu'alors, nulle part ailleurs,
la gymnastique scolaire n'avait été aussi complètement et aussi systématiquement exposée ; son système
s'est rapidement répandu dans toute l'Allemagne et
même à l'étranger.

En 1848, Spiess fut appelé dans le Grand-duché
de Hesse pour y introduire la gymnastique dans tous
les établissements d'instruction.

RÉSUMÉ DE L'ÉCOLE ALLEMANDE, — SES PRINCIPAUX FONDATEURS, — SYSTÈMES ACTUELLEMENT EN USAGE.

Nous venons de voir que, dès le XVIIIe siècle,
Frédéric *Hoffmann* posa les principes de la cinésiologie au point de vue scientifique et même psychologique ; qu'au siècle suivant, *Basedow* et *Salzmann*
en comprirent toute l'importance au point de vue

scolaire; que *Guts Muths*, marchant sur les traces de ses prédécesseurs, la mit en pratique, d'une manière rudimentaire, il est vrai, mais fort judicieuse; que *Vieth* lui fit subir quelques perfectionnements; que *Jahn* l'utilisa au point de vue national et dans l'acception la plus rigoureuse du terme; et que *Spiess*, la dépouillant de son enveloppe matérielle et purement palestrique, en devint le propagateur et en comprit toute la valeur pédagogique.

Nous pouvons donc conclure que l'école allemande se caractérise par les systèmes Basedow, Guts Muths, Vieth, Jahn et Spiess, ces cinq figures saillantes qui ont fait école; et c'est dans l'un de ces systèmes, ou dans la combinaison de plusieurs d'entre eux, modifiés selon les vues de chaque professeur, que consiste le système allemand.

Après avoir passé en revue cette pléiade d'hommes dévoués à la cause de la gymnastique, qui ont, à l'aide des écrits et des lumières d'un grand nombre d'autres célébrités de l'Allemagne, créé l'école allemande, il ne sera pas sans intérêt d'examiner ce qui se passe aujourd'hui dans ce pays.

Trois systèmes, d'une différence essentielle dans leur mode d'application, sont en présence : *Berlin, Dresde, Stuttgart.*

A Berlin, M. le Dr *Angerstein*, inspecteur général de la gymnastique dans cette ville, est un chaud partisan des idées de Jahn, dont il semble préférer le système. Sans toutefois condamner les exercices libres, il y attache moins d'importance que les autres gymnasiarques; il n'utilise que peu les exercices d'ensemble et fait un grand emploi des appareils.

Les appareils dont il se sert ne diffèrent pas beaucoup de ceux que nous énumérons dans le système saxon.

Saxe. — Dès 1830, *J.-A.-L. Werner* travailla à la propagation de la gymnastique, et son système fut l'un des premiers qui s'éloigna de celui de Jahn pour se rapprocher du système Guts Muths. Peu après lui, le Dr *Lorinser* fit ressortir, dans ses écrits, l'heureuse influence que la gymnastique devait produire, sous plus d'un rapport, sur la jeunesse scolaire, et nous croyons que l'influence de ces deux hommes contribua beaucoup à l'introduction générale des exercices corporels dans les écoles de la Saxe, laquelle fut décrétée en 1837 pour les établissements d'instruction supérieure.

Parmi les hommes qui ont contribué à propager l'enseignement de la gymnastique en Saxe, nous devons signaler le Dr *Wassmannsdorff*, homme érudit, qui a publié un grand nombre d'ouvrages sur la gymnastique ancienne, et *M. Lion*, inspecteur de gymnastique dans les écoles de Leipzig.

En 1850, le Gouvernement saxon ouvrit à Dresde son école normale pour la formation de professeurs de gymnastique, dont M. le Dr Kloss, actuellement inspecteur de gymnastique dans les écoles de la Saxe, reçut la direction.

Le Dr KLOSS a pour système une combinaison Jahn-Spiess. Ce célèbre gymnasiarque a apporté, sous le rapport scolaire, de grands perfectionnements aux systèmes en présence.

Il donne beaucoup d'attention aux exercices simultanés et cherche à perfectionner et à augmenter le nombre de tous les appareils qui peuvent occuper un grand nombre d'enfants à la fois, tels que les perches réunies par 24 ou par 48, etc. Son système comprend, après les flexions et les extensions, les pas et les marches ; les exercices d'ordre avec chant, les luttes, les haltères, la course, les sauts libres et avec perches, le javelot ou le jet de la canne, le disque, l'arc, la canne de fer, la marche d'équilibre sur une poutre, la marche d'équilibre sur les piquets en cercle, l'échelle de perroquet, les perches simples ou doubles, l'échelle oblique, la corde à nœuds, la corde lisse, verticale ou horizontale, l'échelle horizontale, les balançoires, les anneaux-balançoires, les barres parallèles, le cheval et la caisse-sautoir ; la natation, le patin, l'escrime à l'épée, quelques jeux, y compris le saut à califourchon.

Les appareils qui pourraient offrir quelque danger sont employés, dans ce système, avec beaucoup de précaution et de ménagements.

Wurtemberg. — A Stuttgart, le système du Dr *Otto Jaeger*, inspecteur de gymnastique dans le Wurtemberg, se distingue par l'énergie qu'il met dans tous les exercices. Il se sert de la plupart des appareils admis par l'école allemande, mais avec beaucoup de restrictions, et à partir d'un certain âge seulement; ainsi les barres parallèles, le cheval-sautoir, etc. ne sont employés qu'à partir de l'âge de 14 ans. Il obtient l'assouplissement et le développement au moyen des haltères et des cannes en fer, puis il attache une grande importance aux courses, aux sauts, et au jet de différents objets.

Un appareil qui distingue le système *Jaeger* des autres systèmes allemands, est une poutre horizontale qui s'élève ou s'abaisse à volonté; elle est garnie d'anneaux en fer d'environ 30 centimètres de diamètre et espacés à peu près de 2 mètres; l'espace qui sépare les anneaux est occupé par une corde dont les extrémités sont fixées aux anneaux et le centre à la poutre. Anneaux, corde et poutre servent aux escalades; arrivés sur la poutre, les élèves luttent.

Ce qui caractérise particulièrement le système Jaeger, c'est la démarche fière qu'il parvient à obtenir de ses élèves dès les premiers exercices. La franchise, le courage et l'audace sont les principaux résultats de cette méthode. Les élèves, quel que soit leur âge, sont alertes, sérieux et d'une promptitude extraordinaire; leur pose et leur maintien sont à la fois gracieux et imposants et leurs attitudes sont vraiment athlétiques. Les élèves de M. Jaeger ne sont pas, comme on le dit, de petits soldats, ce sont des *hommes* qui exercent comme la troupe la mieux disciplinée. Ce système manifeste une grande prédilection pour tous les exercices qui touchent à un intérêt humanitaire ou national, et ses professeurs parlent avec enthousiasme de la gymnastique antique.

Grand-Duché de Bade. — La gymnastique est aussi répandue dans ce duché que dans les autres pays de l'Allemagne. A Carlsruhe, un établissement pour la formation des professeurs de gymnastique a été annexé à l'école normale.

Le directeur de cet établissement, M. *A. Maul,* inspecteur de la gymnastique dans le duché de Bade, est un homme de grand talent qui comprend la gymnastique scolaire dans sa véritable acception. Les appareils qu'il emploie sont, à peu de chose près, ceux qu'on remarque dans les autres gymnases de l'Allemagne; mais M. *Maul* ne les utilise qu'avec beaucoup de précaution et avec des élèves d'un certain âge seulement. Il est grand partisan de Spiess et aime beaucoup les exercices libres, sur lesquels il a publié, en 1862, un ouvrage qui est fort répandu.

Bavière. — L'enseignement de la gymnastique se popularise également en Bavière. Il vient d'être créé à Munich une école de gymnastique sous la direction de M. *Weber.*

Hesse-Darmstadt. — A Darmstadt, M. *F. Marx* pratique une méthode qui se rapproche beaucoup de celle de Spiess; il excelle surtout dans la gymnastique pour filles.

Depuis 1865, la gymnastique a été introduite officiellement dans toutes les écoles de la Hesse.

Francfort-sur-Mein est également une des villes de l'Allemagne où la gymnastique est fort en honneur; le système Spiess y est généralement suivi.

En terminant ce résumé de l'école allemande, nous constatons, comme nous l'avons fait remarquer précédemment, que différents systèmes y sont en présence, particulièrement ceux des D\u02b3\u02e2 Angerstein, Kloss et Jaeger. Ces systèmes sont, nous n'en doutons pas, très-méthodiquement enseignés; toutefois, il peut paraître étrange que dans ce pays où tant d'hommes célèbres se sont occupés de cet enseignement, où tous les systèmes ont passé au crible de la critique, on ne soit pas encore arrivé à posséder un tout homogène et qu'on y rencontre encore, comme on vient de le voir, des différences notables dans les modes d'application!

Danemark. — En Danemark, *Christiani* (1794) fut le premier qui introduisit les exercices gymnastiques dans l'école; ce fut dans l'établissement d'instruction qu'il dirigeait, qu'il en fit les premières applications. Il fut aidé par *F. Nachtegall* dans cette innovation qui date de l'époque où Guts Muths faisait ses premiers essais. Nachtegall s'inspira des idées de ce dernier, créa à Copenhague un établissement exclusivement destiné à l'enseignement de la gymnastique et fit faire de rapides progrès à cette science.

Son système se rapproche beaucoup de celui de Vieth et paraît s'être propagé en Suède et en Norwége peu d'années avant que Ling fût nommé maître d'armes à l'université de Lund.

L'enseignement de la gymnastique se répandit rapidement en Danemark, dès que les sous-officiers de l'armée furent appelés à contribuer à cet enseignement ; c'est à ce principe, consistant à admettre des militaires comme professeurs de gymnastique dans les écoles, qu'aujourd'hui encore, les enfants y reçoivent une éducation physique plutôt militaire que scolaire.

L'enseignement de la gymnastique a été déclaré obligatoire par une loi du 29 juillet 1814.

Méthode. — La méthode consiste en un mélange d'exercices des systèmes Ling, Jahn, Spiess, modifiés selon les vues du professeur, et auxquels on ajoute toujours un grand nombre d'exercices avec des petits fusils en bois.

Suisse. — En même temps que *Basedow*, *Salzmann* et *Guts Muths* en Allemagne, *Pestalozzi*, ce célèbre pédagogue, qui a laissé un nom justement honoré dans le monde scolaire, s'occupa dans son petit domaine de Neuhof de l'éducation physique. Il regardait la gymnastique comme étant à la fois le seul moyen de garantir l'enfant de la plus grande partie des dangers dont sa frêle existence est environnée, et comme la seule voie qui puisse conduire au développement intellectuel. Il fonda successivement des établissements d'instruction à Stanz, à Burgdorf, à München-Buchsée et à Yverdün. Son système était plus rudimentaire que celui de Basedow; mais il fit ressortir l'importante nécessité de la gymnastique au point de vue de la santé et des études et rendit ainsi un grand service aux progrès futurs de cette science.

Clias essaya, l'un des premiers, les exercices dans quelques écoles de la Suisse; mais la mission de propager la gymnastique scolaire et de l'introduire, d'une manière générale et uniforme, dans toutes les écoles, était réservée à Spiess.

Parmi les dignes continuateurs de Spiess, il faut particulièrement citer *Niggeler*, *Iselin* et *Jenny*.

Depuis quelques années, la gymnastique s'est beaucoup propagée en Suisse où elle est comprise dans les fêtes nationales auxquelles toute la jeunesse scolaire prend part.

Autriche. — Depuis la guerre de 1866, les grands résultats obtenus en Prusse par l'éducation physique attirent les regards de l'Autriche. Des établissements de gymnastique existent déjà dans un grand nombre de villes. En 1870, le Gouvernement a compris cette branche dans les examens pour l'enseignement supérieur en même temps qu'il nomma Mr *J. Hoffer*, inspecteur général de la gymnastique.

Suède. — Ling, Pierre-Henri, né le 15 novembre 1776, à Ljunga, dans le Smaland, est l'un des hommes qui contribuèrent le plus à ramener l'art du mouvement à ses vrais principes scientifiques. Comme étudiant à l'université de Copenhague, il suivait assidûment un cours d'escrime, et cet exercice l'ayant guéri d'une paralysie rhumatismale dans le bras, il comprit l'heureuse influence que l'exercice corporel peut produire sur la santé. Cette idée, dit *N. Dally*, mûrit dans une tête aussi fortement organisée que celle de Ling, qui en poursuivit la réalisation avec une volonté ferme et persévérante.

A l'époque même où ces idées germaient chez Ling, il profita des leçons d'un professeur distingué, Nachtegall, professeur de gymnastique à l'école militaire de Copenhague, qui cherchait également à faire progresser la gymnastique en éloignant l'artificiel et en la ramenant dans les voies de la vérité. L'année suivante (1806), nommé maître d'armes à l'université de Lund, Ling se mit sérieusement au travail pour établir les rapports corrélatifs entre les divers mouvements et leurs effets sur la santé. « Mais il sentait qu'il lui manquait quelque chose pour conduire cette entreprise à bonne fin. Il avait une grande érudition, une imagination puissante. La littérature scandinave s'enrichit de ses travaux historiques, et l'Académie suédoise le reçut parmi ses membres, honneur qu'elle n'accorde jamais qu'aux plus grands poëtes de la patrie. — Ce qui manquait à Ling, c'était l'anatomie, la physiologie et d'autres sciences naturelles. Il les étudia. » (N. Dally.)

Pendant son séjour à l'université de Lund, il s'adressa au Ministre pour créer, aux frais de l'Etat, un institut de gymnastique rationnelle; il lui fut répondu : « *Nous avons assez de jongleurs et de danseurs de corde, sans les mettre à charge de l'Etat.* »

Cette réponse ne découragea pas l'éminent solliciteur : confiant dans la bienveillance du Prince royal, qui plus tard régna sous le nom de *Charles XIV Jean*, il eut la faveur d'obtenir de ce prince un entretien qui contribua puissamment à la réussite de son projet. En 1813, il obtint la création de l'institut central de gymnastique, qu'il dirigea de 1814 au 3 mai 1839.

Dans ses cours et dans ses écrits, Ling explique lui-même à quel point de vue il fit ses études : l'anatomie, disait-il, cette genèse sainte qui mit les chefs-d'œuvre du Créateur sous les yeux de l'homme, qui lui enseigne en même temps sa grandeur et sa petitesse, doit être la plus chère étude du cinésiste ; mais bien loin de se borner à l'examen des formes inanimées, qu'il les contemple, ces formes, dans le rayonnement, dans la plénitude de la vie et de l'action, non comme des masses inertes, mais comme des manifestations de l'esprit qui les anime partout de son feu sacré.

On le voit, Ling ne voulait pas seulement que la science du mouvement fût basée sur l'anatomie et la physiologie, mais encore sur la psychologie. Or, à l'époque où Ling voyait dans les exercices corporels la corrélation intime qui existe entre les phénomènes de l'organisme humain et les facultés de l'âme, la gymnastique, à part la révélation du célèbre Hoffmann, en était encore partout réduite à sa partie la plus matérielle : la course, le saut, la lutte, l'escrime, les haltères et certains autres exercices.

La méthode de Ling repose sur un assez grand nombre de formules, dont les applications se résument aux mouvements ci-après :

Mouvements actifs, produits sous l'influence de la volonté de l'exécutant, avec ou sans appareils.

Mouvements demi-actifs, comprenant des séries d'exercices où une personne oppose des résistances à l'exécutant; ou bien, où l'exécutant lui-même oppose la résistance. Cette résistance peut également être produite par des instruments ou des appareils.

Mouvements passifs, où l'action du mouvement est produite par le professeur ou l'aide, et sans que le malade, le patient ou l'élève y oppose aucune espèce de résistance.

En prenant pour guide ses connaissances approfondies en anatomie, en physiologie et en mathématiques, Ling fondit sa science en un ensemble unique de mouvements très-simples, mais bien coordonnés, et parvint ainsi à établir une parfaite harmonie entre toutes les fonctions de l'économie.

La base de son système l'ayant conduit à obtenir, d'une manière scientifique et à volonté, un développement local ou général, il arriva naturellement à une méthode rationnelle. Il procéda ensuite à la division de sa méthode en gymnastique médicale, pédagogique, militaire ou athlétique, selon l'effet à produire ou le but à atteindre.

On voit donc, qu'après avoir atteint scientifiquement le but principal, c'est-à-dire le développement général, il arrive par la division qui précède à la gymnastique professionnelle; c'est là encore un motif pour lequel l'ensemble de sa science devait recevoir le nom de rationnel : il a été le premier à établir cette division qui n'existe pas encore aujourd'hui dans beaucoup d'autres pays où l'on continue à donner à l'écolier la même éducation physique qu'au matelot ou au militaire.

Ce que nous trouvons de très-rationnel aussi dans le système Ling, c'est qu'il n'y existe pas des exercices spéciaux pour les élèves de tel ou de tel degré d'instruction, mais que la division des mouvements est basée sur le sexe, l'âge, la taille ou la force des élèves.

Dès les premières cures que le système de Ling opéra sur des sujets qui avaient résisté à d'autres traitements, il attira l'attention d'un grand nombre de médecins, tant étrangers que suédois, qui, malgré leur appréhension pour ce nouveau mode de traitement, devinrent de fervents adeptes et d'actifs propagateurs de sa méthode. Peu de temps après la création de l'institut central, la méthode Ling fut introduite dans toutes les écoles, dans l'armée, dans les hôpitaux, etc.

Propagateurs de la méthode Ling.—Cette méthode, comme toute science du reste qui est basée sur la vérité, se propagea rapidement et franchit bientôt les frontières de la Suède pour faire connaître aux nations étrangères un savant Suédois de plus, qui fera toujours la gloire de son pays.

Le successeur de Ling, dans la direction de l'Institut central de Stockholm, fut M. *Branting*; actuellement c'est le colonel *Nyblaeus* qui dirige cet institut.

Parmi les plus ardents disciples de Ling et ceux qui ont le plus contribué à la propagation de sa science, nous distinguons : Axel, Sigfrid *Ulrich*; le chevalier Gabriel *Branting*; le major Hugo *Rothstein*; le Dr A. C. *Neumann*; le Dr Hermann *Satherberg*; le colonel *Nyblaeus*; M. Carl *Nycander*, qui, après avoir créé un établissement de gymnastique scientifique en Danemark, vient d'en créer un second à Bruxelles. Le Dr *Melicher* propagea cette science à Vienne, M. E. *Bullerdick* à Rotterdam; le chevalier Auguste *Georgii* à Londres; un officier, M. *De Ron* a été appelé à créer un semblable établissement à St-Pétersbourg, où la famille impériale de Russie le chargea de l'éducation physique de ses enfants; enfin, d'autres célébrités médicales propagent cette science en Allemagne et ailleurs, tels par exemple que le Dr *Sonden*, G. *Indebetou*, Eb. *Richter*, le Dr *Freyer*, Dr *Roth*, Dr *Eulenburg*, Dr *Graevell*, Oscar *Schmidt*, etc., etc.

« Partout, dit N. Dally, cette méthode est appliquée avec succès, et les intelligences médicales les plus éclairées travaillent, avec un zèle qu'inspire la vérité, à ses progrès et à sa propagation. »

LA GYMNASTIQUE RATIONNELLE.

La gymnastique scientifique ou rationnelle, dont l'Allemagne et la Suède se disputent la propriété légitime, est-elle une science nouvelle ou de création récente? Nous ne le pensons pas.

En effet, nous avons vu que la gymnastique médicale avait, chez les Chinois et chez les Indiens, ses principes, ses théories, sa méthode, ses applications; en un mot, qu'elle était tout entière dans les traditions de l'antiquité.

D'autre part, Mercurialis nous prouve, dans son « *De arte gymnastica* », que l'art grec distinguait les mouvements gymnastiques en actifs ou volontaires, en passifs ou communiqués, en mixtes ou en partie actifs et en partie passifs.

Cette distinction, ajoute N. Dally, s'appliquait non-seulement aux mouvements libres de la course, du disque, des haltères, aux mouvements passifs de la gestation et aux mouvements mixtes de l'équitation, mais aussi à tous les mouvements de flexion, d'extension, d'adduction, d'abduction, etc., et aux mouvements de pression, de friction, de percussion, de vibration, etc. De plus, l'application de ces mouvements se faisait le malade étant debout, assis, couché ou incliné, les jambes ou les bras tendus, fléchis, rapprochés ou séparés de diverses manières corrélatives, selon l'espèce des effets physiologiques à produire sur tel organe ou sur l'ensemble de l'organisme.

Plus tard, Frédéric Hoffmann en Allemagne, puis les Drs Nicolas *Andry*, *Fuller* et *Winstow* à Paris, et enfin, en même temps que Ling, le Dr John *Barclaz* qui publia le livre : *The Musculor motions of the human Body*, furent pénétrés des mêmes idées.

Nous croyons donc que Ling ne fit pas la découverte d'une science nouvelle, mais que, profitant des progrès qu'avaient faits les sciences naturelles et anthropologiques, il pénétra plus profondément que ses contemporains dans les traditions du passé et qu'il fut le premier qui formula en gymnastique *un corps de doctrine complet, appuyé sur les sciences exactes.*

Du reste, nous sommes de l'avis de N. Dally en disant que, quelles que soient les sources où Ling ait puisé les éléments et les combinaisons de son système et de ses applications, il n'en est pas moins vrai qu'il est l'homme qui a le plus contribué à propager parmi nous la gymnastique scientifique.

Sans doute, comme le dit très-bien le Dr de Ceuleneer van Bouwel, d'autres avant lui avaient enseigné la gymnastique, mais avant *Vésale* et *Bichat*, avant *Haller* et *Magendie*, d'autres prétendaient aussi connaître à fond l'anatomie et la physiologie.

Il est établi, et ses adversaires mêmes en conviennent, que Ling rendit au mot gymnastique le sens véritable qui lui revient dans le cadre scientifique, qu'il l'a basée sur l'étroite union qui existe entre la science et l'art, et que ce célèbre Suédois contribua l'un des premiers à la faire sortir de l'oubli où elle était plongée depuis plus de quinze siècles.

Pourquoi alors, pourrait-on nous objecter, cette longue et interminable guerre entre l'école suédoise et l'école allemande, s'il semble si facile de trancher d'un trait de plume cette question où tant d'idées opposées sont en présence?

Placé sur un terrain neutre et examinant cette thèse au seul point de vue de l'histoire, nous ne pouvons que répondre avec M. N. Dally : « La question, comme cela arrive ordinairement dans des cas semblables, a été un peu embrouillée par les disciples de Ling et par ses détracteurs. »

École suédoise en Allemagne. — Longtemps on a voulu faire de Ling le rival de Jahn; mais au point de vue qui nous occupe : *l'enseignement de la gymnastique dans ses rapports avec l'éducation intellectuelle et morale*, la comparaison entre ces deux hommes célèbres est impossible. Pour s'en convaincre, il ne faut pas de longues discussions, il suffit de se rappeler que Ling conviait à ses leçons les faibles comme les forts et que sa devise était : « *Il faut que chacun puisse être utile à soi-même en particulier et à tout le monde en général* », ce qui est le symbole de la charité fraternelle; que Jahn, au contraire, ne visant qu'à former des athlètes et de bons soldats, avait pour devise : « *Vive qui peut vivre* », qui n'est que le symbole de l'égoïsme.

Lorsque les disciples de Ling arrivèrent en Allemagne, ce fut comme une invasion étrangère. « Les praticiens allemands, dit N. Dally, jaloux des prérogatives de leur pays et des traditions nationales, se sentirent blessés. Partout, la rivalité ne fut d'abord excitée de part et d'autre que par le noble sentiment du vrai dans la théorie et du réel dans la pratique; mais elle finit par se produire avec plus ou moins d'aigreur dans les livres et dans les journaux ». « Pourtant, dit le D\ de Ceuleneer, s'il fallait une preuve que dans la savante Allemagne il se trouve, malgré ses préjugés contre les savants étrangers, des hommes qui savent apprécier, dans leur impartialité, la supériorité et les incontestables bienfaits de la gymnastique médicale scientifique suédoise, nous dirions, pour ne citer qu'un exemple qui a bien sa valeur, croyons-nous, que le professeur Richter de Dresde ne tarda pas à honorer le savant Rothstein de son appui. L'affaire lui parut assez importante pour l'engager à faire le voyage de Stockholm pour étudier la science de Ling. Revenu dans sa ville universitaire, il y donna, avec le beau talent qui le caractérise, une conférence qui occupera toujours une place des plus honorables à la gloire et dans les annales de la gymnastique rationnelle » [1].

Les écrits qui ont le plus contribué à l'introduction de la gymnastique suédoise en Allemagne, sont ceux des Drs *Neumann*, *Richter* et du major *Rothstein*, Allemands d'origine, qui, tous les trois, étaient allés étudier ce système à Stockholm. D'autres, tels que Nitsche, etc., ont patronné ce système.

Les ouvrages qui ont particulièrement contribué à faire progresser l'enseignement de la gymnastique en Allemagne, tant au point de vue allemand et suédois, qu'au point de vue de la fusion des deux systèmes, sont particulièrement ceux des Drs D. G. M. *Schreber*, G. *Rasmus* de Dessau, *Plessner*, J. Fr. *Reutling*; de J. C. *Werner*, des Drs J. C. *Heidler*, *Heidenreich*, K. W. *Ideler*, *Jaeger*, *Kloss*, *Angerstein*, *Roben* et *Koch*.

Dans un grand nombre de ces écrits, on est généralement d'avis que Ling a eu le mérite de toujours chercher, dans les moindres mouvements, » *à se servir de l'anatomie et de la physiologie comme d'un fil conducteur.* »

Nous ne nous étendrons pas sur les longues discussions auxquelles l'introduction de l'école suédoise

---

[1] Die Schwedische Nationale und Medecinische Gymnastik. Vortrag gehalten in der Gesellschaft für Natur-und Heilkunde zu Dresden, 1845.

en Allemagne a donné lieu. Il ne nous appartient pas, du reste, de nous prononcer ici entre les savants qui agitent cette question. Nous renvoyons donc le lecteur qui voudrait de plus amples renseignements sur ce sujet, aux discussions qui ont eu lieu entre le célèbre docteur Berend, appartenant à l'école allemande, et le non moins célèbre docteur Neumann également Allemand, mais partisan convaincu de l'école suédoise.

Toutefois, nous nous permettons de dire qu'il serait ardemment à désirer que cette lutte cessât entre les deux écoles et que les hommes remarquables et dévoués qui se plaisent à l'entretenir, consacrassent leurs moments de loisir à se rendre utiles à l'humanité, en ne travaillant qu'aux progrès de cette science et en nous communiquant leurs lumières.

Ici encore et pour terminer, nous devons dire avec le D\u1585 N. Dally : « Qu'importe au monde que la vraie doctrine gymnastique vienne d'Hoffmann ou de Ling, de Spiess ou de Rothstein, de Schreber ou de Neumann, des Grecs ou des Chinois! ce qui importe ici, ce ne sont point les nationalités ou les personnalités, les vaines disputes de partis, mais la discussion libre des principes et des procédés méthodiques, et surtout dans les témoignages irrécusables de l'expérience, afin que la vérité soit mise en toute lumière. »

France. — En France, comme ailleurs, l'éducation physique fut complétement perdue de vue jusqu'au XIIᵉ siècle ; quelques exercices prirent naissance à la 2ᵉ période du moyen âge sous l'influence de certaines corporations, qui s'adonnèrent au jeu de la paume, à l'escrime, à l'arc, à l'arbalète et à l'arquebuse. Ces exercices avaient bien quelques principes, mais ils étaient loin de pouvoir être considérés comme appartenant à une méthode quelconque d'éducation physique.

Au XVIᵉ siècle, *Montaigne*, et deux siècles plus tard, Jean-Jacques *Rousseau* attirèrent l'attention sur la nécessité des exercices corporels, si négligés au point de vue de l'éducation et répétèrent cette maxime du grand *Confucius* : » Il ne s'agit pas de former deux hommes, mais il faut développer le corps et l'âme de telle sorte que l'un n'absorbe pas l'autre. » Après ces philosophes vinrent plusieurs médecins, tels que les *Tissot* et les *Andry*, qui firent ressortir la salutaire influence des exercices du corps au point de vue de la thérapeutique.

Nicolas Andry (1658-1742) fut à la France ce que *Frédéric Hoffmann* fut à l'Allemagne, c'est-à-dire, un des révélateurs de la doctrine du mouvement appliqué à l'hygiène, science dont Ling fut le véritable fondateur.

Les idées de Montaigne et de Rousseau contribuèrent puissamment à attirer les regards sur l'impérieuse nécessité de faire marcher de pair les exercices du corps et ceux de l'esprit. Rousseau disait dans son « *Emile* » : « C'est une pitoyable erreur de croire qu'on entrave la formation de l'esprit en exerçant le corps. Que l'élève unisse un jour la raison d'un sage à la force de l'athlète. Ce que conçoit l'esprit humain lui vient par le conseil des sens; le matériel est la base fondamentale de l'intellectuel; c'est pourquoi il faut exercer les sens et les membres comme étant les instruments de notre intelligence, et précisément à cause de cela il faut que le corps soit sain et vigoureux. »

Rousseau recommande la gymnastique sous forme de jeux chez les petits enfants, à la condition que chaque jeu ait un but bien déterminé et sa raison d'être.

Pour les jeunes gens, il s'exprime ainsi : « Dans tous les colléges il faut établir un gymnase ou lieu d'exercices corporels pour les enfants. Cet exercice si négligé est, selon moi, la partie la plus importante de l'éducation, non-seulement pour former des tempéraments robustes et sains, mais encore pour l'objet moral, qu'on néglige ou qu'on ne remplit que par un tas de principes pédantesques et vains qui sont autant de paroles perdues. Je ne redirai jamais assez que la bonne éducation doit être négative. Empéchez les vices de naître, vous aurez assez fait pour la vertu. Le moyen en est de la dernière facilité dans une bonne éducation publique; c'est de tenir toujours les enfants en haleine, non par d'ennuyeuses études où ils n'entendent rien et qu'ils prennent en haine par cela seul qu'ils sont forcés de rester en place, mais par des exercices qui leur plaisent, en satisfaisant au besoin qu'en croissant a le corps de s'agiter, et dont l'agrément pour eux ne se bornera pas là.

On ne doit pas permettre qu'ils jouent séparément à leur fantaisie, mais tous ensemble et en public, de manière qu'il y ait toujours un but commun auquel tous aspirent et qui excite la concurrence et l'émulation. »

Les écrits de ces deux philosophes qui voulaient l'éducation comme elle existait en Grèce, ne furent pas sans exercer une grande influence sur le mouvement qui se produisit à cette époque, parmi les célèbres pédagogues, en faveur de l'éducation physique. Basedow et Guts Muths, inspirés des mêmes idées, renouvelèrent en grande partie l'éducation antique, et eurent pour imitateur en France le colonel *Amoros*.

Quelques hommes ont bien contribué à propager la gymnastique en France, mais c'est particulièrement au colonel Amoros que revient l'honneur de l'avoir fait entrer dans le goût de la jeunesse et d'avoir gagné à cette cause un grand nombre d'adeptes.

Dans ses écrits, Amoros s'est surtout attaché à populariser une éducation mâle et particulièrement à faire naître le goût pour tous les exercices qui peuvent trouver une application dans une circonstance critique quelconque de la vie. On lui reproche d'avoir négligé la gymnastique scolaire pour lui préférer un système purement humanitaire et national.

Son système, que nous énumérons ci-après, n'est que la reproduction de ceux de Basedow, Guts Muths, Jahn et Eiselen, auxquels il ajouta même des appareils, tels que, par exemple, les barres parallèles hautes. Le système Amoros se divise comme suit :

1° Quelques exercices libres ;

2° Marcher, courir sur des terrains unis ou accidentés ;

3° Les sauts libres, avec armes et bagages, à l'aide d'un instrument, tels que : bâton, perche, fusil ou lance ;

4° Exercices d'équilibre, marche sur le cercle de piquets, sur des poutres immobiles, vacillantes, horizontales ou inclinées, sur un tronc d'arbre couché au-dessus d'un précipice ou d'un ravin, etc. ;

5° Franchir toute espèce d'obstacles, tels que : carrières, murs, fossés, ravins, torrents, avec ou sans fardeaux ;

6° Luttes diverses ;

7° Assaut à des murailles, des échelles, des cordes, des perches fixes ou vacillantes, le mât ;

8° Franchir un espace quelconque suspendu à une corde ou à une perche ;

9° La natation avec ou sans fardeaux ;

10° Soulever, traîner, pousser ou porter des fardeaux ;

11° Le jet des armes ou d'autres objets ;

12° Le tir à la cible ou à d'autres objets fixes ou mouvants ;

13° L'escrime à pied ou à cheval;

14° L'équitation et la voltige;

15° Diverses danses.

Ce système est rationnellement enseigné, non au point de vue du développement méthodique de toutes les parties du corps, mais au point de vue professionnel; il se distingue particulièrement par le rhythme dans un grand nombre d'exercices et par les chants, dont les paroles expriment de nobles sentiments, tels que : le respect envers Dieu, l'amour du roi, le dévouement à la patrie, etc.

Parmi les éloges que l'éducation amorosienne valut à son auteur, nous croyons devoir rapporter celui de M. Pariset, secrétaire général de l'Académie de médecine : « Amoros, disait-il, sent bien, veut bien, fait bien : il est l'ami des enfants; il est digne de créer des hommes; il en fera sortir de ses mains qui seront comme la Minerve d'Homère, forts et sages. Voulez-vous refondre vos générations et avoir des âmes fortes dans des corps sains, ayez des Amoros et remettez-leur vos droits et vos devoirs de père de famille et de prince; car c'est tout un. Heureux les peuples où s'élèvent de tels instituteurs; que n'a-t-il été celui de Pariset ! »

Après Amoros, le colonel *d'Argi,* et MM. *Laisné* et *Triat* s'occupèrent de la propagation de la gymnastique en France; Mr *Clias* (de Berne) fit également des efforts pour répandre cet enseignement dans les écoles. Leurs systèmes n'offrent rien de particulier, à part celui de M. Clias, qui croyait devoir désigner sous les noms de *Somascétique* et de *Callisthénie* des exercices libres, en vogue à cette époque en Allemagne depuis un grand nombre d'années.

En France, comme en Belgique, l'inauguration de la gymnastique d'une manière générale dans toutes les écoles, préoccupe non-seulement les hommes spéciaux, mais particulièrement les autorités scolaires, les médecins et les législateurs. En 1867, M. le Dr Gallard, dans ses conférences aux instituteurs à la Sorbonne, fit ressortir le salutaire effet que devaient produire les exercices, tant au point de vue intellectuel qu'au point de vue de la santé, lorsqu'ils étaient sagement alternés avec les travaux de l'esprit. Il démontra aussi la facilité qu'il y avait pour les instituteurs de donner eux-mêmes cet enseignement et les avantages qui devaient en résulter pour leur propre personne.

En 1868, le ministre de l'Instruction publique, M. *Duruy*, qui attacha une grande importance à cette heureuse innovation, fit la promesse aux Chambres législatives de propager cet enseignement et nomma une Commission centrale, présidée par M. le baron *Larrey*, membre de l'Institut de France, pour l'examen de tout ce qui pouvait intéresser l'introduction de la gymnastique dans les écoles.

La même année, M. Eugène *Paz*, directeur du grand gymnase à Paris, fut chargé par le ministre de visiter l'Allemagne, l'Autriche, la Belgique et la

Hollande pour y étudier l'organisation de l'enseignement de la gymnastique. Le rapport que M. Paz adressa à M. le Ministre et que l'on trouve annexé à son ouvrage : *La gymnastique obligatoire*, Paris, 1868, ses nombreux écrits et particulièrement le dévouement qu'il apporte à propager cet enseignement, dont il a fait ressortir, avec un grand talent, tous les bienfaits, ont beaucoup contribué à répandre la gymnastique dans les écoles.

En 1854 déjà, la gymnastique fut introduite dans les lycées; mais, comme dans beaucoup d'autres pays où le matériel, les professeurs et la méthode firent défaut, elle y réalisa peu de progrès. Toutefois, depuis le décret du 3 février 1869, la gymnastique tend à se répandre dans la plupart des établissements d'instruction, et tout nous porte à croire que bientôt cet enseignement se donnera également dans toutes les écoles primaires de la France.

A part la Commission centrale, dont nous avons parlé précédemment et qui est chargée de l'examen de toutes les questions qui touchent à l'enseignement de la gymnastique, des hommes spéciaux sont délégués pour contrôler les dimensions des appareils, en vérifier la construction, en constater la solidité et pour les poinçonner avant leur mise en usage dans les écoles. En présence des accidents que peuvent offrir des appareils non contrôlés, nous ne saurions assez applaudir aux sages mesures prises par le Gouvernement français.

Italie. — Turin possède une école centrale de gymnastique pour la formation des professeurs ; le Gouvernement et les communes y envoient annuellement un certain nombre de professeurs à former. Depuis quelques années, la gymnastique a été décrétée obligatoire pour l'enseignement moyen et un grand nombre de villes, telles que : Turin, Gênes, Vérone, Milan, Pise, Nice, etc., ont rendu cet enseignement obligatoire dans les écoles primaires.

M. *Obermann*, d'origine suisse, est l'un des premiers qui ait organisé cet enseignement en Italie.

L'Italie compte un grand nombre de sociétés de gymnastique qui ont leur fédération et des journaux spéciaux.

Angleterre. — *Locke*, célèbre médecin anglais du XVIIe siècle, reproduisit les idées de Montaigne au point de vue de l'éducation physique ; il voulait une éducation corporelle conforme aux lois de la raison et, comme J.-J. Rousseau, n'admettait les exercices intellectuels qu'après le développement du corps.

L'Angleterre possède plusieurs établissements de gymnastique médicale. Au point de vue scolaire, peu de chose a été fait dans ce pays sous le rapport d'un enseignement rationnel. Cependant *Clias*, d'origine suisse, qui fut appelé en Angleterre avec le titre d'inspecteur général de la gymnastique pour les armées de terre et de mer, et *Völker*, d'origine allemande, y ont fait quelques tentatives d'organisation. Il existe en Angleterre des établissements d'instruction et des pensionnats où l'on exécute des exercices appelés « *Calisthenics* », qui consistent en certaines positions, en quelques exercices libres combinés avec des poses plastiques.

A Londres, le capitaine *Chiosso* dirige un gymnase; il en existe aussi à Liverpool et dans quelques autres villes.

Nous croyons que la gymnastique rationnelle et régulièrement enseignée ne s'introduira d'une manière générale dans les écoles de l'Angleterre, que dans un avenir plus ou moins éloigné : la jeunesse anglaise possède plusieurs jeux, tels que le « *cricket* » et d'autres qui occupent les heures de récréation. Ces jeux nombreux sont une raison pour laquelle le besoin d'autres exercices ne se fait pas aussi vivement sentir dans les écoles anglaises que dans celles des autres pays.

Le Dr *Fuller* qui publia en 1740 un ouvrage sur la gymnastique au point de vue médical, est considéré comme le propagateur de la gymnastique en Angleterre.

Russie. — Dans quelques villes de la Russie, la gymnastique tend également à se propager, lentement, il est vrai; mais depuis quelques années, elle y fait de notables progrès. St-Pétersbourg possède un institut dans le genre de celui de Stockholm où le système Ling est enseigné par M. le Dr *Berglind*.

Le système allemand est également représenté dans la capitale de la Russie par M. *Dietrich* de Dresde, formé à l'école de M. Kloss et qui a été appelé à St-Pétersbourg pour y propager cet enseignement.

Hollande. — Bien que la gymnastique ne soit pas encore introduite d'une manière générale et uniforme dans toutes les écoles de la Hollande, cet enseignement y est cependant suivi : les instituteurs y sont préparés dans les écoles normales concurremment avec les autres branches du programme.

La gymnastique suédoise, comme la gymnastique allemande, y a trouvé de nombreux adeptes; la plupart des grandes villes de ce pays possèdent des sociétés de gymnastique comptant un grand nombre de membres.

A la dernière fête fédérale de gymnastique donnée à Rotterdam, huit cents enfants ont pris part aux exercices qui furent précédés de l'exécution du chant national.

Dans les congrès, organisés par les professeurs de gymnastique, on s'occupe souvent de la question des moyens de propager l'enseignement de la gymnastique d'une manière uniforme dans toutes les écoles.

GYMNASTIQUE DES FILLES.

La gymnastique pour jeunes filles est peu répandue à l'étranger. A part la Suède, nous croyons qu'il n'y a pas même un pays, où elle soit organisée d'une manière générale, uniforme et surtout *officielle* dans toutes les écoles ; c'est ce qui nous a engagé à ne pas en parler dans le cours de notre résumé historique et de citer ici les pays ou les villes où l'éducation physique de la jeune fille est le plus en honneur.

Suède. — Dans les écoles normales de la Suède, la gymnastique est enseignée tant aux institutrices qu'aux instituteurs concurremment avec les autres branches du programme. Des cours sont organisés dans la plupart des écoles.

Prusse. — Les cours de gymnastique pour filles sont facultatifs et partant très-peu suivis. Il existe bien des cours pour demoiselles dans un grand nombres de villes, mais ils ne sont régulièrement fréquentés qu'à Berlin, à Hanovre et dans quelques autres villes.

A Berlin, M. *Kluge* donne, dans son établissement, un cours de gymnastique pour demoiselles. La méthode suivie est celle du professeur, qui attache une grande importance aux exercices aux appareils, auxquels les demoiselles travaillent souvent pendant les deux tiers du temps consacré à la leçon.

A Hanovre, la gymnastique est très-suivie dans un grand nombre d'écoles; M. *Hohlfeld* y excelle dans l'enseignement des exercices pour ce sexe; sa méthode est celle de Spiess légèrement modifiée.

Leipzig. — M. *Lion* attache beaucoup d'importance à la gymnastique pour filles; c'est à lui que l'on doit que cet enseignement y est si répandu dans les pensionnats et les écoles. Sa méthode se rapproche plutôt de celle du Dr Kluge que de celle de Spiess. Entr'autres appareils, il se sert des perches verticales et obliques, de l'échelle horizontale et des barres parallèles.

Dresde. — Le Dr *Kloss* donne également un cours d'exercices pour jeunes filles; il est secondé dans ses leçons par sa dame. La méthode suivie est celle de Spiess, modifiée. Ce gymnasiarque est peu partisan des appareils pour le sexe faible.

Darmstadt. — M. *Marx*, successeur de Spiess, y enseigne la gymnastique aux jeunes filles et demoiselles. C'est dans le duché de Hesse et particulièrement à Darmstadt, que la gymnastique pour jeunes filles et demoiselles est le plus répandue et qu'elle a reçu le plus grand développement.

La méthode suivie est celle de Spiess; elle se compose d'exercices libres, d'exercices d'ordre avec chant et d'exercices avec appareils, tels que : l'échelle horizontale, les perches, etc.

A part ces appareils que nous croyons ne pas convenir pour ce sexe, les cours donnés à Darmstadt ne sont, pensons-nous, susceptibles que d'une seule critique : c'est que les jeunes filles doivent quitter les classes, pour se rendre, deux fois par semaine seulement, au gymnase en ville, et qu'ainsi cet enseignement est bien loin d'apporter une heureuse diversion au silence et à l'immobilité des études.

Francfort. — A l'école moyenne des garçons et des demoiselles, il existe un cours, organisé par le docteur en philosophie *Weismann*. Le système est, à peu de chose près, celui de Spiess; mais ici l'inconvénient signalé à Darmstadt n'existe pas : les cours de gymnastique sont donnés à l'établissement même et permettent ainsi d'alterner les travaux du corps avec ceux de l'esprit.

Belgique. — La gymnastique est enseignée dans toutes les écoles normales du pays. Le système admis en Belgique repose sur les méthodes Ling-Spiess, modifiées par le capitaine Docx.

BELGIQUE[1].

La Belgique, ce petit pays vers lequel, depuis près d'un demi-siècle, se tournent avec étonnement les yeux de l'Europe, est grande par ses illustres enfants parmi lesquels elle est fière de compter : Godefroid de Bouillon et Van Artevelde, Rubens et Simon Stévin, Van Dyck et Teniers, Grétry et Vésale.

André *Vésale*, le plus célèbre chirurgien et anatomiste du monde, né à Bruxelles en 1514, fut un des premiers qui osa, le scalpel à la main, interroger la nature et contredire les assertions de Galien. Vésale,

---

[1] Quoique nous ne relations dans ce résumé que ce qui se rapporte à l'enseignement de la gymnastique officielle, nous croyons devoir faire remarquer, que les réunions privées contribuent beaucoup à répandre dans notre pays le goût pour cet enseignement. La Belgique possède actuellement près de 60 sociétés qui comptent de quatre à cinq mille participants, chiffre encore minime, il est vrai, mais qui augmentera dans une proportion extraordinaire dès que nos écoliers auront reçu, dans les établissements d'instruction, les éléments de cette science qu'ils pourront développer dans les réunions gymnastiques. Les directeurs et les professeurs de nos sociétés de gymnastique ont dressé des gymnastes qui se sont fait applaudir tant aux fêtes fédérales allemandes qu'aux fêtes gymnastiques de Bruges, de Gand, de Liége et d'Anvers. Enfin nos sociétés ont, comme en Allemagne, leur fédération et leurs journaux : *Le Gymnaste belge*, *le Volksheil* et *la Gymnastique*; cette dernière revue, de création récente, a promis d'accorder une large part à tout ce qui concerne la gymnastique scolaire.

en scrutant les profondeurs de la science anatomique, nous initia aux lois de la physiologie qui reposent sur la connaissance exacte de la structure du corps humain. Qui donc pourrions-nous mieux placer en tête de notre résumé historique, écrit au point de vue du progrès de la gymnastique, et quel meilleur guide pourrions-nous prendre pour procéder à cet enseignement que cette illustration belge, qui nous fit connaître les admirables rouages de l'organisme et les détails fondamentaux d'une science qui doit servir de point de départ et de base aux mouvements corporels? A ce point de vue, André Vésale mérite non-seulement d'occuper la première place dans l'histoire belge, mais encore, il occupera toujours une place brillante dans l'histoire cinésiologique de tous les peuples.

Un médecin distingué de la Belgique, M. le Dr *N. Theis*, après avoir signalé que, jusqu'au commencement de ce siècle, les systèmes avaient pris une fausse route, en ne s'attachant qu'à un seul genre d'exercices, ceux aux appareils, dit : « Aujourd'hui, enfin, elle entre dans une autre voie, plus large et plus rationnelle. Enrichie par les développements et les perfectionnements qui y ont été apportés par la Suède et la Suisse [1], la gymnastique tend à s'élever

---

[1] M. le Dr Theis fait erreur en omettant l'Allemagne, laquelle, avant la Suisse, a eu de célèbres médecins et pédagogues qui se sont particulièrement attachés à faire disparaître le côté trop artificiel de cet enseignement pour le ramener à une méthode plus naturelle et plus scientifique.

de plus en plus à la hauteur d'une science qui, chez toutes les nations civilisées, répond, non pas à un caprice de mode, mais à un véritable besoin du temps. Les Gouvernements bien éclairés commencent à comprendre cette importante vérité et la mettent à profit. Ainsi régénérée sur les documents anciens, perfectionnée par les modernes et basée finalement sur des principes scientifiques, la gymnastique, prise dans son acception la plus large, ne peut plus avoir un but restreint ni médical, ni militaire, ni autre.

Comme l'art du dessin, elle n'a de spécial que des applications. Son but est plus élevé, plus général; il consiste dans le développement normal des forces physiques en harmonie avec celui des facultés intellectuelles et morales. Elle s'adresse donc à l'homme dans sa totalité corporelle et spirituelle.

Pour remplir cette belle et noble tâche, la gymnastique doit naturellement employer des moyens bien choisis et en rapport avec son but. Ses exercices doivent être de nature à préparer les jeunes citoyens, à les former et à les rendre aptes, non-seulement à la conservation de leur santé et à la défense de la patrie, mais encore à toute espèce de travaux sérieux, utiles et agréables tant dans la vie privée que dans la vie sociale. Ils font nécessairement partie de l'école, de l'éducation en général. »

Parmi les médecins distingués qui se sont occupés de l'éducation physique en Belgique, nous devons particulièrement citer le Dr *Sovet*, médecin de la maison du Roi et secrétaire de l'Académie de médecine; le Dr *Vléminckx*, président de l'Académie de médecine et membre de la Chambre des représentants; le Dr *Van Holsbeek*, fondateur de la société protectrice de l'enfance; les Drs *Hairion*, *Boëns*, *Desguin* et feu *Marinus*, membres de l'Académie de médecine; les Drs *Sauveur*, *de Ceuleneer van Bouwel*, *Cornette*, *Henrard*, inspecteur du service sanitaire au département de l'Intérieur, et *Moeller*.

Le Gouvernement belge n'est pas resté indifférent aux bienfaits qui devaient résulter de l'introduction de la gymnastique d'une manière générale dans nos écoles; depuis plus d'un quart de siècle, il s'occupe de cette question : en 1847 déjà, le rapport triennal signala le danger de courber les enfants sur les pupitres pendant les longues heures de classe, et constata que le défaut de mouvement donne lieu au rachitisme et à une foule d'autres inconvénients.

En faisant ressortir les causes de la lenteur que l'enseignement de la gymnastique mettait à prendre la place qui lui appartient dans l'éducation populaire, le rapport s'exprimait ainsi : « Un grand luxe d'instruments d'une acquisition très-dispendieuse, une extrême complication de manœuvres et d'exercices qui lui donne un air théâtral, l'obligation d'employer des maîtres spéciaux, fort exigeants sous le rapport des émoluments, tout cela devait arrêter les administrations les mieux disposées. »

Le Ministre *Vandeweyer* envoya à Paris, en 1846, une Commission avec mission d'étudier ce que le système *Clias* pouvait offrir d'avantageux pour être appliqué aux écoles, et faire une comparaison entre ce système et celui du colonel Amoros. Peu après le retour de cette Commission, le Ministre proposa à l'administration communale de Bruxelles d'essayer l'enseignement de la gymnastique dans l'une de ses écoles. Cet essai eut lieu à l'école communale N° 5, dirigée, à cette époque, par un homme qui a rendu de grands services à l'enseignement, l'honorable M. *Campion*, inspecteur des jardins d'enfants à Bruxelles.

Le cours était donné par M. Lebœuf, inspecteur cantonal du ressort de Bruxelles. Au bout de trois mois de cours, le Ministre désigna une commission, composée de M. le Dr *Sauveur*, du major d'artillerie *Hippert* et du professeur *Braun*, chargée de constater les résultats obtenus. Le rapport de ces Messieurs énumère quelques flexions, extensions et signale les exercices élémentaires aux barres, à la barre fixe, puis la marche d'équilibre sur des pieux. Elle fait ressortir la différence notable qu'elle a constatée, sous le rapport du maintien et de la démarche, chez les enfants ayant participé à ce cours, sur les élèves d'une autre section qui n'avaient point pris part aux exercices.

A la suite du rapport de cette commission, rapport qui fut communiqué à l'administration communale de Bruxelles, celle-ci informa le département de l'Intérieur qu'elle introduirait cet enseignement dans ses écoles à partir du printemps suivant. Nous ne savons ce qui a mis obstacle aux bonnes dispositions de la direction de l'enseignement de la ville de Bruxelles, mais nous devons constater, avec regret, qu'il n'y fut donné aucune suite.

En 1850, la loi du 1er juin a considéré la gymnastique comme obligatoire pour les établissements d'instruction moyenne; mais, en fait, ce cours n'a jamais reçu l'organisation que son importance comporte.

En 1864, une enquête ouverte dans les établissements d'instruction moyenne a démontré que les professeurs capables faisaient surtout défaut, par la raison qu'on n'avait jamais exigé d'eux aucune garantie de savoir.

En 1872, M. le Ministre, par dépêches du 15 février et du 13 avril, chargea une commission, composée de MM. *Braun*, *Brouwers* et *Docx*, d'étudier la gymnastique en Hollande, en Suède, en Danemark et en Allemagne. Le volumineux rapport qu'élaborèrent ces Messieurs pour rendre compte de cette mission, fut déposé à la Chambre qui, sur la proposition de M. *Couvreur*, en décida l'impression.

Peu après, M. le Ministre de l'Intérieur nomma une nouvelle commission, présidée par Mr *Greyson*, directeur au Ministère de l'Intérieur, et composée de MM. Germain, inspecteur provincial de l'enseignement primaire; Braun, professeur de pédagogie à l'école normale de l'Etat à Nivelles, actuellement inspecteur général des écoles normales; Brouwers, inspecteur cantonal de l'enseignement primaire à Louvain; Docx, capitaine, directeur de l'école régimentaire du 10e de ligne et Henrard, inspecteur du service de santé au Ministère de l'Intérieur. Cette commission se réunit le 12 mars 1874; elle avait pour mission, disait M. le Ministre, « de préparer les différentes mesures de détail qu'aura à prendre le Gouvernement pour l'organisation de l'enseignement de la gymnastique dans tous les établissements d'instruction, et cela, d'après les bases indiquées dans le rapport qui m'a été présenté sur l'enseignement de la gymnastique en Suède et en Allemagne. »

A la suite des travaux de cette commission, le Gouvernement publia le programme officiel d'après lequel les cours seraient donnés, et M. le Ministre adressa à Sa Majesté le Roi un rapport qui fut suivi de plusieurs arrêtés royaux relatifs aux mesures à prendre pour organiser cet enseignement.

Il ne sera pas sans intérêt, croyons-nous, de rapporter ici quelques passages de ce rapport; quant au programme officiel, il a servi de guide à la création de notre ouvrage qui y est conforme en tous points.

Dans son rapport du 8 juillet 1874 à Sa Majesté le Roi, M. le Ministre de l'Intérieur disait entre autre : « L'enquête, étendue aux établissements d'instruction primaire, a permis de constater : qu'en dehors de quelques tentatives locales, fort louables, tout restait à faire, et qu'il n'y avait pas là, non plus, de maîtres de gymnastique convenablement préparés.

Je pense, Sire, que pour relever en Belgique cette branche de l'éducation, les premières mesures à prendre doivent assurer le recrutement de professeurs d'une aptitude constatée.

L'avis a été émis que le seul moyen de favoriser ce recrutement serait de créer une école normale centrale de gymnastique. Le Conseil supérieur d'hygiène, qui a appuyé cette idée, a demandé que tout au moins le Gouvernement adjoignît, à chaque école normale de l'Etat, un professeur instruit et expérimenté, ayant puisé ses connaissances dans un des grands établissements de l'Allemagne ou de la Suède.

Je ne crois pas qu'il soit indispensable d'avoir recours à ces moyens. L'organisation d'un institut spécial, avec tout le personnel qu'il comporte, ne serait pas seulement fort dispendieuse ; une fois les écoles normales et les établissements d'enseignement moyen pourvus de maîtres diplômés, elle perdrait presque sa raison d'être, car l'instituteur ne compterait plus guère d'élèves. Il ne faut pas perdre de vue, en effet, qu'à l'école primaire c'est l'instituteur lui-même qui doit être appelé à diriger l'éducation physique des enfants, et l'instituteur ne peut être formé qu'à l'école normale primaire proprement dite.

L'expérience tentée à l'étranger confirme d'ailleurs ma manière de voir à ce sujet. Le rapport que le Gouvernement a reçu sur l'état de la gymnastique en Hollande, en Allemagne et en Suède cite ce fait que la section civile de l'institut de Berlin ne compte qu'une vingtaine d'élèves et que l'école de Dresde, fondée depuis près d'un quart de siècle, n'a pas formé dans cet espace de temps, plus de 400 professeurs.

Dans ma pensée, Sire, il sera pourvu à toutes les nécessités présentes par la création de cours normaux temporaires, auxquels il sera possible, si le besoin en est reconnu, de donner plus tard un certain caractère de périodicité. On y appellera, la première année, les professeurs de gymnastique actuellement attachés aux écoles normales ; la seconde année, les professeurs attachés aux athénées, colléges et écoles moyennes.

Ces cours comprendront des notions de pédagogie et de méthodologie, ainsi que les premiers éléments d'anatomie, de physiologie et d'hygiène. Les personnes qui les auront suivis, seront appelées à se présenter devant un jury spécial et obtiendront, s'il y a lieu, un certificat de capacité.

Pour l'avenir, il sera institué un diplôme de professeur de gymnastique dans les écoles normales et dans les établissements d'enseignement moyen.

La gymnastique fera partie non-seulement du programme, mais aussi des examens d'entrée, de passage et de sortie des institutions normales

primaires. Il n'y aura donc plus, dans un temps
déterminé, d'institutrice ni d'instituteur diplômé qui
ne soit à même de professer la gymnastique avec
fruit.

A part quelques modifications et sans exclure
d'une façon aussi absolue l'emploi de certains appareils, du moins dans les établissements d'un degré
supérieur, le gouvernement est d'avis que le système
d'enseignement à adopter doit être emprunté aux
propositions des personnes qui ont été chargées
d'étudier la question à l'étranger. Ce système est
simple, rationnel et pratique; il peut s'appliquer,
sans trop de dépenses, dans la moindre école et,
exempt de danger, il s'introduira partout sans exciter
d'appréhension. Le programme pourra d'ailleurs,
toujours subir les améliorations dont l'expérience
démontrerait l'opportunité. »

Conformément à des arrêtés royaux du 9 juillet
1874, les cours normaux dont il est question dans le
rapport de M. le Ministre, furent organisés : à
l'école normale de l'Etat à Nivelles pour les maîtres
et les professeurs, et à l'école normale pour les institutrices de la même localité, pour les maîtresses et
les institutrices. Ces cours s'ouvrirent respectivement
le 3 et le 17 août et se terminèrent le 30 septembre.

M. le professeur Braun était chargé d'y donner
les leçons d'histoire et de pédagogie de la gymnastique; M. le Dʳ Moeller, les leçons d'anatomie, de
physiologie et d'hygiène et M. le capitaine Docx, les
cours pratiques.

La Commission d'examen, présidée par M. Greyson, était composée de MM. le docteur Henrard, inspecteur du service de santé au Département de l'Intérieur; de feu M. Van Hasselt, inspecteur général des écoles normales; du D* Sovet, médecin de la maison du Roi et secrétaire de l'Académie de médecine, ainsi que des trois professeurs, MM. Braun, Docx et Moeller.

Les examens donnèrent pour résultat au cours des professeurs et sur 15 participants : 4 grande distinction, 5 distinction et 6 satisfaisant. Au cours des institutrices, sur 28 participantes, 5 grande distinction, 11 distinction et 12 satisfaisant.

Nous pouvons donc dire que, grâce aux études préalables qui en ont été faites par la direction générale de l'instruction publique au département de l'Intérieur, la gymnastique est aujourd'hui organisée, dans les écoles normales de la Belgique d'une manière sérieuse et que cet enseignement y a été inauguré d'une manière scientifique et telle que doit l'être une gymnastique véritablement éducative ou scolaire. Cette organisation sera continuée par les athénées, colléges et écoles moyennes, puis par les écoles primaires; elle sera, pensons-nous, complétée par une inspection sérieuse.

Le programme admis, quoique approuvé par les autorités médicales et scolaires et par des hommes spéciaux, ayant eu à subir quelques critiques de la part des personnes qui s'imaginent que l'on peut implanter en Belgique tout ce qui se passe ailleurs, et qui ont pour habitude de tout approuver ou de tout critiquer par la seule raison que cela vient de tel pays plutôt que de tel autre, nous croyons qu'il ne sera pas hors de propos de terminer ce résumé historique en disant un mot de la méthode admise : toute gymnastique prophylactique doit être rationnellement enseignée et ses éléments, comme ses exercices combinés, doivent reposer sur la science anthropologique; mais dans ses applications, elle doit varier dans chaque pays, attendu qu'elle touche à tant d'intérêts, à tant de points, que la première chose qui doit préoccuper ses organisateurs, est de la combiner en vue de satisfaire aux exigences politiques et sociales du pays, et de la mettre en rapport avec ses mœurs et ses besoins.

Voilà pourquoi on ne peut pas toujours copier servilement ce qui se pratique ailleurs : il y a des raisons multiples pour lesquelles la manière d'être et de faire en Italie diffère de celle qui existe en Russie, de même que la manière d'être et de faire des Perses, des Grecs et des Romains différait dans chaque localité. Le fond est le même partout, mais la forme varie dans chaque pays en raison des mœurs, des circonstances, du milieu dans lequel on vit et surtout du but auquel on vise. C'est pour cette raison que nous verrons l'Allemagne, si elle parvient à augmenter considérablement sa marine, changer son système de gymnastique en y introduisant un plus grand nombre de cordages. On peut être grand partisan de beaucoup de choses qui se passent dans d'autres pays; mais avant de les admettre, les innovateurs doivent examiner si elles seront bien reçues, si elles s'acclimateront chez nous, et ne pas s'imaginer, comme nous le constatons chaque jour, qu'on transplante dans un pays, et sans examen sérieux, tout ce qui se fait à l'étranger.

Si nous voulons échouer dans un système d'innovation, copions servilement les autres pays, nous nous donnerons ainsi une teinte, un semblant; nous nous approprierons une contrefaçon d'écorce sans pouvoir nous en inoculer la sève; procéder de la sorte, ne serait-ce pas convenir que la sève et l'écorce, comme l'âme et le corps, peuvent marcher séparément?

Tenons donc compte de nos traditions, de nos habitudes et surtout de nos tendances, et travaillons à faire entrer cette innovation dans nos mœurs, si nous ne voulons arriver à un enseignement factice qui disparaîtra au premier vent.

Les personnes chargées de déterminer le programme officiel, tenant compte des considérations qui précèdent, ont pris de chaque système ce qu'elles croyaient bon et utile, et elles ont adopté tous les instruments et tous les engins qui avaient une utilité démontrée au point de vue physiologique, humanitaire ou national.

Le principe qui a guidé ces Messieurs a été d'éviter

qu'un enseignement théâtral ne soit introduit dans nos écoles, attendu que là où l'on a voulu d'une gymnastique théâtrale, les efforts des législateurs et des amis de l'enfance pour son introduction générale dans tous les établissements d'instruction, sont demeurés stériles, et cette heureuse et salutaire innovation y est restée à l'état d'un enfant mort-né étouffé sous le poids de la réprobation des parents et de l'opinion publique.

C'est ce que le Gouvernement a voulu éviter et nous croyons qu'il y a pleinement réussi.

Une question qui divise encore les hommes les plus compétents de l'Allemagne, est celle de l'emploi des barres parallèles basses : la Commission qui a élaboré le programme officiel, ne voulant pas se prononcer entre ces deux opinions, a admis cet appareil, mais seulement pour l'enseignement normal et les établissements d'instruction moyenne, et en déterminant expressément les mouvements qui pourront y être exécutés et qui ne peuvent donner lieu à des exercices qui dégénéreraient en tours de force.

Grâce à l'initiative de M. le Ministre de l'Intérieur, grâce aux études approfondies que la direction de l'instruction publique a faites de cette question, grâce surtout aux nombreux travaux faits par M. Greyson sur tout ce qui touche de près ou de loin à la gymnastique, cet enseignement a reçu, tant dans ses détails d'organisation que dans son système et dans ses applications, une solution définitive très-satisfaisante et qui lui a valu l'approbation générale même en Allemagne, où, disait-on, le système belge devait avoir rencontré des adversaires [1].

Dans le *Bulletin de l'Académie royale de médecine* (3e série p. 19) le secrétaire perpétuel, M. le Dr Sovet, rendant compte de l'introduction de la gymnastique rationnelle dans l'éducation publique en Belgique, dit : « Pendant six jours, nous en avons, en qualité de membre du jury d'examen, suivi l'application avec le plus grand intérêt; expliqués par le maître et répétés plusieurs fois par les élèves, nous avons pu observer ces exercices avec la plus minutieuse attention et nous n'y avons remarqué que des mouvements sagement adaptés à la force des élèves, éminemment propres à développer en eux la vigueur, l'adresse et la grâce, et à exercer la plus heureuse influence sur toutes les fonctions de l'organisme.

» Si nous avions un vœu à émettre, c'est que ce programme devienne la base définitive de l'enseignement de la gymnastique dans toutes les écoles de l'État, et qu'à part les améliorations de détail que l'expérience pourrait y apporter, il ne reçoive aucune

---

[1] Après l'examen du système, le Dr Kloss qui s'occupe particulièrement de la gymnastique scolaire et qui est d'une notoriété reconnue en Allemagne, écrivit à une personne qui lui avait demandé son avis sur le système admis en Belgique : « Il n'y a » qu'un point où je ne suis pas d'accord avec M. le capitaine Docx; » c'est celui qui se rapporte à l'emploi des barres parallèles basses. » Autrement nous partageons entièrement les mêmes vues sur la » manière d'enseigner la gymnastique d'une manière rationnelle. »

modification essentielle de nature à le faire sortir des limites modérées qu'on lui a si sagement tracées. »

Avec ce programme bien coordonné et avec les garanties sûres de leurs capacités, de leur sagesse et de leur prudence que nous offrent les instituteurs, nous sommes persuadé qu'en peu de temps la gymnastique scolaire aura atteint en Belgique un haut degré de perfectionnement; et nous sommes convaincu que MM. les instituteurs, comprenant d'instinct qu'ils ont charge d'âmes, et qu'une nation grandit ou s'abaisse selon le mérite et le savoir de ceux qui sont chargés de former la jeunesse, donneront à leurs élèves les qualités physiques en même temps qu'ils leur feront acquérir les qualités morales et intellectuelles, les unes et les autres indispensables à la grandeur d'une nation.

Pour la mise en pratique de cette branche de l'éducation, le Gouvernement sera aidé, nous n'en doutons pas, par toutes les personnes qui touchent de près ou de loin à l'enseignement, et il pourra compter sur l'appui des communes et des provinces. Il s'agit d'une œuvre humanitaire et nationale que les hommes d'État, comme les médecins et les autorités scolaires, appellent de tous leurs vœux et à laquelle Sa Majesté le Roi porte un très-vif intérêt. Tout nous permet donc de croire que cette heureuse innovation recevra un accueil sympathique dans toutes les communes du pays.

OUVRAGES CONSULTÉS.

Dr M. KLOSS. *Katechismus der Turnkunst*. Leipzig, J. J. Weber, 1874.

J. H. KRAUSE. *Die Gymnastik und Agonistik der Hellenen*. Leipzig, Barth, 1841.

Dr O. H. JAEGER. *Die Gymnastik der Hellenen*. Esslingen, 1857.

Dr Méd. ED. ANGERSTEIN. *Theoretisches Handbuch für Turner*. Halle, 1870.

W. L. MEYER. *Gymnastik der Romer*. Dans les nouvelles Annales de la gymnastique par Kloss. Tome 3, 1857, p. 229-238 et 328-348.

Dr H. E. RICHTER. *Die schwedische nationale und medicinische Gymnastik*. Dresden, 1845.

Dr A. C. NEUMANN. *Die Heilgymnastik oder die Kunst der Leibesübungen angewandt zur Heilung der Krankheiten nach dem Systeme des Schweden Ling*. Berlin 1852.

STOCKEN. *Die Koenigliche Central-Turn-Anstalt zu Berlin*. Berlin, 1869.

AMOROS. *Manuel d'éducation physique, gymnastique et morale*. Paris 1847.

H. ROTHSTEIN. *Die Gymnastik nach dem System des schwedischen Gymnasiarchen* P. H. Ling, en 5 p.

D^r DE CEULENEER VAN BOUWEL. *Sur la nécessité d'introduire et de propager en Belgique la gymnastique scientifique suédoise*. Anvers 1862.

EUGÈNE PAZ. *La gymnastique obligatoire*. Paris 1868.

IIme PARTIE [1].

NOTIONS D'ANATOMIE, DE PHYSIOLOGIE ET D'HYGIÈNE.

Nous répondons aux besoins des futurs instituteurs et aux vues du Gouvernement, en faisant précéder notre cours de gymnastique des notions anthropologiques qui en constituent la base scientifique.

Tout le monde s'accorde à reconnaître que l'éducation ne *crée* pas, mais que son rôle se borne uniquement à cultiver, à modifier, à développer les facultés qui existent, tout en leur imprimant une bonne direction. Partant, il est de la plus haute nécessité pour l'éducateur d'étudier d'abord les lois de la nature afin de s'y conformer entièrement et de ne jamais marcher à l'encontre de ces lois.

[1] Cette partie a été revue par M. le Dr E. Gilliaux, de Philippeville.

Rendre les notions de la science anatomique et physiologique intelligibles pour tous, donner aux normalistes un *Guide précis* qui leur permettra de retrouver, après une longue et savante leçon du professeur, un résumé, condensé et pratique, de ce qu'ils doivent retenir, et leur faire gagner un temps précieux en dispensant le professeur d'avoir recours à la dictée, tel est le but auquel nous avons visé dans cette partie du programme qu'une Commission spéciale a si sagement élaboré.

I. — INTRODUCTION.

Le corps humain est composé de diverses parties appelées *organes*, qui ont à remplir une fonction déterminée; on donne le nom d'*appareil* à l'ensemble des organes qui concourent à remplir une même fonction générale. L'*anatomie* décrit les organes du corps : elle nous fait connaître leur forme, leur position, leur structure, leurs qualités. La *physiologie* étudie le jeu, les fonctions des organes.

Les différents organes sont composés de trois tissus : le tissu musculaire constitue ce que l'on nomme la chair et est l'agent producteur de tous les mouvements; le tissu nerveux est une matière molle qui constitue le cerveau et les nerfs (organes de la sensibilité); le tissu cellulaire est la base de tous les autres tissus.

L'*hygiène* a pour but d'éviter, de détruire ou de modifier les influences qui peuvent nuire à la santé, et de mettre à profit celles qui peuvent contribuer à son perfectionnement.

II. — FONCTIONS DE NUTRITION.

La nutrition est la faculté que possède l'homme de se nourrir, c'est-à-dire de réparer les pertes continuelles que ses tissus éprouvent sous l'influence de la vie. Cette grande fonction se compose de plusieurs fonctions particulières que l'on peut rapporter à quatre principales : la *digestion*, la *circulation*, la *respiration* et la *sécrétion*.

1° DESCRIPTION SOMMAIRE DE L'APPAREIL DIGESTIF.

La digestion a pour objet de transformer la partie nutritive des aliments en un liquide propre à réparer nos tissus.

L'appareil digestif se compose du canal digestif et de diverses glandes servant à former les humeurs nécessaires à la digestion. Le canal digestif prend dans diverses parties différents noms : 1° la bouche; 2° l'arrière-bouche ou pharynx; 3° l'œsophage ; 4° l'estomac; 5° l'intestin grêle et 6° le gros intestin.

La bouche se continue en arrière avec l'arrière-bouche dont elle est séparée par le voile du palais. — Le pharynx est une cavité qui fait suite à la bouche; supérieurement il communique avec les fosses nasales et avec la bouche, et, à sa partie inférieure, il présente deux ouvertures : par l'une, il se continue avec l'œsophage; par l'autre (glotte), située en avant, il communique avec le larynx. L'œsophage, qui fait suite au pharynx, est un long tube membraneux qui descend de la partie supérieure du cou derrière la trachée-artère, pénètre dans le thorax, passe derrière le cœur et les poumons, traverse le diaphragme et se rend dans l'estomac; le pharynx et l'œsophage sont garnis de fibres musculaires. L'estomac est une poche membraneuse ayant la forme d'une cornemuse, placée à la partie supérieure de l'abdomen; il présente deux ouvertures : celle de gauche (cardia) communique avec l'œsophage, celle de droite (pylore) débouche dans l'intestin.

L'intestin est un long tube membraneux contourné sur lui-même; il fait suite à l'estomac et se trouve dans l'abdomen; l'intestin et l'estomac sont entourés d'une membrane appelée péritoine; les parois de l'intestin sont revêtues de fibres charnues. On distingue dans l'intestin deux portions bien distinctes : l'intestin grêle et le gros intestin.

Les glandes annexes du canal digestif sont les glandes salivaires, le foie et le pancréas. Les glandes salivaires sont au nombre de six, trois de chaque

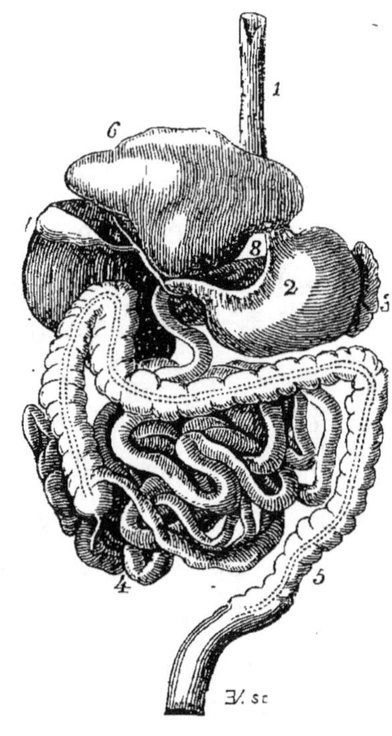

1. Œsophage.

2. Estomac.

3. Rate.

4. Intestin grêle.

5. Gros intestin.

6. Foie.

7. Vésicule du fiel.

8. Pancréas.

côté de la face. Les glandes parotides sont les plus grosses; elles sont placées sous la peau entre l'oreille et la mâchoire; les glandes sous-maxillaires se trouvent derrière la mâchoire inférieure; enfin, les glandes sublinguales sont logées sous la langue.

Le foie est une grosse glande située dans la partie supérieure de l'abdomen à droite de l'estomac; elle sécrète la bile, liquide qui est versé dans l'intestin grêle.

Le pancréas est une glande placée derrière l'estomac; elle sécrète un liquide ressemblant à la salive qui est versé aussi dans l'intestin grêle.

Les aliments solides introduits dans la bouche sont divisés en morceaux très-petits ; en même temps qu'ils sont broyés, les aliments se mêlent avec la salive qui a la propriété de dissoudre les matières féculentes. Lorsque les aliments sont réduits par la mastication et l'insalivation en une espèce de pâte, ils se rendent à l'estomac en traversant l'arrière-bouche et l'œsophage. Quand ils sont poussés dans l'arrière-bouche, le voile du palais se relève pour les empêcher d'entrer dans les fosses nasales ; en même temps, une espèce de soupape (épiglotte) s'abaisse et ferme la glotte qui est l'ouverture du canal respiratoire. C'est par les contractions des muscles du pharynx et des fibres de l'œsophage que les aliments sont conduits de la bouche à l'estomac.

C'est dans l'estomac que les aliments commencent à être digérés ; là, ils s'imbibent d'un liquide nommé suc gastrique, provenant de petites glandes qui s'ouvrent dans l'épaisseur des membranes de l'estomac ; le suc gastrique transforme les aliments en une espèce de bouillie épaisse et grisâtre appelée chyme ; les aliments azotés sont rendus solubles par le suc gastrique. Le chyme qui sort de l'estomac, pénètre dans l'intestin grêle où il sert à former le chyle, espèce de liquide laiteux ; le chyme, mêlé avec la bile et le suc pancréatique est promené dans toute la longueur de l'intestin grêle; pendant ce trajet il se sépare en deux parties : l'une se dépose sur les parois de l'intestin pour être absorbée et donner naissance au chyle; l'autre, formée des parties non nutritives des aliments, passe dans le gros intestin et est rejetée au dehors. Le chyle, pompé par de petits canaux appelés vaisseaux chylifères, qui se réunissent en un gros tronc (canal thoracique), est versé dans la veine sous-clavière où il se mêle au sang.

2° COMPOSITION ET USAGE DU SANG.

Le sang est le liquide qui entretient la vie dans les organes et qui leur fournit les matériaux dont ils se composent; il est aussi la source de toutes les humeurs formées dans le corps, telles que la salive, les larmes, la bile et l'urine.

Chez l'homme le sang est rouge. Il est formé de deux parties distinctes : le *sérum* qui est un liquide jaunâtre et transparent, et les *globules* qui sont des particules solides d'une petitesse extrême. Quand le sang a cessé de circuler, il se sépare de lui-même en deux parties : l'une, qui est liquide, jaunâtre et transparente, est formée par le *sérum;* l'autre, qui est formée par la fibrine et les globules, est solide, molle, opaque et d'un brun rougeâtre; on l'appelle *caillot.*

Ce liquide nourricier renferme de l'eau en très-grande proportion, de l'albumine, de la fibrine, une matière rouge, des matières grasses et un grand nombre de sels, tels que du carbonate et du phosphate de chaux, etc.

Il est facile de se rendre compte de l'influence du sang sur la nutrition des organes; en effet, lorsque, par des moyens mécaniques, on diminue d'une manière notable et permanente la quantité de ce liquide que reçoit un organe, on voit immédiatement que celui-ci diminue de volume, se flétrit et se réduit presque à rien. On observe d'un autre côté que plus une partie du corps fonctionne, plus elle reçoit de sang, et plus aussi son volume s'accroît.

En nourrissant les organes et en y produisant une excitation nécessaire à l'entretien de la vie, le sang s'altère : non-seulement il s'appauvrit par le dépôt des particules que ces organes s'approprient et par la destruction de diverses substances qui servent à l'entretien de la combustion respiratoire, mais il se charge encore des produits de cette combustion et des matières qui se séparent du tissu des organes. Le sang qui se rend aux organes pour les nourrir est d'un rouge vermeil et est appelé *sang artériel*, celui qui revient aux poumons est noirâtre et est appelé *sang veineux*.

DESCRIPTION SOMMAIRE DE L'APPAREIL CIRCULATOIRE.

La circulation est une fonction en vertu de laquelle le sang va des poumons vers toutes les parties du corps pour les nourrir, puis revient à l'organe respiratoire.

L'appareil de la circulation se compose du *cœur* qui imprime au sang le mouvement dont il est animé et des *canaux* dans lesquels circule le sang envoyé par le cœur aux différentes parties du corps.

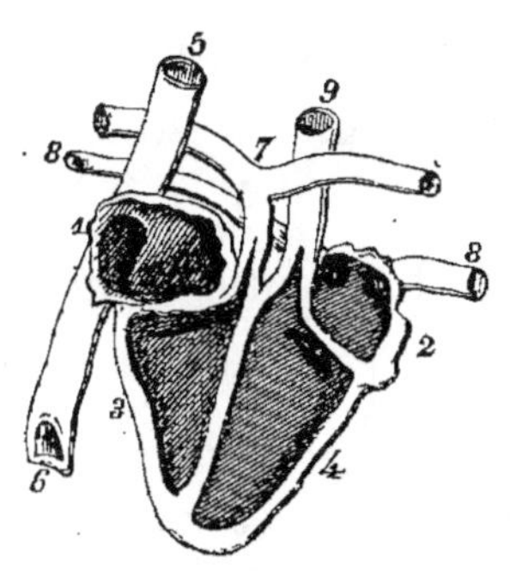

1. Oreillette droite.
2. Oreillette gauche.
3. Ventricule droit.
4. Ventricule gauche.
5. Veine cave supérieure.
6. Veine cave inférieure.
7. Artères pulmonaires.
8. Veines pulmonaires.
9. Artère aorte.

Le *cœur* est un organe musculaire et creux, ayant la forme d'un cône renversé. Il est situé entre les deux poumons, dans la poitrine, à gauche, et il correspond à peu près au cartilage de la sixième côte. Il est enveloppé par une membrane repliée sur elle-même, qu'on appelle *péricarde*. Il est divisé en quatre parties : deux supérieures et deux inférieures, deux à gauche et deux à droite. Les deux parties supérieures, plus petites que les autres, sont appelées oreillettes ; les deux parties inférieures sont appelées ventricules. Les deux côtés du cœur ne communiquent pas directement entre eux ; mais chaque oreillette s'ouvre dans le ventricule du même côté : ainsi l'oreillette droite communique avec le ventricule droit par une ouverture sur laquelle s'applique une espèce de soupape s'ouvrant de haut en bas, et l'oreillette gauche communique de même avec le ventricule gauche par une ouverture munie d'une soupape analogue à la première.

Les canaux dans lesquels circule le sang sont de deux espèces : ceux qui portent ce liquide, du cœur aux différentes parties du corps et ceux qui sont destinés à l'y ramener. Les premiers sont appelés *artères* et les seconds *veines*.

De la partie inférieure du ventricule gauche part un gros canal, appelé *artère aorte*. Ce canal remonte d'abord vers la base du cou ; là il envoie deux branches dans la tête, ce sont les *artères carotides*, et deux dans les bras, appelées *artères sous-clavières*. L'artère aorte se retourne alors en forme de crosse et redescend le long de la colonne vertébrale en envoyant successivement des rameaux aux différents organes situés sur son passage. A la base du tronc, ce canal se divise en deux branches dont l'une se rend dans la jambe droite et l'autre dans la jambe gauche en se ramifiant de plus en plus. Les veines qui reçoivent le sang transmis ainsi à toutes les parties du corps, suivent à peu près la même route que les artères; mais elles sont plus grosses, plus nombreuses et sont ordinairement situées plus superficiellement. Les veines, qui sont très-nombreuses loin du cœur, se réunissent peu à peu pour former deux gros troncs qui vont déboucher dans l'oreillette droite de cet organe, et qu'on appelle *veine cave supérieure* et *veine cave inférieure*. Les artères communiquent avec les veines par des canaux très-déliés, appelés *vaisseaux capillaires*.

PHÉNOMÈNE DE LA CIRCULATION.

Le sang, par les contractions et les dilatations successives des différentes parties du cœur, est chassé jusqu'aux points du corps les plus éloignés. Suivons-le dans sa marche à partir des poumons jusqu'à ce qu'il y revienne.

Le sang veineux, après avoir subi l'action bienfaisante de l'air extérieur, sort des parois des cellules pulmonaires, et les veines dans lesquelles il est contenu se réunissent entre elles jusqu'à ce qu'elles ne forment plus que deux gros canaux : l'un pour le poumon droit et l'autre pour le poumon gauche; ces veines pulmonaires aboutissent à l'oreillette gauche du cœur. Cette oreillette se contractant, le sang est chassé dans le ventricule gauche; par la contraction de ce ventricule, il est ensuite envoyé dans l'artère aorte qu'il parcourt en se distribuant aux différentes

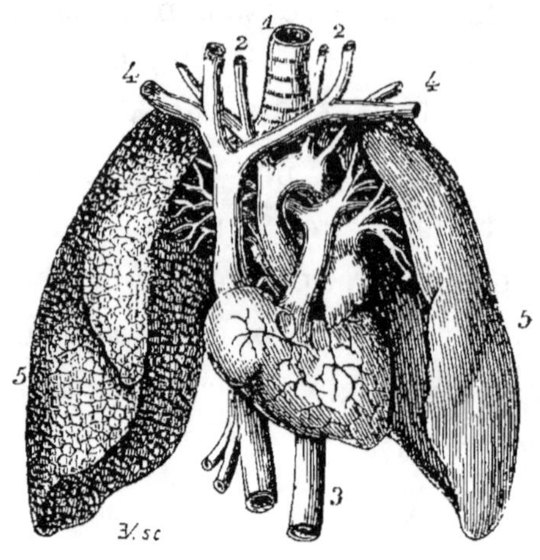

1. Trachée.

2. Artère carotide.

3. Artère aorte.

4. Artère sous-clavière.

5. Poumons.

branches qu'elle forme. Arrivé aux divisions extrêmes des artères, le sang dépose dans toutes les
parties du corps les principes nutritifs qu'il renferme;
il est ensuite reçu par les divisions extrêmes des
veines et commence son retour vers le cœur. En
continuant à suivre le parcours des veines, il se
réunit peu à peu dans de gros canaux qui le conduisent à l'oreillette droite du cœur. De là il passe dans
le ventricule droit et par les contractions de ce ventricule il est poussé dans l'artère pulmonaire, qui
se divise en deux branches, et le ramène aux poumons. Tout le sang de l'homme passe ainsi en quelques minutes dans le cœur.

Les particules qui ont transsudé des extrémités
des artères ne servent pas toutes à la nutrition des
divers tissus; le résidu retourne avec les parties qui
se détachent des organes solides, dans la masse du
sang par des canaux déliés appelés *vaisseaux lymphatiques*.

Pouls. — Chaque fois que le ventricule gauche du cœur se contracte, le sang exerce une certaine pression sur les parois des artères; le mouvement qui en résulte est ce qu'on appelle le *pouls*. Pour distinguer le pouls, il faut comprimer légèrement une artère d'un certain volume entre le doigt et un os et choisir un vaisseau placé près de la peau.

3° BUT DE LA RESPIRATION. — DESCRIPTION SOMMAIRE DE L'APPAREIL RESPIRATOIRE. — PHÉNOMÈNE DE LA RESPIRATION. — CHALEUR ANIMALE — ASPHYXIE.

Le sang artériel, par son action sur les tissus vivants, perd les qualités qui lui permettent d'en-

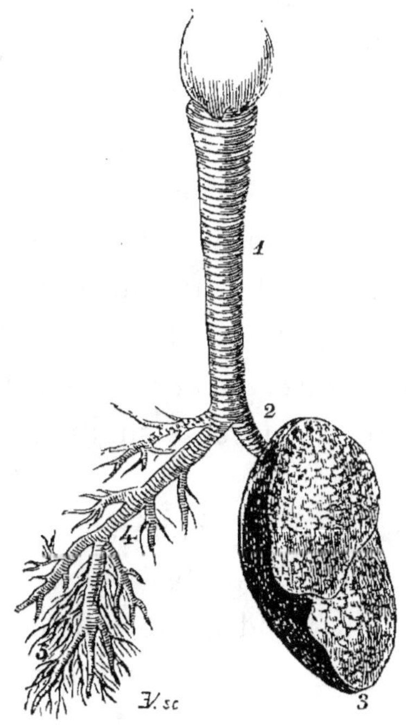

1. Trachée-artère.

2. Bronches.

3. Poumon.

4. Poumon dénudé.

5. Vaisseaux des poumons.

tretenir la vie et a besoin d'être élaboré par la respiration. On appelle respiration la fonction par laquelle le sang veineux se transforme en sang artériel, par l'action de l'air.

L'appareil respiratoire se compose du canal respiratoire, des poumons et du thorax qui fait entrer l'air dans les poumons ou l'en expulse.

Pour se rendre aux poumons, l'air traverse le canal respiratoire, c'est-à-dire il passe par le nez ou par la bouche dans le pharynx, puis s'introduit dans le larynx, descend le long de la trachée artère et se distribue dans les cellules pulmonaires par des canaux nommés bronches.

Le larynx est un tuyau large et court, situé à la partie supérieure et antérieure du cou ; il est l'organe de la voix ; son ouverture dans l'arrière-bouche se nomme *glotte*. La trachée-artère fait suite au larynx ; c'est un long tuyau qui descend le long du cou et pénètre dans le thorax ; il est formé par une série d'anneaux cartilagineux non fermés qui maintiennent son diamètre intérieur. La trachée-artère se divise en deux branches, l'une à droite, l'autre à gauche, qui portent le nom de *bronches*, et se rendent aux poumons en se ramifiant et en se subdivisant de plus en plus.

Les poumons sont des organes spongieux et très-élastiques, contenus dans la cavité de la poitrine, et formés par la réunion d'un grand nombre de cellules qui communiquent toutes les unes avec les autres ;

ils sont au nombre de deux. Chaque poumon est enveloppé par une membrane appelée *plèvre*, qui, ayant la forme d'un sac sans ouverture, tapisse à la fois la surface externe des poumons et la face interne de la poitrine.

On appelle poitrine ou *thorax* une grande cavité formée par les côtes qui, en arrière, s'attachent à la colonne vertébrale, et viennent, en avant, s'appuyer sur l'os sternum ; les espaces que les côtes laissent entre elles sont remplis par des muscles ; inférieurement la poitrine est séparée du ventre par une cloison charnue appelée le *muscle diaphragme*.

C'est par le nez ou la bouche, l'arrière-bouche, le larynx, la trachée-artère et les bronches, que l'air extérieur pénètre dans les poumons. Le sang veineux arrive en même temps par l'artère pulmonaire dans les petits vaisseaux dont les parois de ces cellules sont tapissées ; l'air agit sur le sang à travers les parois des vaisseaux capillaires. Le sang qui arrive dans les poumons est du sang veineux mêlé de chyle ; il est d'un rouge noirâtre et n'est pas propre à entretenir la vie dans les organes ; mais, aussitôt qu'il est mis en contact avec l'air, il devient d'un rouge vif et retrouve ses propriétés vivifiantes. L'air qui pénètre dans les poumons est composé de deux principes : l'oxygène et l'azote. Dans l'acte de la respiration, le sang absorbe de l'oxygène et exhale avec de la vapeur d'eau le gaz acide carbonique.

L'agrandissement de la poitrine, ou l'inspiration, est produit : 1° par l'élévation des côtes, 2° par la contraction du muscle diaphragme, qui, lorsqu'il est en repos, s'élève en forme de voûte dans l'intérieur de la poitrine, et qui, en se contractant, s'abaisse. Le mouvement d'expiration est dû principalement à l'élasticité des poumons qui, après avoir été dilatés, tendent à revenir sur eux-mêmes.

L'oxygène qui s'est uni au sang dans l'acte de la respiration est porté avec ce liquide dans tous les tissus du corps humain où il se combine avec le carbone et l'hydrogène qu'il rencontre pour donner naissance à de l'acide carbonique et à une certaine quantité d'eau ; cette combinaison détermine, comme la combustion du charbon de nos foyers, une production de chaleur. La température du corps de l'homme est d'environ 38 degrés du thermomètre centigrade.

On nomme *asphyxie* la mort apparente amenée par l'arrêt de la respiration. Elle peut être due à des causes mécaniques qui empêchent complétement l'air de passer dans le canal respiratoire ; l'asphyxie peut aussi être produite par des causes chimiques ; telle est, par exemple, l'introduction dans l'air respiré de certains gaz délétères, comme l'acide carbonique.

4° SÉCRÉTIONS ET EXHALATIONS — GLANDES. — PEAU.

Le sang qui circule dans l'intérieur du corps ne

nourrit pas seulement les organes qu'il rencontre, mais il abandonne encore certaines matières et donne ainsi naissance à des liquides particuliers nommés *humeurs*. Ces matières se séparent du sang par *sécrétion* et par exhalation. On appelle sécrétion la production de certains liquides qui diffèrent du sérum et qui se forment aux dépens du sang. Les liquides sécrétés par certains organes, appelés *glandes*, sont très-variés. Les uns sont destinés à y rester et à y remplir des usages plus ou moins importants; les larmes, le suc gastrique, la bile sont dans ce cas. D'autres liquides, qui sont immédiatement rejetés au dehors, sont destinés à débarrasser le sang des matières usées, séparées des tissus par le travail de la nutrition, et d'autres matières qui pourraient devenir un véritable poison pour l'organisme.

Le liquide *exhalé* est la partie la plus aqueuse du sang, différant peu du sérum, et qui filtre à travers les parois des veines et des artères. C'est par exhalation qu'une quantité considérable de vapeur d'eau s'échappe continuellement des poumons et qu'il se fait par la surface de la peau, une évaporation très-active.

5° ASSIMILATION.

Le sang élaboré renferme tous les principaux composés dont nos tissus sont formés; poussé dans les diverses parties du corps par l'effet du mouvement circulatoire dont il est animé, il distribue à chaque tissu les substances nécessaires à son entretien et à son accroissement ; le tissu vivant choisit dans le sang les molécules qui sont semblables à celles dont il est formé, les saisit et se les approprie. On donne le nom *d'assimilation* à ce dépôt de molécules nouvelles dans la profondeur de la substance des parties vivantes et à leur arrangement en un tissu organisé. En même temps que les tissus vivants s'emparent des molécules nouvelles et les incorporent à leur substance, un travail de décomposition se produit et amène la séparation d'une partie des molécules constituantes des tissus organisés et leur expulsion au dehors.

III. — FONCTIONS DE RELATION.

Les fonctions de relation sont celles qui servent à mettre l'homme en rapport avec les corps extérieurs, et par lesquelles il reçoit l'impression de ces corps, et peut s'en éloigner ou s'en rapprocher. Elles s'accomplissent à l'aide de deux grands systèmes d'organes, les organes du mouvement et les organes des sensations.

L'appareil de la locomotion se compose de deux sortes de parties en rapport l'une avec l'autre : les muscles et les os. Les muscles sont des organes

charnus composés de fibres généralement parallèles,
douées du pouvoir de se contracter. Les os sont des
parties dures, résistantes, servant comme de leviers
et prenant les unes sur les autres des points d'appui,
que l'on appelle articulations. Les os ne se meuvent
que par les contractions des muscles qui s'y attachent : les muscles sont donc les organes actifs de la
locomotion, et les os en sont les organes passifs.

6° LE SYSTÉME OSSEUX COMME BASE DE L'APPAREIL DE MOUVEMENT.

Les os sont des corps durs destinés soit à servir
de leviers mis en mouvement par l'action musculaire,
soit à former des cavités qui doivent protéger des
organes importants.

D'après leurs formes, ils se divisent en os longs,
en os courts, en os plats ou larges. Les os longs
présentent ordinairement une cavité intérieure, rem-
plie d'une substance jaunâtre de consistance grais-
seuse, appelée moelle des os. La surface des os est
souvent surmontée par des éminences auxquelles on
donne le nom d'*apophyses;* celles qui sont situées à
l'extrémité des os servent aux diverses sortes d'articulations. Le squelette est l'espèce de charpente
formée par la réunion des divers os du corps. Il se
divise naturellement en trois parties : la tête, le tronc
et les membres.

Structure des os. — Les os sont composés d'une
espèce de tissu organique formé de gélatine, et dans

les interstices duquel se sont déposées des parties pierreuses qui l'ont solidifié.

Tous les os commencent par être à l'état cartilagineux ; ils sont alors mous, flexibles et ne renferment pour ainsi dire que de la gélatine ; des composés calcaires s'y déposent par degrés de manière que la quantité des sels augmente avec l'âge. On donne le nom de *périoste* à une membrane qui enveloppe les os.

ARTICULATIONS.

On donne le nom d'articulation au point de jonction de deux os entre eux. L'ajustement des os a toujours lieu par le rapprochement de deux surfaces en sens inverse, d'une éminence avec une cavité, d'un angle saillant avec un angle rentrant. Si l'articulation qui unit deux os leur permet d'exécuter des mouvements les uns sur les autres, elle est appelée *mobile*. Si, au contraire, l'articulation n'est qu'un moyen d'assurer la solidité et la résistance des os, elle est appelée *immobile*.

Les articulations mobiles se rencontrent principalement dans les os longs. Elles ont lieu par la réception d'une tête osseuse dans une cavité ou par le rapprochement d'une poulie osseuse, c'est-à-dire d'une surface présentant des éminences et des dépressions en sens inverse. Quand la mobilité est très-limitée, les surfaces articulaires qui se correspondent sont séparées par des cartilages fibreux élastiques.

Les mouvements qu'exécutent les articulations mobiles sont : la *flexion* et l'*extension*, qui ont lieu d'arrière en avant ou d'avant en arrière ;

Les mouvements de latéralité qui sont aussi des flexions et des extensions ;

L'*adduction*, qui agit de dehors en dedans et rapproche l'os de la ligne médiane ;

L'*abduction*, qui a lieu de dedans en dehors, et écarte l'os de la ligne médiane ;

La *rotation* où un membre ou une partie du corps fait sur son axe, dans deux sens opposés et dans les limites que permet l'articulation, une partie d'une circonférence ;

La *circunduction*, combinaison des mouvements précédents, dans laquelle l'extrémité d'un membre ou d'une partie du corps décrit une circonférence ou une ellipse.

ÉLÉMENTS QUI CONSTITUENT LES ARTICULATIONS.

Les os ne sont pas en contact immédiat ; ils sont séparés par des cartilages, tissu opaque, blanc, élastique. Ces cartilages sont le prolongement des os, comme les cartilages des côtes ; ou bien ils enveloppent l'extrémité articulaire des os ; dans ce dernier cas, ils facilitent le glissement des os et en empêchent l'usure. La propriété essentielle des cartilages est l'élasticité de flexion.

Lorsque cette flexibilité doit être très-considérable,

le cartilage est entremêlé de tissus fibreux et porte le nom de *fibro-cartilage*.

On appelle *ligaments* les liens qui unissent les surfaces articulaires. Les ligaments sont des filaments blanchâtres, nacrés, formés de fibres tantôt parallèles, tantôt croisées; ils servent à maintenir les articulations, à permettre certains mouvements, à en empêcher d'autres. Ils sont *capsulaires*, lorsqu'ils embrassent tout le pourtour de l'articulation, et s'insèrent de chaque côté par une extrémité circulaire aux os, qu'ils sont destinés à lier. — On les compare en général à des manchons dont les extrémités adhèrent aux os; ils sont *rubanés* quand ils affectent la forme de cordon et vont simplement d'un os à l'autre.

On donne le nom de *synoviales* à des membranes qui tapissent les surfaces des articulations et qui sécrètent la *synovie*, liquide huileux, analogue à du blanc d'œuf; ce liquide a pour but de lubréfier les parties en contact et de faire l'office de l'huile que l'on emploie dans les engrenages des machines.

DESCRIPTION SOMMAIRE DU SQUELETTE.

Le squelette se divise, comme le corps, en tête, en tronc et en membres. Comme nous étudions le squelette au point de vue des mouvements, nous ne croyons pas nécessaire de nous occuper des os et des articulations de la tête.

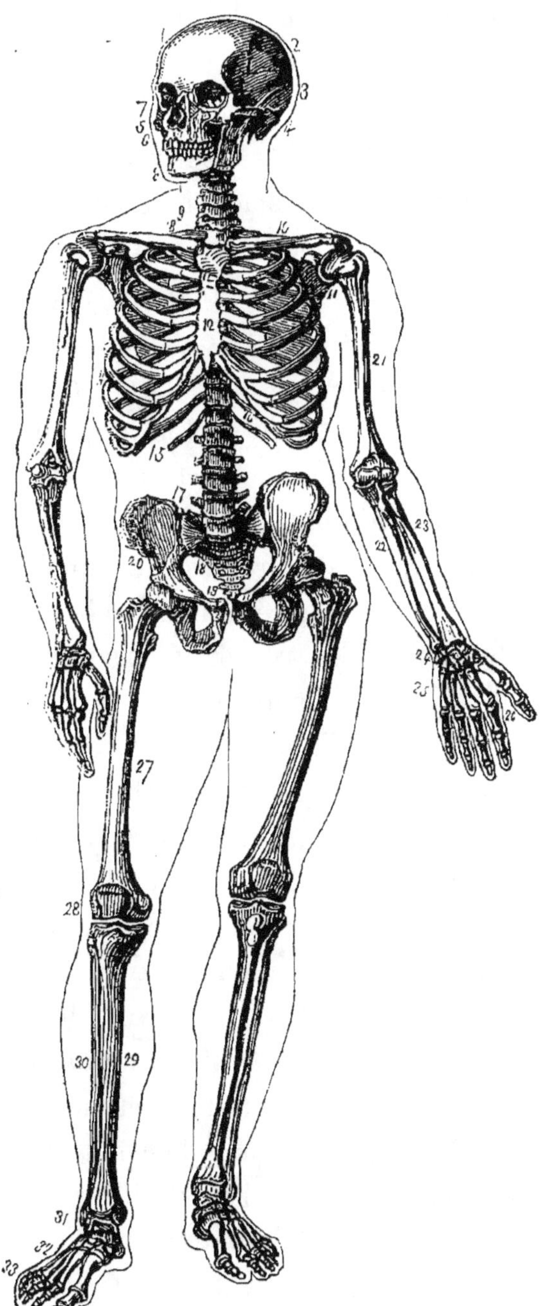

1. Frontal.
2. Pariétal.
3. Temporal.
4. Occipital.
5. Os de la pommette
6. Maxillaire supérr.
7. Os du nez.
8. Maxillaire inférr.
9. Dernière vertèbre cervicale.
10. Clavicule.
11. Omoplate.
12. Sternum.
13. Première côte.
14. Septième côte.
15. Douzième côte.
16. Deuxième vertèbre dorsale.
17. Cinquième vertèbre lombaire.
18. Sacrum.
19. Coccyx.
20. Os iliaque.
21. Humérus.
22. Cubitus.
23. Radius.
24. Carpe.
25. Métacarpe.
26. Phalanges.
27. Fémur.
28. Rotule.
29. Tibia.
30. Péroné.
31. Tarse.
32. Métatarse.
33. Phalanges.

Le tronc se compose de la colonne vertébrale, des côtes et du sternum.

La colonne vertébrale est une espèce de tige osseuse qui occupe la ligne médiane du dos et s'étend depuis la tête jusqu'à l'extrémité postérieure du corps ; elle est formée par la réunion de petits os courts qui qui sont appelés *vertèbres*, et elle présente dans toute sa longueur un canal formé par la réunion des trous dont chaque vertèbre est percée, et qui sert à loger la moelle épinière. Dans la colonne vertébrale, on considère quatre régions : région cervicale ou du cou ; région dorsale ; région lombaire ; région sacrée ou du bassin. Le nombre des vertèbres est de sept à la région cervicale, de douze à la région dorsale et de cinq à la région lombaire. La région sacrée est formée de deux os, le sacrum et le coccyx.

Les vertèbres sont formées d'un corps et de deux lames qui vont se rejoindre en arrière en formant une éminence appelée apophyse *épineuse*. Le corps de la vertèbre sert à donner de la solidité à l'articulation de ces os entre eux : les deux faces du corps de la vertèbre sont à peu près parallèles, et chacune d'elles est unie à la surface correspondante de la vertèbre voisine par une couche épaisse de fibro-cartilage, qui adhère à l'une et à l'autre dans toute l'étendue de ces surfaces articulaires, et ne leur permet de s'éloigner entre elles qu'à raison de l'élasticité dont son tissu est doué. De chaque côté des lames partent deux saillies nommées apophyses *transverses*, qui donnent attache à des muscles et à des ligaments. A la base des lames, en haut et en bas, se trouvent des facettes articulaires s'adaptant aux surfaces correspondantes des vertèbres placées au-dessus et au-dessous.

A cause de la solidité de l'articulation des vertèbres entre elles, les mouvements que chacun de ces os peut exécuter sont généralement très-bornés; mais en s'ajoutant les uns aux autres, ces petits mouvements donnent à l'ensemble de la colonne une certaine flexibilité. Au bas de la colonne, la mobilité est presque nulle; elle est prononcée aux lombes, et dans la portion cervicale de la colonne, cette mobilité est très-marquée; aussi, dans la région cervicale et la région lombaire, la couche fibro-cartilagineuse est plus épaisse qu'au dos, et les apophyses épineuses sont plus écartées l'une de l'autre.

Deux vertèbres méritent une description particulière; ce sont les deux premières cervicales. La première cervicale, ou *atlas*, s'articule avec les condyles de l'occipital et n'est qu'un simple anneau osseux. La deuxième vertèbre cervicale ou *axis* porte à la partie supérieure du corps une éminence appelée apophyse *odontoïde;* c'est le pivot autour duquel s'exécutent les mouvements de rotation de la tête vers la droite ou vers la gauche.

La colonne vertébrale peut être considérée comme un levier articulé pouvant produire la flexion, l'extension et l'inclinaison latérale.

On appelle thorax la cage formée par la réunion des côtes avec la colonne vertébrale en arrière et avec le sternum en avant. Il est destiné à protéger les organes importants contenus dans sa cavité.

Les côtes, qui se fixent aux vertèbres dorsales, sont au nombre de douze paires; ce sont des arcs osseux qui entourent la cavité de la poitrine. Les sept premières, nommées *vraies côtes*, vont s'unir, par des prolongements cartilagineux, avec un os large et plat, situé devant la poitrine, et qu'on nomme *sternum*; les cinq suivantes se nomment *fausses côtes*; elles se terminent antérieurement par un cartilage qui se réunit à celui de la côte précédente.

Les mouvements du thorax se bornent au soulèvement et à l'abaissement des côtes dans l'acte de la respiration.

Les membres supérieurs se composent de l'épaule, du bras, de l'avant-bras et de la main.

L'épaule sert de base à tout le membre qui s'y trouve fixé. Deux os concourent à la former : *l'omoplate* et *la clavicule*.

La clavicule est un os long situé à la partie supérieure et latérale du thorax; elle sert à maintenir les épaules écartées en leur servant d'arc-boutant; le corps de la clavicule est légèrement aplati; l'extrémité interne, volumineuse et arrondie, s'articule avec une facette correspondante du sternum; l'extrémité externe est aplatie et s'articule avec l'omoplate.

L'omoplate est un os plat, triangulaire, situé à la

partie postérieure de l'épaule ; sa face antérieure, appliquée contre les côtes, est concave et s'appelle fosse *sous-scapulaire ;* la face postérieure de l'omoplate est séparée en deux portions inégales par une éminence très-saillante appelée *épine de l'omoplate* qui s'élargit en avant pour former une tubérosité appelée *acromion,* laquelle s'articule avec la clavicule. A l'angle externe de l'omoplate, se trouve la cavité glénoïde, concave, qui est destinée à recevoir la tête de l'humérus. Le pourtour de cette cavité est creusé d'une rainure qui donne insertion à la capsule qui embrasse comme un sac la tête humérale. La cavité glénoïde est surmontée d'une apophyse nommée *coracoïde,* qui, avec l'acromion, forme une voûte destinée à protéger la tête de l'humérus et à agrandir la cavité dans laquelle elle est logée. Dans cette articulation, il n'y a que des mouvements de glissement peu étendus.

Le bras est formé par un seul os, long et cylindrique, nommé *humérus.* Son extrémité supérieure est grosse, arrondie et articulée avec la cavité glénoïde de l'omoplate, dans laquelle elle peut rouler dans tous les sens. L'extrémité inférieure de l'humérus est élargie et a la forme d'une poulie, sur laquelle l'avant-bras se meut comme sur une charnière.

L'avant-bras est formé par la réunion de deux os, qui sont : en dedans, le *cubitus,* en dehors (du côté du pouce), le *radius.* Ils sont unis entre eux par des ligaments et par une cloison aponévrotique, qui s'étend de l'un à l'autre dans toute leur longueur ; mais, cependant ils sont mobiles, et le radius, qui porte à son extrémité la main, peut tourner sur le cubitus, qui lui sert de soutien. L'extrémité supérieure du cubitus, qui s'articule avec l'*humérus*, présente une certaine grosseur et une surface articulaire étendue ; l'extrémité inférieure, où le cubitus sert de pivot au radius, est grêle et arrondie. Le radius est grêle à son extrémité supérieure, mais l'extrémité inférieure, à laquelle est suspendue la main, est très-large ; comme ces deux os ne se touchent que par leurs deux extrémités, les mouvements de rotation du radius sur le cubitus, sont assez faciles. Les seuls mouvements permis par l'articulation du coude sont la flexion et l'extension. Dans cet acte, les deux os agissent comme s'ils n'en formaient qu'un seul. Dans l'extension, le cubitus ne peut former avec l'humérus qu'une ligne droite, car il présente au-delà de sa surface articulaire une apophyse nommée *olécrane*, qui s'appuie alors sur l'humérus, et oppose un obstacle invincible à toute extension ultérieure.

La main se divise en trois régions : le carpe, le métacarpe et les doigts. Le *carpe* est composé de huit petits os disposés sur deux rangées et unis entre eux par des liens fibreux qui maintiennent leurs rapports mutuels, et leur permettent de se mouvoir un peu les uns sur les autres, à l'aide des surfaces lisses par lesquelles ils se touchent.

Le *métacarpe* se compose d'une rangée de petits os longs, placés parallèlement entre eux et en nombre égal à celui des doigts, avec lesquels ils s'articulent par leur extrémité. Quatre de ces os sont unis entre eux par leurs deux bouts, et sont à peine mobiles; mais le cinquième métacarpien, qui porte le pouce, est libre et indépendant. Les articulations du métacarpe avec le carpe et des métacarpiens entre eux sont très-obscures; le cinquième métacarpien (qui supporte le pouce) peut exécuter tous les mouvements y compris la circumduction.

Les phalanges, qui forment les doigts, sont toutes libres et ne s'articulent qu'entre elles et avec la phalange inférieure. Ce sont des os longs au nombre de trois pour chaque doigt, excepté pour le pouce qui n'en possède que deux. L'extrémité supérieure des phalanges est concave et reçoit la tête du métacarpien correspondant; l'extrémité inférieure présente une poulie qui s'articule avec la phalagine.

Les membres inférieurs sont formés de la hanche, de la cuisse, de la jambe et du pied, qui correspondent respectivement à l'épaule, au bras, à l'avant-bras et à la main.

Le bassin est une grande cavité située à la partie inférieure du tronc; elle est formée en avant et sur les côtés par les os iliaques et en arrière par le sacrum. La hanche est formée par l'*os iliaque*, appelé aussi *os coxal*; c'est un os plat, irrégulier. Les os iliaques s'articulent en arrière avec le sacrum et se réunissent entre eux en avant, en formant une arcade, nommée *pubis*. Sur les côtés et en dehors, on remarque sur chaque os iliaque une cavité articulaire *(cotyloïde)* concave, hémisphérique, et portant au fond une dépression où s'insère le ligament inter-articulaire qui unit la tête du fémur avec l'os iliaque; sur le pourtour du rebord de la cavité cotyloïde, s'attache la capsule qui enveloppe, comme un sac membraneux, la tête du fémur. En bas et en arrière de l'os coxal, se trouve une éminence volumineuse appelée *tubérosité ischiatique*; c'est sur cette tubérosité que repose le corps dans la station assise.

La cuisse ne se compose que d'un seul os, nommé *fémur*; c'est le plus long des os du squelette. On trouve à l'extrémité supérieure du fémur trois éminences. La plus volumineuse représente les trois quarts d'une sphère; elle est creusée d'une fossette dans laquelle s'insère le ligament inter-articulaire; la portion rétrécie de l'os qui fait suite à la tête, porte le nom de *col du fémur*. La seconde éminence placée un peu en arrière et en dehors du col s'appelle *grand trochanter*; on nomme *petit trochanter* la troisième éminence, située en dedans et en arrière.

L'extrémité inférieure du fémur est très-large et très-volumineuse. Elle se compose de deux éminences articulaires appelées *condyles* séparées par une rainure très-profonde. A la région postérieure du fémur se trouve la ligne âpre qui donne insertion à plusieurs muscles.

La tête du fémur, presque sphérique, est reçue dans une cavité très-profonde dans laquelle elle roule. Le fémur exécute les mêmes mouvements que l'humérus moins la circumduction. La tête du fémur est unie à la cavité cotyloïde par deux ligaments : le ligament inter-articulaire, sorte de cordon fibreux et la capsule qui enveloppe la tête de l'os et s'insère au pourtour de la cavité cotyloïde. Ces deux ligaments sont extrêmement lâches ; c'est simplement la pression atmosphérique qui maintient en contact les surfaces articulaires.

La jambe se compose de deux os : le *tibia* et le *péroné*. On y ajoute un troisième, la *rotule*, qui est l'analogue de l'olécrâne du cubitus.

Le tibia est un os long, situé à la partie interne de la jambe. L'extrémité supérieure, très-volumineuse, présente deux surfaces articulaires en rapport avec les condyles du fémur. L'extrémité inférieure est terminée par une surface ayant la forme d'un quadrilatère qui s'articule avec la poulie de l'astragale ; la face externe de l'extrémité inférieure présente une échancrure dans laquelle se loge l'extrémité inférieure du péroné.

Le péroné est un os beaucoup plus grêle que le tibia ; c'est un os long situé à la partie externe de la jambe. L'extrémité supérieure présente à sa partie interne une facette articulaire correspondant à celle que l'on trouve à la tubérosité externe du tibia. L'extrémité inférieure constitue la *malléole externe* ;

.en dedans elle offre une surface triangulaire qui s'unit à la facette correspondante du tibia.

La surface antérieure de la rotule est située sous la peau ; elle est à peu près plane. La surface postérieure est divisée en deux surfaces articulaires qui sont en rapport avec chaque condyle du fémur.

Le tibia seul s'articule avec le fémur. L'extrémité inférieure de la jambe constitue une mortaise formée par les deux malléoles, dans laquelle vient s'encastrer l'astragale.

Le pied se compose de trois parties principales : le *tarse*, le *métatarse* et les *orteils*. Il y a sept os au tarse, et son articulation avec la jambe ne se fait que par l'un d'entre eux, l'*astragale*, qui s'élève au-dessus des autres et présente une tête en forme de poulie, destinée à s'emboîter dans la cavité formée par la surface articulaire du tibia et les deux malléoles. L'astragale repose sur le *calcanéum*, qui se prolonge en arrière et constitue le talon.

Les os du métatarse, au nombre de cinq, ressemblent à ceux du métacarpe : seulement ils sont plus forts et moins mobiles. Il en est de même pour les orteils ; on y compte le même nombre de phalanges qu'aux doigts : mais ces os sont plus courts et beaucoup moins mobiles. Le gros orteil n'est pas, comme le pouce, opposable aux autres doigts.

La disposition de la plante du pied en forme de voûte a pour but d'empêcher la compression des nerfs, des vaisseaux et des tendons de cette région. L'absence de concavité constitue le *pied plat*.

7° LE SYSTÈME MUSCULAIRE. — STRUCTURE ET MODE D'INSERTION DES MUSCLES. — DISPOSITION ET ACTION DES PRINCIPAUX MUSCLES.

Les muscles sont les organes actifs du mouvement; leur assemblage constitue la chair musculaire. Ce sont des espèces de rubans ou de cordes charnues composées de fibres généralement parallèles et réunies entre elles par faisceaux, et qui ont la propriété de se raccourcir et de s'allonger. Souvent plusieurs muscles sont disposés de façon à pouvoir concourir à la production d'un même mouvement : on les appelle alors *congénères;* on appelle l'*antagoniste* d'un muscle celui qui détermine un mouvement contraire. On distingue les muscles en *fléchisseurs, extenseurs, rotateurs, élévateurs,* suivant les usages qu'ils sont appelés à remplir.

La puissance d'un muscle dépend en partie de son volume et en partie de la manière dont il se fixe à l'os qu'il doit mouvoir. Les muscles les plus gros sont les plus forts.

On donne le nom d'*aponévroses* à des membranes fibreuses qui servent de gaînes aux muscles, les séparent les uns des autres et rendent ainsi leurs actions indépendantes.

Les muscles s'insèrent généralement à un point fixe par une de leurs extrémités et par l'autre à un point mobile qu'il s'agit de déplacer. Les muscles s'insèrent en général à des saillies osseuses; quand

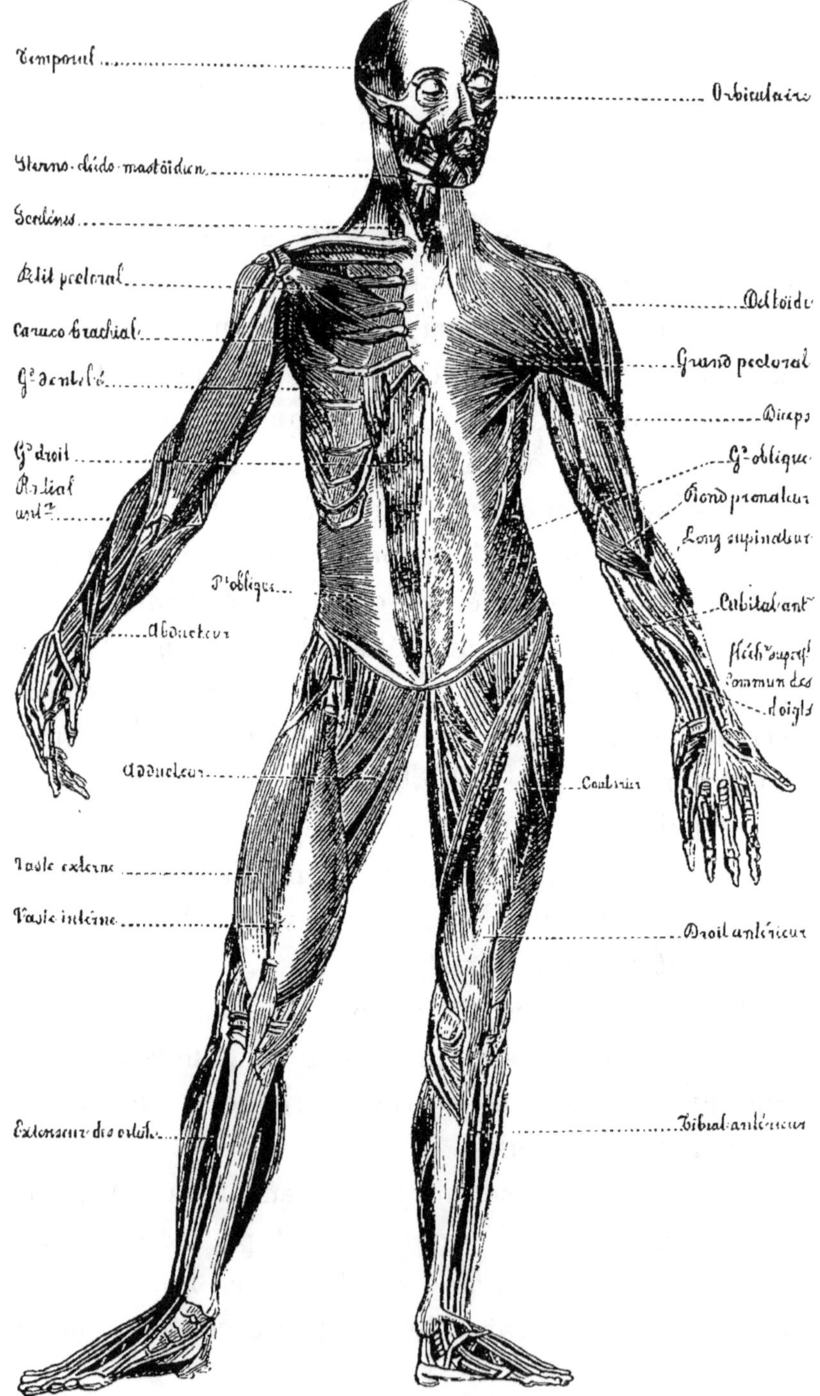

Temporal
Sterno-cléido-mastoïdien
Scalènes
Petit pectoral
Coraco-brachial
G^d dentelé
G^d droit
Radial ant^e
P^t oblique
Abducteur
Adducteur
Vaste externe
Vaste interne
Extenseur des orteils
Orbiculaire
Deltoïde
Grand pectoral
Biceps
G^d oblique
Rond pronateur
Long supinateur
Cubital ant
Fléch^r superf^l commun des doigts
Couturier
Droit antérieur
Tibial antérieur

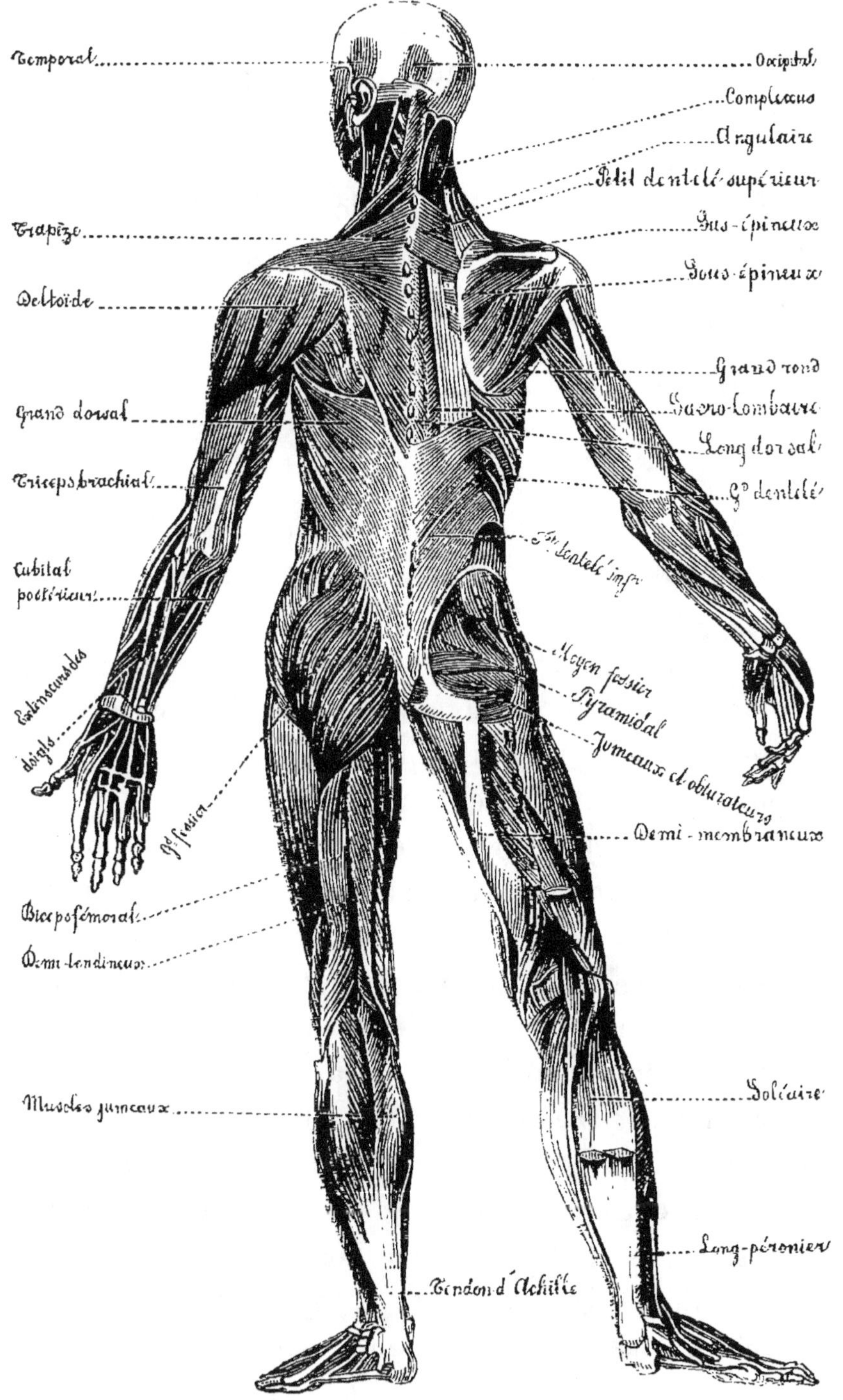

Temporal
Occipital
Complexus
Angulaire
Petit dentelé supérieur
Trapèze
Sus-épineux
Sous-épineux
Deltoïde
Grand rond
Grand dorsal
Sacro-lombaire
Long dorsal
Triceps brachial
G^d dentelé
Cubital postérieur
P^t dentelé inf^r
Extenseurs des doigts
Moyen fessier
Pyramidal
Jumeaux et obturateurs
Gd fessier
Demi-membraneux
Biceps fémoral
Demi-tendineux
Muscles jumeaux
Soléaire
Long-péronier
Tendon d'Achille

le muscle est long, il ne s'y insère pas immédiatement mais à l'aide d'un long cordon fibreux, nacré,
très-résistant, appelé *tendon*.

 Les muscles sont munis de nerfs, de veines et
d'artères qui viennent se perdre dans leur tissu. Les
muscles sont pairs excepté les *sphincters*.

MUSCLES DU COU.

Le muscle *sterno-cléido-mastoïdien* s'insère à la
face antérieure du sternum, au corps de la clavicule
et s'attache à l'apophyse mastoïde du temporal; ce
muscle fléchit et incline obliquement la tête; il agit
comme rotateur de la tête et porte la face de son
côté lorsqu'il agit seul. En agissant ensemble, ces
deux muscles fléchissent la tête en avant.

Les muscles *scalènes* sont au nombre de deux,
l'un antérieur, l'autre postérieur; ils s'insèrent en
arrière aux apophyses transverses des quatre ou six
dernières vertèbres cervicales, et en avant à la première ou aux deux premières côtes. Ils élèvent les
côtes et fléchissent le cou latéralement.

Le muscle *trapèze* se trouve à la partie postérieure
du cou; il s'insère en haut à l'occipital; en dedans,
au deux dernières vertèbres cervicales et aux douze
dorsales, et en avant, au bord postérieur de la
clavicule, à l'acromion et à l'épine de l'omoplate.
Il élève l'épaule et l'attire en arrière; en se contrac-

tant simultanément, les deux trapèzes effacent les épaules.

Les muscles *intertransversaires* se trouvent tout le long de la colonne vertébrale et disposés entre les apophyses transverses des vertèbres; par leur contraction, ils rapprochent les vertèbres et produisent la flexion latérale de la colonne.

A la région cervicale, la colonne vertébrale peut produire la flexion en avant, l'extension qui va jusqu'à la flexion en arrière, la flexion latérale et la rotation. Ce sont les muscles sterno-cléido-mastoïdien et scalènes qui produisent la flexion en avant; l'extension et la flexion en arrière sont produites par les muscles trapèzes et les muscles qui forment la nuque; les muscles intertransversaires du cou fléchissent la colonne vertébrale latéralement.

MUSCLES DE LA RÉGION DORSALE.

On peut considérer comme un seul muscle le *sacro-lombaire* et le *long dorsal* qui sont confondus sur une grande partie de leur trajet inférieur.

Le *sacro-lombo-dorsal* s'insère en haut aux apophyses épineuses articulaires et transverses des vertèbres cervicales, dorsales et lombaires et au bord inférieur des côtes; en bas il s'attache à l'épine iliaque, à la tubérosité iliaque et au sacrum. Ce muscle est un des plus importants du corps : il redresse le tronc après que celui-ci a été fléchi. Quand un fardeau est placé sur les épaules, ce muscle empêche la chute du corps en avant en formant de la colonne vertébrale une tige rigide.

Le muscle *grand dorsal* s'insère en dedans aux apophyses épineuses des six dernières vertèbres dorsales, de toutes les lombaires et à la crête du sacrum ; en bas, aux quatre dernières côtes, et en haut, à l'extrémité supérieure de l'humérus, entre le tendon du *grand rond* qui est en arrière, et celui du *grand pectoral* qui est en avant. Quand ce muscle agit sur l'humérus, il tourne le bras en arrière ; quand le bras est fixé, ce muscle élève le tronc.

Le muscle *grand rond* naît à la portion quadrilatère inférieure de la surface osseuse allongée, qui limite en dehors la fosse sous-épineuse. De ce point, il se dirige en dehors, en avant et un peu en haut pour se terminer par un tendon aplati à l'extrémité supérieure de l'humérus. Il abaisse le bras et lui imprime un mouvement de rotation en dedans.

Les muscles *dentelés* sont larges et dentelés sur leurs bords ; ils sont placés sur les parties latérales et postérieures du tronc ; on distingue le *grand dentelé*, le *petit dentelé supérieur* et le *petit dentelé inférieur* ; ces muscles agissant sur les côtes, sont considérés comme muscles inspirateurs.

MUSCLES DU THORAX.

Les deux muscles *pectoraux* se trouvent à la partie supérieure et antérieure du thorax. Le *grand* pectoral s'insère au sternum, aux cartilages des six premières côtes et à la clavicule; les fibres partant de ces divers points se réunissent à un tendon qui s'attache à l'extrémité supérieure de l'humérus; ce muscle porte le bras en dedans.

Le *petit pectoral* s'insère en bas à la troisième, à la quatrième et à la cinquième côte, et en haut à l'apophyse coracoïde de l'omoplate. Il sert à abaisser le moignon de l'épaule.

Les muscles *costaux* agissent dans la respiration.

MUSCLES ABDOMINAUX

Le *grand oblique* et le *petit oblique* s'insèrent en haut aux dernières côtes et en bas à la crête de l'os iliaque. Ils servent à comprimer les organes contenus dans l'abdomen.

Les muscles *transverse* et *grand droit de l'abdomen* servent à comprimer les viscères abdominaux.

Le muscle *diaphragme* forme une cloison qui sépare la cavité abdominale de la cavité thoracique. En avant, il s'insère au sternum; sur les côtés, aux cartilages des six dernières côtes, et en bas, à deux aponévroses situées près de la deuxième vertèbre lombaire. Il est perforé pour livrer passage à l'œsophage et à l'artère aorte. C'est un muscle respiratoire.

Le *psoas iliaque* est situé dans la fosse iliaque interne; il s'insère à la dernière vertèbre dorsale, à toutes les vertèbres lombaires et s'attache en bas au petit trochanter du fémur. Il fléchit la cuisse sur le bassin.

Le muscle *carré des lombes* est large et situé sur les parties latérales de l'abdomen; il fléchit le tronc latéralement.

Les mouvements aux dix premières vertèbres dorsales sont presque nuls; la flexion en avant et en arrière ainsi que la rotation de la colonne vertébrale se produisent dans les deux dernières dorsales et dans les premières vertèbres lombaires. L'inclinaison latérale de la colonne a lieu dans les dernières vertèbres lombaires.

Le psoas-iliaque et le grand droit de l'abdomen produisent la flexion en avant de la colonne vertébrale; elle est fléchie en arrière par le sacro-lombaire et le long dorsal. L'inclinaison latérale est produite par le muscle *carré des lombes* et par les muscles intertransversaires des lombes.

MUSCLES DES MEMBRES SUPÉRIEURS.

Le muscle *angulaire* s'insère aux apophyses transverses des quatre premières vertèbres cervicales et à l'angle de l'omoplate ; il abaisse l'épaule.

Le *rhomboïde* situé à la région postérieure du cou s'insère à l'omoplate ; il porte l'omoplate en haut et en arrière.

Le *deltoïde* s'insère à la clavicule, à l'acromion et à l'épine de l'omoplate ; des fibres partant de ces points se dirigent vers un tendon qui s'attache à l'extrémité supérieure de l'humérus.

Le muscle *sus-épineux* s'insère à la fosse sus-épineuse et à la grosse tubérosité de l'humérus ; le *sous-épineux* s'attache à la fosse *sous-épineuse* et à la grosse tubérosité de l'humérus ; ces deux muscles servent dans l'élévation du bras.

Le *coraco-brachial* est situé à la partie supérieure et interne du bras ; il s'attache à l'apophyse coracoïde et à l'humérus ; il porte le bras en avant et en dedans.

Le muscle *sous-scapulaire* s'insère à l'omoplate et à la petite tubérosité de l'humérus ; il produit la rotation du bras en dedans.

Le *biceps* est situé à la partie antérieure du bras ; il est divisé en deux têtes supérieurement ; la plus longue s'insère à la cavité glénoïde, la courte portion à l'apophyse coracoïde ; le tendon inférieur s'attache au radius. Le biceps fléchit l'avant-bras sur le bras.

Le *brachial antérieur* s'insère à l'humérus et au cubitus ; il produit la flexion de l'avant-bras sur le bras.

Le *triceps brachial* est situé à la région postérieure du bras ; il étend l'avant-bras sur le bras et est ainsi l'antagoniste du biceps.

Le *rond pronateur* se trouve à la partie supérieure et antérieure de l'avant-bras ; le *carré pronateur* est situé à la partie inférieure de l'avant-bras ; ces deux muscles produisent la pronation, c'est-à-dire, ils amènent la main en dedans, de manière que la paume soit tournée en arrière.

Le long *supinateur* est situé à la partie inférieure et externe du bras ; le *court supinateur* se trouve à la partie supérieure de l'avant-bras ; ils produisent la *supination*, c'est-à-dire qu'ils amènent la main en dehors, de manière que la paume de la main soit tournée en avant.

Résumons ce qui précède : l'élévation de l'épaule est produite par les muscles sterno-cléido-mastoïdien, angulaire et les fibres supérieures du trapèze.

L'épaule est abaissée par le *petit pectoral* et les fibres inférieures du trapèze.

Les épaules sont portées en arrière par les deux muscles trapèzes et le rhomboïde.

L'abaissement du bras est produit par le *grand pectoral* et le *grand dorsal*.

Le bras est élevé par le deltoïde et le sus-épineux.

Le bras est porté en avant et en dedans par le grand pectoral et le coraco-brachial.

Le mouvement par lequel le bras est porté en arrière et en dedans est produit par le grand dorsal et le grand rond.

La rotation du bras en dehors est produite par le sous-épineux, et la rotation en dedans est déterminée par le muscle sous-scapulaire et le grand dorsal.

La flexion de l'avant-bras sur le bras est produite par le biceps et le brachial antérieur. L'extension est déterminée par le triceps brachial.

Les pronateurs produisent la pronation du bras et la supination est déterminée par les supinateurs.

Le nombre des muscles de l'avant-bras est très-considérable ; cette multiplicité est due aux mouvements nombreux et divers que la main doit exécuter. Tous ces muscles vont de la partie supérieure de l'avant-bras à la main.

La flexion de la main et des doigts est produite par le muscle *radial antérieur* (situé devant le radius), par le *cubital antérieur* (situé devant le cubitus) et par les muscles fléchisseurs. On distingue : le *fléchisseur superficiel commun des doigts*, le *fléchisseur profond commun des doigts*, le *long* et le *court fléchisseur du pouce* et le *fléchisseur du petit doigt*.

L'extension de la main est déterminée par des muscles qui se trouvent à la face postérieure de l'avant-bras : ce sont le muscle *cubital postérieur* et les muscles *extenseurs des doigts*.

Les muscles qui produisent l'adduction de la main sont les *cubitaux*; ils sont au nombre de deux : l'un antérieur, l'autre postérieur.

Enfin l'abduction de la main est déterminée par les muscles *radiaux* externes; ils se trouvent à la face postérieure de l'avant-bras et en dehors.

MUSCLES DES MEMBRES INFÉRIEURS.

Le muscle *couturier* est très-long; il s'insère à l'os iliaque et à la partie supérieure du tibia; il croise la cuisse de dehors en dedans.

Les muscles *fessiers*, au nombre de trois, le *grand fessier*, le *moyen fessier* et le *petit fessier*, s'insèrent en haut à l'os iliaque et en bas au grand trochanter; ce sont des muscles très-puissants qui servent à maintenir le corps dans la position verticale.

Les *adducteurs* sont situés à la partie interne de la cuisse.

Le muscle *pyramidal* s'insère au sacrum et au grand trochanter; il produit la rotation en dehors de la cuisse.

Les *obturateurs* s'insèrent à l'os iliaque, et au fémur; ils sont rotateurs en dehors de la cuisse.

Le *biceps fémoral* est situé à la région postérieure de la cuisse; sa longue portion s'attache en haut à la

tubérosité ischiatique et la courte portion s'insère à
la ligne âpre du fémur; le tendon inférieur s'attache
à la tête du péroné; ce muscle fléchit la jambe sur la
cuisse.

Le *demi-membraneux* et le *demi-tendineux* sont
des muscles situés à la partie postérieure et interne
de la cuisse; ils produisent la flexion de la jambe sur
la cuisse.

Le *triceps fémoral* est situé à la partie antérieure
de la cuisse; il se divise en trois portions : l'une s'insère en haut à l'os iliaque et les deux autres s'insèrent
au fémur; le tendon inférieur s'attache au tibia par
l'intermédiaire de la rotule. Le triceps étend la
jambe sur la cuisse.

Les *péroniers*, au nombre de deux, sont situés
à la région externe de la jambe; ils portent la pointe
du pied en dehors.

Le *tibial antérieur* est situé à la région antérieure
de la jambe; le *tibial postérieur* se trouve à la région
postérieure de la jambe; ces deux muscles fléchissent
le pied sur la jambe et portent la pointe du pied en
dedans.

Les *fléchisseurs* des orteils sont au nombre de
cinq : le long fléchisseur commun des orteils, le
court fléchisseur commun des orteils, le long fléchisseur et le court fléchisseur du gros orteil et le fléchisseur du gros orteil.

Les muscles *jumeaux* de la jambe sont situés à la
partie postérieure de la jambe et forme le mollet;

ils recouvrent le muscle *soléaire* et se réunissent en bas en un fort tendon appelé le *tendon d'Achille* qui s'attache au calcanéum.

Indiquons les mouvements exécutés dans les membres inférieurs, et rappelons les muscles qui les produisent.

La cuisse est fléchie sur le bassin par le psoas-iliaque et le couturier. L'extension de la cuisse est produite par les muscles fessiers. L'abduction de la cuisse est déterminée par le moyen fessier et le petit fessier; les adducteurs produisent l'adduction.

Les muscles rotateurs en dehors de la cuisse sont le pyramidal, les obturateurs et les muscles jumeaux. Le couturier est rotateur en dedans.

La flexion de la jambe sur la cuisse est produite par le biceps fémoral, le demi tendineux et le demi-membraneux. Le *triceps fémoral* étend la jambe sur la cuisse.

La flexion du pied et des orteils est déterminée par le tibial antérieur. Les muscles extenseurs du pied sur la jambe sont les jumeaux et le tibial postérieur. Les péroniers latéraux portent la pointe du pied en dehors; les tibiaux fléchissent le pied sur la jambe et portent la pointe du pied en dedans.

MÉCANISME DES MOUVEMENTS.

La *marche* est le mouvement par lequel le corps passe d'un lieu à un autre sans quitter le sol.

Dans ce mouvement, l'un des pieds est porté en avant, pendant que l'autre s'étend sur la jambe, et, comme ce dernier membre s'appuie sur un sol résistant, son allongement déplace le bassin et projette en avant tout le corps. Lorsque le pied qui s'était avancé pose à terre, le bassin tourne sur le fémur de ce côte, et la jambe qui était restée en arrière se fléchit, se porte en avant de l'autre, se pose sur le sol, et sert à son tour à soutenir le corps pendant que l'autre membre, en s'étendant, donne une nouvelle impulsion au bassin. Grâce à ces mouvements alternatifs d'extension et de flexion, chaque jambe porte à son tour tout le poids du corps, et à chaque pas le centre de gravité est poussé en avant.

Le saut est le mouvement en vertu duquel le corps se projette en haut et retombe dès que l'impulsion est détruite.

Le saut est dû au déploiement subit des diverses articulations des membres qui, auparavant, avaient été fléchis plus que de coutume.

La course est un mouvement composé de la marche et du saut. Dans la course il y a toujours un moment où le corps est suspendu en l'air. Elle diffère de la marche rapide en ce que dans celle-ci le pied porté en avant touche le sol avant que le pied situé en arrière l'ait abandonné.

La natation est un mouvement qui a beaucoup d'analogie avec le saut, mais qui se produit dans l'eau dont la résistance tient lieu, jusqu'à un certain point, de celle qu'offre le sol dans le saut.

Les mouvements gymnastiques développent et fortifient les muscles, tout en imprimant aux diverses fonctions de nutrition une activité des plus salutaires.

Le tissu musculaire, qui forme la plus grande partie du corps humain, est le siége d'un mouvement nutritif très-abondant; c'est en effet dans ce tissu, excessivement riche en vaisseaux sanguins, que s'accomplissent les fonctions de la vie, que s'opèrent toutes les modifications chimiques. En se contractant, le muscle agit sur le système capillaire, la circulation devient plus abondante, l'organe qui fonctionne reçoit une plus grande quantité de sang; et, par cet afflux de sang, le travail nutritif, dont il est le siége, est activé, et le volume de l'organe s'accroît.

La contraction musculaire élève la température, car en se contractant dans une certaine mesure, le muscle active la combustion. Aussi, il est constaté que les muscles qui se contractent beaucoup, acquièrent un développement considérable; d'un autre côté, on remarque que tout muscle qui ne fonctionne pas devient flasque, mince, déchirable et finit même par s'atrophier.

A cause du rapport intime qui existe entre le tissu

musculaire et les fonctions de nutrition, il est facile de comprendre que le système musculaire exerce la plus grande influence sur les fonctions de nutrition, et réciproquement. Examinons les effets que produit indirectement l'activité musculaire.

Sans doute, la circulation du sang a pour cause principale la contraction du ventricule gauche du cœur, mais que d'obstacles tendent à ralentir la circulation : la résistance qu'opposent les parois des vaisseaux, la disposition du réseau, la grande division des vaisseaux, la pesanteur. Parmi les causes accessoires qui favorisent la progression du sang, il faut citer en premier lieu la contraction musculaire. Elle exerce la plus grande influence non seulement sur le système capillaire mais aussi sur la circulation dans les veines. En se contractant, les muscles compriment les veines, et le sang est forcé de refluer vers le cœur. Cette contraction musculaire active également la circulation de la lymphe et du chyle.

Les exercices gymnastiques agissent aussi favorablement sur la respiration. La contraction musculaire amène naturellement le développement des muscles inspirateurs ; or, plus ces muscles sont développés, plus amples sont aussi les mouvements respiratoires ; à chaque inspiration, il entre donc dans les poumons une plus grande quantité d'air, une plus grande quantité d'acide carbonique est expulsée et la température animale est plus élevée.

Les exercices gymnastiques ont une grande action

sur la digestion, à la condition toutefois qu'ils ne s'exécutent pas immédiatement avant ou après les repas. Nous avons vu que la contraction musculaire augmente le travail nutritif; nous savons aussi par expérience que l'exercice, surtout l'exercice en plein air, stimule l'appétit; ceux qui ont une vie active ne digèrent-ils pas plus facilement que les personnes sédentaires? L'exercice musculaire rend les selles plus faciles, plus régulières; il favorise l'absorption des matières alimentaires en accélérant la circulation du chyle dans le canal thoracique.

Enfin la contraction musculaire augmente la quantité des produits qui doivent être sécrétés et accélère la circulation du liquide dans les organes sécréteurs; elle favorise particuliérement la circulation dans les vaisseaux capillaires de la peau; grâce à l'exercice musculaire, la respiration cutanée devient plus rapide, la sécrétion plus abondante.

L'appareil de la locomotion subit lui-même l'influence des exercices musculaires. Quand ceux-ci sont exécutés dans le jeune âge (15 à 25 ans), les os augmentent de volume, leurs courbures se prononcent d'une façon plus intense; les éminences d'insertion deviennent plus saillantes, et leurs cavités plus profondes; la gymnastique rend plus solide l'insertion des muscles; elle peut même corriger certaines déviations. C'est grâce aux mouvements gymnastiques que les articulations conservent leur forme régulière, que les cartilages articulaires gardent leur surface polie, que les ligaments se fortifient, que les sécrétions synoviales sont plus abondantes. Tant que nous jouissons d'une bonne santé, la *synovie* entretient l'humidité nécessaire au jeu des surfaces articulaires; le mouvement et la mobilité doivent donc tendre à provoquer une sécrétion suffisante des membranes synoviales.

8° LE SYSTÈME NERVEUX. — PARTIES QUI CONSTITUENT LE SYSTÈME CÉRÉBRO-SPINAL. — FONCTIONS DU SYSTÈME NERVEUX. — NERFS MOTEURS ET SENSITIFS.

La faculté de recevoir des impressions des objets environnants, d'en avoir la conscience et de déterminer les mouvements, a son siége dans le système nerveux. On distingue dans cet appareil deux parties principales : le *système cérébo-spinal*, qui préside aux fonctions de la vie de relation, et le *système ganglionnaire* appelé encore *grand sympathique*, qui préside aux fonctions de la vie nutritive.

Le système cérébro-spinal est composé de l'*encéphale*, de la *moelle épinière* et des *nerfs* qui partent de ces centres. L'*encéphale* est une grosse masse nerveuse de forme ovalaire, qui est logée dans la cavité du crâne; l'encéphale est composé de trois portions : le *cerveau*, le *cervelet* et la *moelle allongée*. La moelle épinière est renfermée dans le canal vertébral.

Le cerveau est un viscère volumineux d'une texture très-molle qui occupe la plus grande partie de l'intérieur du crâne ; il est divisé par un sillon très-profond en deux moitiés longitudinales appelées les *hémisphères* du cerveau ; chacun de ces hémisphères présente à sa surface un grand nombre de sillons et de saillies contournées sur elles-mêmes et appelées circonvolutions du cerveau ; ces hémisphères contiennent dans leur intérieur des cavités qu'on nomme *ventricules*. On distingue dans la substance dont le cerveau est composé deux matières, l'une blanche à l'intérieur, l'autre de couleur grise à la superficie. En arrière et au-dessous du cerveau est une autre masse nerveuse, beaucoup moins volumineuse, mais de structure analogue : c'est le cervelet. De la partie inférieure du cerveau et du cervelet naît la *moelle allongée*, qui est comme leur base commune et leur sert d'union ; le prolongement de la moelle allongée dans le canal des vertèbres constitue la moelle épinière ; elle a la forme d'une grande corde blanchâtre.

Un grand nombre de cordons mous et blanchâtres se rendent du cerveau et de la moelle épinière dans toutes les parties du corps : ce sont les nerfs *cérébraux* et *spinaux*; ils naissent à la base du cerveau ou d'un des côtés de la moelle épinière. On compte onze paires de nerfs cérébraux et trente-deux paires de nerfs spinaux.

Le système du grand sympathique se compose d'un grand nombre de petites masses nerveuses appelées ganglions, situées au cou, dans le thorax et dans l'abdomen au devant de la colonne vertébrale ; et d'une foule de petits filets nerveux qui unissent les ganglions entre eux et se répandent dans le cœur, les poumons, les intestins. Ce système préside aux mouvements indépendants de la volonté, tels que les contractions du cœur, l'action de l'estomac sur les aliments.

Le cerveau est le siége de la volonté et de la perception des sensations. — Les nerfs transmettent à la moelle épinière et par suite au cerveau, ou directement à celui-ci, l'action des corps extérieurs sur nos organes ; ce sont aussi les nerfs qui transmettent la réaction volontaire du cerveau sur les organes, c'est-à-dire l'excitation des mouvements.

Il existe deux espèces de nerfs : les uns sont *sensitifs*, les autres sont *moteurs ;* mais la plupart sont à la fois sensitifs et moteurs ; ils résultent de la réunion d'un certain nombre de fibres nerveuses dont les unes servent aux mouvements et les autres à la sensibilité.

Nous ne sentons, nous ne pouvons déterminer de mouvement dans une partie de notre corps qu'à la condition que les nerfs qui aboutissent à cet organe communiquent librement avec la moelle épinière et celle-ci avec le cerveau.

Les organes des sens ont pour objet de recevoir certaines impressions des corps extérieurs et de les transmettre au cerveau par l'intermédiaire des nerfs.

Les sens sont au nombre de cinq, savoir : le toucher, le goût, l'adorat, l'ouïe et la vue.

IV. — L'HYGIÈNE DANS SES RAPPORTS AVEC LA GYMNASTIQUE.

L'hygiène est l'art de conserver la santé; elle apprend à régler la vie de l'homme, de manière à assurer l'exercice régulier de ses fonctions et à favoriser le développement de toutes ses facultés.

La santé parfaite dépend du jeu régulier et de l'équilibre entre toutes les fonctions. Est-il besoin de dire que la gymnastique ou la science du mouvement, qui a pour objet de faciliter l'accomplissement des fonctions des divers membres et des divers organes, doit être placée en première ligne parmi les moyens propres à maintenir cet équilibre qu'elle parvient même à rétablir lorsqu'il est rompu?

Dans leurs rapports avec la gymnastique, les règles de l'hygiène se modifient selon les âges, les sexes, les tempéraments, les habitudes et les professions.

L'hygiène trouve dans la gymnastique un moyen certain de mettre les enfants à même de combattre l'action débilitante des brusques transitions atmosphériques [1].

---

[1] Plusieurs considérations hygiéniques ayant dû être rencontrées

Les principaux accidents qui peuvent se produire dans un gymnase sont : la *plaie* ou *blessure*, la *contusion*, l'*entorse*, la *luxation*, la *fracture*, et la *commotion*.

Blessure. — Lorsque la plaie est légère, on la lave avec de l'eau et l'on enlève les corps étrangers qui pourraient s'y trouver; on rapproche les bords de la plaie sur laquelle on applique du taffetas anglais ou du sparadrap; ces bandelettes sont ensuite recouvertes de charpie que l'on fixe à l'aide d'une bande.

Si la plaie est étendue et profonde, elle réclame les soins d'un chirurgien. Quelle que soit la gravité de la blessure, on cherchera à arrêter l'hémorragie par l'application de compresses d'eau froide vinaigrée, d'un morceau d'amadou que l'on fixera par une bande légèrement serrée. Dans le cas où l'on reconnaît que le sang sort d'une artère, il importe, en attendant l'arrivée du chirurgien, de rechercher l'artère qui est ouverte et de la comprimer fortement. Si l'on ne parvient pas à découvrir l'artère lésée, on pratiquera une ligature très-serrée au-dessus de la plaie.

Contusion. — A la suite d'un choc plus ou

dans la partie pédagogique de cet ouvrage, nous avons cru ne pas devoir les aborder ici.

moins violent d'un objet contre une partie du corps, il peut arriver que quelques fibres musculaires soient froissées et que certains vaisseaux capillaires de la peau soient déchirés ; cet accident s'appelle *contusion*. On la reconnaît à une tâche rouge, parfois bleuâtre, accompagnée de douleurs, qui, peu après, gonfle et change de couleur.

Remède. — Il faut enlever le vêtement qui recouvre la partie contusionnée, relever le membre lésé et combattre l'inflammation en appliquant des compresses d'eau froide ou d'eau de vie camphrée.

Entorse. — L'entorse est la distension subite et violente des ligaments qui entourent une articulation ; elle se produit à la suite d'un faux pas, d'une chute ou d'un effort violent ; elle est caractérisée par une douleur aiguë, par l'impossibilité de mouvoir l'articulation qui en est le siége ; cette articulation ne tarde pas à se gonfler, à s'échauffer ; et quelques jours après on y aperçoit une tâche bleuâtre.

Remède. — En attendant l'arrivée du médecin, on emploiera les moyens suivants : on s'étendra sur un lit, on placera le membre blessé dans une position d'entière immobilité et on le couvrira immédiatement de compresses d'eau froide, qu'on aura soin de renouveler aussi souvent que possible. Les entorses se produisent le plus souvent au coude, au genou, au poignet et au pied.

Rupture. — Quand, à la suite d'efforts violents, certains tendons viennent à se rompre, il y a *rupture*.

Quoique peu dangereuse, la rupture cause une vive douleur que l'on parvient à adoucir en rendant le membre immobile et en y appliquant des compresses d'eau froide.

Luxation. — On appelle *luxation* le déplacement permanent d'un ou de plusieurs os mobiles, qui ont quitté leur cavité articulaire après avoir distendu ou déchiré les ligaments qui les y retenaient. Quand, à la suite d'efforts violents, cet accident se produit, le malade entend une sorte de craquement et ressent une douleur aiguë dans toute l'articulation qui change de forme.

En attendant l'arrivée du médecin, on maintiendra le membre luxé dans une parfaite immobilité; on l'entourera d'un bandage pour empêcher l'inflammation et on appliquera des compresses d'eau froide, d'eau de vie camphrée. La luxation et l'entorse se renouvellent assez fréquemment dans les articulations qui ont déjà été le siége de ces accidents.

Fracture. — La fracture, qui est la division violente d'un os, résulte ordinairement d'une chute ou d'un coup violent. Au moment où cet accident se produit, la personne atteinte éprouve la sensation d'un craquement et ressent une douleur vive et localisée. En attendant l'arrivée du chirurgien, on cherchera à rendre la douleur moins violente par les moyens suivants : si c'est la jambe ou la cuisse qui est fracturée, on transportera avec soin le patient sur un lit; pour opérer ce transport, deux personnes devront tenir le membre, l'une au-dessus, l'autre au-dessous de l'endroit blessé, car il importe d'empêcher tout mouvement. On enlèvera avec beaucoup de précaution ou bien on coupera les vêtements; on appliquera sur la partie fracturée des compresses d'eau froide et on empêchera le moindre mouvement.

Commotion. — La commotion, qui résulte de la chute du corps d'un point élevé au-dessus du sol, est l'ébranlement de certains organes internes. La commotion *cérébrale*, qui présente un caractère de gravité exceptionnelle, se reconnaît à la pâleur du visage, au refroidissement du corps, à la respiration courte, excessivement faible, aux vertiges, aux bourdonnements d'oreille accompagnés d'évanouissements.

En attendant le médecin, dont la présence est urgente, on donne au malade une position demi-assise, demi-couchée, en relevant la tête sans la jeter en arrière. On desserre les vêtements, on jette avec violence de l'eau à la figure du patient, on lui fait respirer quelques gouttes d'éther et on applique des sinapismes.

IIIme PARTIE.

PÉDAGOGIE.

I. — BUT DE LA GYMNASTIQUE. — SA PLACE DANS L'ÉDUCATION DE L'HOMME. — SES AVANTAGES.

La gymnastique *scolaire* est une œuvre d'éducation qui a pour mission de réparer les troubles que le travail de l'esprit et celui du corps doivent nécessairement produire dans l'organisme.

A moins de viser à un développement local (gymnastique médicale) ou à un but spécial (gymnastique professionnelle), il n'y a qu'une espèce de gymnastique : c'est celle qui a pour but de développer rationnellement les qualités physiques de l'enfant pour les mettre en rapport avec ses facultés intellectuelles et de l'élever au point de vue humanitaire. Cette gymnastique, œuvre de la nature et indépendante de la science de l'homme, ne peut donc admettre dans ses principes, dans ses efforts et dans ses résultats rien qui aille à l'encontre des lois anatomiques et physiologiques, et elle doit être fondée sur l'unité de l'organisme humain.

Sa place dans l'éducation de l'homme. — Une bonne éducation physique rend l'homme capable de mieux se gouverner, lui donne, en même temps que la conscience de ses propres forces, cette aisance, cette grâce, cette prestance qui distingue l'homme habitué aux exercices du corps. Elle est un des plus puissants moyens pour élever le caractère du jeune homme; car, tout en lui donnant le courage, la fermeté, elle lui apprend à obéir et partant le rend meilleur. Enfin, elle lui apprend à secourir ses semblables; ainsi, ses sentiments s'élèvent, s'ennoblissent et s'humanisent.

Dans la lutte d'émulation vers laquelle nous pousse le progrès et à laquelle les peuples, comme les individus, ne sauraient se soustraire, il est de la plus haute importance d'user de tous les moyens possibles pour augmenter la vigueur des générations futures. Les lumières et la force sont les deux moitiés de la civilisation; c'est le manque d'équilibre entre elles qui empêche souvent la seconde de mettre à exécution ce que la première a conçu. Les luttes que l'homme doit soutenir contre les besoins, contre les maladies, contre les éléments, exigent, s'il ne veut pas succomber, qu'il sache les maîtriser et les soumettre à sa volonté. Or, on ne saurait soutenir longtemps ces luttes du génie, des arts, des sciences ou de la politique, si l'on n'y a été préparé par les luttes qui donnent la vigueur, l'énergie et la force.

Ses avantages au point de vue scolaire. — Au point de vue du progrès des études, les exercices sont non-seulement avantageux, mais indispensables; d'abord parce qu'il est de toute nécessité de produire une heureuse diversion à la position forcée et à l'immobilité des classes, et ensuite, parce que l'esprit, comme tout autre organe qui a fonctionné, a besoin de se reposer par un travail corporel quelconque qui facilite l'action du cerveau. L'intelligence étant reposée par une promenade, un jeu, un exercice, l'élève retourne en classe mieux disposé à de nouvelles études et se remet au travail avec plus de goût.

On doit donc considérer le développement physique comme un élément essentiel de l'instruction, et comme l'auxiliaire indispensable de la vie intellectuelle.

Naguère, différentes publications prétendaient que l'abondance des matières dans l'enseignement supérieur menaçait les études; le remède, disait-on, ne peut être que dans l'élimination de certaines matières du programme; nous croyons au contraire, que le remède devrait consister dans la juste mesure à assigner à chacune d'elles et surtout dans une plus large part à faire au développement physique, qui est tout à fait négligé dans l'enseignement supérieur. C'est aussi l'avis d'un célèbre médecin de Paris qui, après avoir fait ressortir les avantages des exercices corporels, tant au point de vue du progrès des études qu'au point de vue moral et physique, disait : « aussi, n'hésiterais-je pas, si j'étais grand-Maître de l'Université, à placer le prix de gymnastique en première ligne sur le programme des concours généraux. »

II. DIVISION DES EXERCICES DU PROGRAMME ENTRE LES ÉLÈVES DE DIFFÉRENTS AGES. — TEMPS A CONSACRER AUX EXERCICES, — MÉTHODOLOGIE, — ORDRE ET DISCIPLINE,

Il y a trois divisions bien marquées à observer dans la répartition des exercices qui conviennent à chaque âge; ce sont :

1° *La première enfance* qui se termine à sept ans pour les deux sexes.

2° *La seconde enfance* qui finit à seize ans.

3° *L'adolescence* de seize à vingt-un ans.

Dans la pratique, ces trois divisions sont souvent désignées par ces mots : enfants — garçons — jeunes gens.

Il pourrait y avoir une quatrième division pour les adultes, mais nous ne croyons devoir en tenir compte ici ; tous les exercices des adolescents

conviennent aux adultes, excepté toutefois certains jeux qui ne sont plus goûtés à cet âge.

Ces divisions ont, dans les établissements d'instruction comptant un grand nombre d'élèves, des
subdivisions qui, pour que cet enseignement soit
rationnel, doivent toujours être observées lorsque
le permet le nombre des professeurs s'occupant
de cet enseignement.

Ces subdivisions sont : pour la première enfance de 5 à 7 ans; pour la seconde enfance
de 7 à 10, de 10 à 13, de 13 à 16,

Lorsque les subdivisions, comprenant ces différents âges, ne peuvent pas être exercées à des
heures différentes, on forme les classes d'après
ces âges et on exerce une subdivision pendant
que l'autre se repose; ou bien, on a recours à
l'emploi de moniteurs.

Il est une autre considération, d'une très-haute
importance, c'est que les enfants forts et bien
constitués, peuvent être placés dans une classe
supérieure, tandis qu'il est de rigueur que ceux
qui sont d'un tempérament lymphatique, faible ou
débile, soient toujours placés dans une subdivision d'élèves d'un âge moindre et, qu'en outre,
on ait pour ces enfants de grands ménagements.

Enfin, une considération dont il faut également
tenir compte, c'est que, quel que soit l'âge ou la
force d'un élève, il ne peut être classé dans la
la division qui correspond à son âge, qu'à la

condition de s'être suffisamment développé par les exercices prescrits pour les âges précédents.

La division et les subdivisions qui précèdent ne sont pas arbitrairement déterminées, elles sont fondées sur les données physiologiques qui suivent et qui ont servi de base à la répartition des exercices du programme entre les différents âges.

JARDINS D'ENFANTS.

ENFANTS DE 5 A 7 ANS. — Jusqu'à l'âge de cinq ans, il faut laisser les enfants courir au grand air, folâtrer sur une pelouse, les surveiller de près et n'exercer aucune contrainte sur leurs jeux. A cet âge, l'organisme n'étant pas encore formé, il ne faut pas d'exercices imposés, mais une pure récréation toute composée de jeux. On a soin de choisir des jeux qui mettent en mouvement le plus grand nombre de muscles possible.

Pendant cette première période de l'existence. les deux sexes sont confondus.

Vers cinq ans, la nature se révèle ; alors déjà les petits tambours vont à droite, les poupées et les petits ménages à gauche ; c'est le moment où l'on pourra constater qu'il existe entre les deux sexes des différences fondamentales d'organisation : le petit garçon est bruyant, il veut des exercices hasardeux, où la force et l'adresse jouent le rôle principal ; chez la petite fille, au contraire, la force musculaire est moindre, son impressionnabilité physique et morale est plus grande et sa nature délicate, faible et sensible ne s'accommode que de jeux moins tapageurs. Il est donc important de saisir ce moment pour séparer les sexes afin de diriger leur éducation physique selon leur nature, leurs goûts et leurs penchants.

Vers cinq ans, on pourra commencer à se conformer aux exercices du programme, mais en tenant compte que, chez les enfants du sexe faible, les muscles sont moins forts, la nature moins énergique et partant, que les flexions et les extensions doivent se faire avec plus de grâce, de légèreté et moins de vigueur.

Pour ces enfants, il faut surtout tenir compte de cet avis du Dr Fonssagrives : « Surveillez attentivement les enfants au commencement de leurs exercices : s'ils mangent et dorment bien, on est dans les limites raisonnables ; s'ils ont moins d'appétit et dorment mal, on a dépassé le but. »

ÉCOLE PRIMAIRE.

ÉLÈVES DE 7 A 10 ANS. — A cet âge, les muscles et les os sont encore tendres et un faux mouvement, trop souvent répété, peut occasionner une déviation ; il ne faut donc que des exercices n'exigeant pas de grands efforts, ni une tension d'esprit trop soutenue.

Les constitutions sont fortes ou faibles en raison des cinq considérations qui suivent :

1° La solidité et la perfection de la structure anatomique des divers organes;

2° La régularité du jeu physiologique des diverses fonctions;

3° Le degré de force physique;

4° La résistance aux causes de maladies;

5° L'énergie et la vitalité.

Ces cinq considérations peuvent être obtenues ou perfectionnées par le jeu régulier et soutenu des divers membres et des divers organes.

Parmi les différents tempéraments [1] et les exercices qui leur conviennent, on distingue :

[1] D'après *Hallé*, il faut, « chercher la raison des tempéraments dans les actions vitales des organes et dans leurs divers degrés d'irritabilité. »

Ces dispositions organiques qui s'altèrent par l'état de l'âme, le milieu gai ou triste dans lequel on élève l'enfant, les frayeurs qu'on pourrait lui faire éprouver, etc., se modifient par certaines habitudes et surtout par celles des exercices corporels qui tempèrent l'ardeur parfois inconsidérée des tempéraments sanguins, nerveux bilieux, et stimulent le tempérament lymphatique. Il importe donc, croyons-nous, de les définir ici, afin de permettre aux professeurs de bien les distinguer.

On distingue généralement quatre tempéraments : 1° *sanguin*, 2° *nerveux*, 3° *lymphatique* et 4° *bilieux*. Ces tempéraments sont généraux, partiels, congéniaux ou acquis.

La science distingue encore les tempéraments composés; de ce nombre sont : le *sanguin lymphatique*, le *nervoso lymphatique* et le *nervoso sanguin*.

Tempérament sanguin, exercices soutenus jusqu'à une légère transpiration et mise en activité de tout le système musculaire, afin de dépenser le plus possible de sang si riche et qui se répare avec tant de facilité.

Tempérament nerveux, exercices modérés mais assez énergiques; éviter l'abus des flexions, rotation et circumductions de la tête; augmenter les

Tempérament sanguin. — Dans ce tempérament, où le système artériel et capillaire prédomine, la peau est blanche, douce et parfois colorée; les cheveux châtains; la chair ferme, les formes solides et anguleuses, les contours durs; la forme musculaire prononcée; le pouls est fort et parfois développé. Les enfants de ce tempérament sont impressionnables, leurs mouvements sont plus rapides, ils ont le caractère plus gai, l'esprit plus vif que ceux des autres tempéraments; ils mettent plus d'ardeur dans leurs jeux et sont plus portés à s'amuser. Ce tempérament se confond souvent avec le tempérament nerveux.

Tempérament nerveux. — Peau pâle, complexion maigre, muscles moins développés que chez les enfants sanguins, pouls plus vifs: mouvements plus brusques et impressions fortes mais de courte durée. Ces enfants ont des sensations vives et mobiles et sont d'une susceptibilité nerveuse très-prononcée. Ce tempérament s'allie parfois au tempérament lymphatique.

Tempérament lymphatique. — Se caractérise par une peau blanche fine et flasque, parfois de petites taches rouges sur les joues; les chairs sont molles; les formes arrondies, le système musculaire peu prononcé; les yeux sont souvent sans expression. Chez les enfants de ce tempérament, les forces vitales sont peu actives, les fonctions s'accomplissent avec lenteur et les allures sont généralement paresseuses. Le tempérament lymphatique se rencontre particulièrement chez les enfants à chevelure rousse ou blonde.

Tempérament bilieux. — Ce tempérament se distingue par une chevelure noire, des formes rudes, des muscles vigoureux, une forte charpente osseuse. Les mouvements sont vifs, le caractère passionné, ardent et décidé, la physionomie énergique Ce tempérament se rencontre plutôt chez l'adulte que chez l'enfant.

exercices et diminuer les heures d'étude ; empêcher l'élève de faire montre de ses forces.

Tempérament lymphatique, bien graduer les exercices, en augmenter insensiblement les difficultés et permettre à l'élève de se reposer, dès qu'il ressent une légère fatigue.

Tempérament bilieux, exercices soutenus et souvent répétés.

Élèves de 10 a 13 ans. — A partir de cette deuxième partie de la seconde enfance, on peut déjà faire des exercices à commandement, exiger de l'ordre, de l'attention, un peu de force et laisser s'adonner les élèves aux jeux avec un peu d'ardeur, jusqu'à ce qu'il en résulte une légère fatigue.

Élèves de 13 a 16 ans. — Pendant cette dernière période de la seconde enfance, qui est l'âge où les os commencent à durcir, où le jeune homme se développe le plus et partant, où il a besoin de se donner le plus de mouvements, on peut exiger l'emploi de quelque force, l'énergie dans les mouvements et soutenir les exercices jusqu'à une certaine fatigue.

Pour chacune des subdivisions, on a soin de procéder par ordre, avec gradation et méthode, et de revenir souvent aux mouvements élémentaires qui ne sont pas les moins importants.

Dans chaque classe d'élèves, il y a différents tempéraments, différentes constitutions et souvent autant de différents degrés de force qu'il y a d'élèves ; il faut donc, pour que chacun d'eux ne dépense pas plus de force qu'il ne convient à sa nature, que le professeur, avant chaque exercice, prévienne les élèves que ceux d'entre eux qui seraient fatigués, s'arrêtent pendant que les autres continuent ; c'est là du reste la seule règle qu'on puisse établir : le repos est indiqué lorsque la fatigue arrive.

Les renseignements qui précèdent, permettront aux professeurs d'appliquer à chaque catégorie d'élèves, les exercices qui leur conviennent et sans s'astreindre à suivre trop rigoureusement l'ordre des exercices prescrits au programme.

Jeunes gens de 16 a 20 ans. — A partir de seize ans, les exercices doivent s'exécuter avec toute la plénitude de la force de tension dont les muscles sont susceptibles. C'est l'âge où l'on peut, sans danger physiologique, employer tous les appareils et où les exercices peuvent être poussés jusqu'à une certaine fatigue. Toutefois, il serait imprudent d'oublier ce sage avis du professeur Ch. Bock : « une activité de trop longue durée, accompagnée d'une fatigue trop considérable, est aussi pernicieuse qu'une longue inaction. Des exercices musculaires continués jusqu'aux plus extrêmes limites de la fatigue, produisent facilement la paralysie des membres ainsi fatigués. »

Temps à consacrer aux exercices.— Pour que l'exercice gymnastique produise à la fois un effet salutaire sur la santé et une heureuse diversion aux travaux intellectuels, il ne faut pas qu'il ait lieu une ou deux fois par semaine et pendant quelques heures chaque fois, comme cela se voit dans quelques pays, mais tous les jours et pendant vingt minutes au moins entre chaque intervalle de deux heures de classe. D'autre part, le moment le plus favorable de la journée pour s'adonner aux exercices étant celui qui précède les repas, en ayant soin toutefois de terminer le travail une demi-heure au moins avant de se mettre à table, on doit chercher à concilier ces deux prescriptions.

Or, si des considérations locales ou autres empêchaient de se conformer rigoureusement à ces prescriptions, il faudrait que les exercices se fissent le matin et l'après-midi pendant la demi-heure qui suit la sortie des classes.

Cette manière de voir n'est pas la nôtre seule; grand nombre de pédagogues, de médecins et de législateurs sont de cet avis. Dans son rapport à l'Empereur en 1868, le Ministre de l'instruction publique, M. Duruy, disait : « Je voudrais des classes moins longues et des récréations plus nombreuses, remplies par des exercices qui développent la force et l'agilité. Le travail n'y perdrait rien et la santé y gagnerait. »

Dans tous les cas, les exercices doivent avoir lieu avant les repas ou au moins deux heures après.

Conseils sur la méthode. — 1° Le professeur doit s'attacher à bien apprécier les efforts qu'une classe d'élèves met dans l'exécution d'un exercice, et les difficultés que l'exercice présente, afin de parvenir, par une sage gradation, à déterminer exactement la durée de l'exercice ou le nombre de fois que le mouvement peut être répété sans que les élèves se reposent.

2° L'ensemble des mouvements doit donner à chacune des articulations la plénitude de liberté, de mobilité et de force dont elle est susceptible; à moins donc d'avoir à redresser une difformité quelconque, il faut éviter de répéter souvent le même exercice, car un mouvement uniforme et trop souvent répété, amène toujours une difformité.

3° L'ensemble des mouvements doit aussi former un tout complet, gradué en raison de l'âge, du tempérament et de la force de l'élève.

4° Il faut combiner les exercices de manière à n'arriver aux mouvements qui exercent une action générale sur tous les muscles, qu'après les avoir développés séparément.

Dans ces exercices partiels, on doit combiner les mouvements de manière que tous les membres y prennent une part égale, et qu'on arrive à un développement méthodique de toutes les parties du corps.

Pour remplir ces conditions, c'est-à-dire, pour conserver l'harmonie dans les mouvements, dans le jeu des articulations, dans les fonctions des divers membres et organes, il ne suffit pas d'exercer tous les membres, mais il faut les développer en *sens contraire*. Par exemple : en abusant des flexions du corps en avant, sans corriger l'effet produit par les flexions du corps en arrière, on développerait, outre mesure, les muscles fléchisseurs du ventre, de la poitrine et de toute la partie antérieure du corps, et ces muscles, exerçant une prédominance sur leurs opposants restés dans l'inertie, produiraient une difformité.

5° Chaque mouvement doit être démontré et expliqué avant d'être mis à exécution.

6° Il ne faut jamais exécuter les mouvements compliqués, vifs ou violents, sans avoir passé par les mouvements simples, lents et modérés; c'est en graduant sagement les mouvements qu'on arrivera sans fatigue aux exercices difficiles.

7° Les exercices sont classés de manière à aller du simple au composé, mais il ne faut pas se borner à observer ce principe; au fur et à mesure qu'on avance dans une série d'exercices, on doit exiger une meilleure pose, plus d'adresse, plus de force et plus d'énergie

8° Il est de convention de commencer par la droite tous les exercices du tronc, de la tête et des bras; et par la gauche, les marches et tous les exercices qui concernent les jambes ; toutefois, il est rigoureusement nécessaire d'exécuter les exercices autant de fois à gauche qu'à droite.

9° Dans tous les mouvements, le professeur doit obliger les élèves à se tenir parfaitement droits, à porter les épaules en arrière, afin d'aider la poitrine à se développer et de permettre aux organes thoraciques de se dilater librement.

10° Au début des exercices, on doit surtout tempérer chez les élèves l'ardeur inconsidérée qui a souvent pour résultat de produire une fatigue nuisible et l'insomnie.

11° La lassitude que l'on ressent après l'exercice, doit être momentanée et se dissiper promptement. Si elle persiste un certain temps et si les muscles restent douleureux, c'est qu'on a dépassé la mesure.

Les indices qui indiquent au professeur qu'on a été trop loin dans un exercice, et qu'il faut le modifier, sont : les abondantes transpirations, les maux de tête, les vertiges, la respiration courte et fortement accélérée, la pâleur de la face ou sa coloration subite.

12° Il faut faire reposer les membres en alternant les exercices des extrémités supérieures avec ceux des extrémités inférieures.

13° Les repos doivent être fréquents, mais de courte durée ; cependant, ils seront assez longs pour que les pulsations aient le temps de se calmer. — Cinq minutes suffisent à cet objet.

14° Chaque exercice aura un but déterminé, un résultat précis, prévu et sera toujours en rapport avec l'aptitude acquise.

15° Il ne faut jamais permettre d'efforts violents ou de mouvements brusques dont les résultats, s'ils ne sont pas dangereux, sont toujours plus nuisibles qu'utiles,

Voici d'après le Dr Bock, les inconvénients que peuvent causer les mouvements quand ils ne répondent pas au but :

« *Affaiblissement musculaire* parsu ite de fatigues exagérées.

Nutrition anormale de l'appareil locomoteur, qui ne se développe qu'aux dépens d'autres organes et notamment aux dépens des facultés intellectuelles et morales.

Destruction trop considérable du sang et par conséquent appauvrissement du sang et chlorose.

Hypertrophie du cœur, accompagnée de battements pénibles causés par des excitations trop fréquentes et trop fortes.

Distension anormale des poumons, avec géne de la respiration, par suite de mouvements de la poitrine mal entendus.

Difformités corporelles, produites par l'exercice de quelques groupes de muscles, au détriment des autres. — Les gymnasiarques carrés d'épaules et à jambes frêles, de même que les danseuses à jambes fortes et à poitrine étroite, en sont de frappants exemples ».

16° Le professeur s'opposera à tout ce qui frise l'acrobatisme, et n'encouragera jamais un exercice où l'enfant serait tenté d'entreprendre un tour périlleux ; qu'il se conforme à ce sage conseil du docteur Theis : « Ce n'est pas dans ce qui est possible d'exécuter, mais dans ce qui est beau, rationnel, utile à pratiquer dans les gymnases, que la gymnastique moderne met sa gloire. Elle veut des exercices qui soient à la fois esthétiques, hygiéniques et pédagogiques. »

17° Pour que les exercices soient toujours animés, il faut les varier, car les jeux qui se font avec le plus de plaisir au début, deviennent ennuyeux si l'on n'y fait diversion par une grande variété. C'est en ne mettant aucune contrainte dans les exercices et en les rendant toujours attrayants, que les enfants les considéreront comme une agréable récréation, et qu'ils retourneront en classe animés d'une joie nouvelle qui dispose à l'étude. Pour satisfaire aux conditions qui précèdent, le professeur se compose chaque jour un programme comprenant un exercice nouveau ou une combinaison nouvelle, car rien ne tue comme la monotonie.

18° Tout en mettant de l'ordre dans les jeux, laissons aux élèves cette gaieté et cette espièglerie qui font le charme des récréations. La mé-

thode qui n'atteindrait pas ce but, irait à l'encontre
de ce principe le plus élémentaire de la pédagogie « Instruire en amusant. »

19° Par les temps froids, mais secs, il est pré-
férable d'exercer en plein air, puis d'envoyer les
enfants au gymnase ou à la salle des récréations
immédiatement après l'exercice terminé, que de
les exercer au gymnase et de leur permettre d'aller
dans la cour, après les exercices ou les jeux.

20° Lorsqu'on exerce en plein air, par une température froide, il faut abréger les exercices et
supprimer les intervalles de repos.

21° Pendant la pluie ou la neige, on pourra,
dans les écoles où il n'y a pas de local *ad hoc*,
faire quelques mouvements libres dans les corri-
dors ou entre les bancs. Mais on devra exercer en
plein air chaque fois que le temps le permettra :
l'air est la première nourriture de l'enfant dont les
forces physiques et vitales ne se développent qu'à
la condition qu'il ne manque ni de lumière, ni
d'air pur, ni d'espace.

22° Parmi les instruments et les appareils, choi-
sissez toujours ceux d'une utilité constatée, et qui
peuvent exercer le plus grand nombre d'élèves à
la fois, afin qu'ils puissent travailler ensemble.

23° La plupart des appareils ayant l'inconvénient de développer davantage le tronc et les
extrémités supérieures que les jambes, le professeur doit s'attacher, lorsque les élèves sont arrivés

à faire usage de tous les appareils, à faire exécuter, pendant le temps consacré aux exercices libres, un plus grand nombre de mouvements développant particulièrement les extrémités inférieures.

Ordre et discipline. — Nous savons que le bien-être, le repos de l'esprit et le calme qui suivent une promenade ou une récréation, prédisposent le jeune pétulant à l'obéissance, à l'ordre, au sentiment du devoir et le placent dans une disposition d'esprit favorable aux études. Mais cette heureuse influence du mouvement sur le tempérament des élèves et sur leurs dispositions aux travaux intellectuels, nous sera rendue bien plus sensible encore, lorsqu'ils auront été soumis à des exercices simultanés et à commandement, où ils se disciplinent et apprennent à obéir avec promptitude.

Les exercices simultanés n'ont pas seulement l'avantage d'exiger des élèves le plus grand silence, mais encore de leur faire contracter l'habitude d'une attention constante et d'une prompte obéissance, habitude qu'en peu de temps, ils conservent dans les classes.

L'ordre est inhérent à ces exercices et à la plupart des jeux par la raison que, presque toujours, les élèves font partie d'un grand *tout* ou d'une espèce de société, où la faute ou bien l'inattention d'un seul, arrêterait l'exercice ou mettrait le désordre dans le jeu; ils sont donc portés non-seulement à prêter une grande attention, mais encore à exiger de leurs camarades le maintien de l'ordre ou l'obéissance passive aux règles du jeu.

Dans les écoles où nous avons inauguré l'enseignement de la gymnastique, les instituteurs ont constaté l'heureuse influence qui précède et ils ont remarqué, qu'au bout de quelques jours d'exercices, l'entrée et la sortie des classes se faisaient avec une plus grande régularité et la marche dans les rues avec plus d'ordre.

Ces Messieurs sont également d'avis que la privation des exercices est une mesure disciplinaire très-redoutée des élèves. Usons donc de ce moyen de répression; en défendant à l'enfant de participer aux jeux des autres, on évitera de devoir recourir à des punitions qui ne conduisent pas au but que le professeur veut atteindre ou qui produisent des effets nuisibles sur l'esprit des enfants.

III. — QUALITÉS DU PROFESSEUR — MONITEUR.

Les qualités du professeur de gymnastique sont nombreuses et d'une très-haute importance; elles exigent de sa part une grande moralité et une grande prudence; mais en même temps, de toutes les connaissances relatives à l'éducation de la jeunesse, y en a-t-il de plus agréables à répandre que celles qui ont trait à la force et à la santé des enfants? Y a-t-il une plus belle mission, une plus noble tâche que de rendre les jeunes gens aussi capables de défendre la patrie par leur vigueur et leur courage, que de la faire briller par les arts et les sciences?

Le professeur doit exiger que les élèves se découvrent et saluent en entrant au gymnase et qu'ils y observent l'ordre et le silence.

Il doit donner l'exemple d'une tenue irréprochable, tenir un langage calme et digne, en même temps qu'affectueux et bon car la douceur n'exclut pas la fermeté.

Il ne doit pas se borner à démontrer un exercice, mais causer avec ses élèves pendant les moments de repos, raisonner avec eux et leur faire connaître de temps à autre l'utilité d'un exercice.

Il est laissé au professeur la latitude de varier et de combiner les mouvements, mais il doit rester dans les limites tracées : le Gouvernement, en confiant cet enseignement à MM. les instituteurs, a voulu le mettre entre les mains d'hommes sérieux, instruits, nullement passionnés pour telle ou telle méthode et qui comprennent qu'il faut savoir sacrifier ses fantaisies au bien-être et à la sécurité des enfants.

Il doit savoir, dans la formation de ses classes, approprier autant que possible les exercices aux forces des élèves. Nous savons qu'à moins de rentrer dans le domaine de la gymnastique médicale, le professeur ne peut tenir compte de chaque cas particulier, mais, s'il a du tact, il connaîtra les enfants faibles ou maladifs, il distinguera ceux qui n'ont pas les muscles abdominaux suffisamment développés et ne leur fera pas faire d'exercices peu en rapport avec leurs forces ou leur état de santé. Nous avons vu des professeurs faire exécuter les sauts au sautoir mobile à des élèves qui ne distinguaient pas la corde à trois pas de distance! Ce sont là des inconséquences qu'un homme qui se donne la peine d'observer ses élèves, de causer avec.eux et de les interroger, ne commettra jamais.

Un bon professeur doit toujours avoir beaucoup de ménagements et de sollicitude pour les enfants timides, maladroits, faibles ou rachitiques. S'il rencontre un enfant maladif, il doit se faire un devoir, dans ses moments de loisir, d'étudier son état et, après avoir consulté le médecin, avoir à cœur de s'en occuper sérieusement et de rendre la santé à ce pauvre petit être.

En déterminant le programme, le Gouvernement a voulu éviter de laisser jouir cet enseignement d'une liberté illimitée, persuadé que cette liberté engendrerait des abus qui, au bout de fort peu de temps, donneraient aux parents des raisons plausibles pour défendre à leurs enfants de participer à ce salutaire enseignement. C'est là une des principales raisons pour que cet enseignement soit sérieusement contrôlé et qu'il soit toujours donné

par l'instituteur. Les connaissances pédagogiques
et hygiéniques de celui-ci, et surtout l'habitude
des enfants, ses relations continuelles avec eux,
le mettent seul à même de distinguer entre les
différentes natures, première condition pour donner
l'enseignement avec méthode et éviter les abus.
Le professeur remarquera que, lorsque les élèves
sont abandonnés à eux-mêmes, ils dédaignent tout
ce qui ne frise pas l'extraordinaire ou l'impossible;
on comprend dès lors que la sage direction de l'instituteur est indispensable et que, si l'enseignement
était confié à un homme plus souvent porté à faire
montre du talent de ses élèves que de viser à un
développement rationnel, on aurait journellement
des accidents à redouter et à déplorer.

C'est en parlant de ces abus que le Dr Bock dit :
« ..... Dans la main des fanatiques qui se figurent
que l'homme n'est au monde que pour devenir gymnasiarque, et sous la direction de professeurs qui
ne se soucient nullement du perfectionnement
corporel de ceux qui se confient à eux, les exercices
gymnastiques ne peuvent jamais contribuer au
bien-être de l'humanité. »

Ne laissons donc pas envahir nos gymnases scolaires par ce dangereux ennemi, qu'on appelle
l'excès, car il est plus difficile de déraciner un abus
que de créer un enseignement nouveau. Le corps
professoral, intelligent et instruit, y veillera, nous
l'espérons; il est seul capable, du reste, d'éloigner

de l'école tout ce que l'ardeur des élèves, pour ce qui frise l'impossible et tout ce que l'empirisme, stimulé par les fantaisies, est capable d'inventer.

Moniteurs. — Les moniteurs sont d'une indispensable nécessité attendu que, pour éviter les accidents, le travail en section doit avoir son moniteur particulier pour chaque appareil. Le professeur peut également avoir besoin d'aides ou moniteurs, soit lorsque différentes classes travaillent à la fois mais séparément, soit pour contrôler les différentes luttes ou les différents jeux. Il est inutile de dire que les qualités du moniteur doivent se rapprocher, autant que possible, de celles du professeur même.

Dans les établissements d'instruction, où il y a beaucoup d'élèves, il est de l'intérêt du professeur et des progrès de l'enseignement de former, en dehors des heures du cours, une pépinière d'une vingtaine de moniteurs, pris parmi les élèves les plus sérieux, et surtout parmi ceux qui ont le plus de dispositions naturelles, afin qu'ils puissent prendre la direction de certains exercices.

La création de moniteurs est un moyen d'encouragement pour les meilleurs élèves et surtout un moyen de soulager le professeur et de le remplacer au besoin; là où les moniteurs seront capables, les devoirs du professeur se borneront bientôt à la surveillance et à la direction des exercices.

IV. — SALLE DE GYMNASTIQUE, SA CONSTRUCTION, SES
   DÉPENDANCES. — INSTRUMENTS ET APPAREILS. —
   COSTUME. — COMMANDEMENT. — RHYTHME OU CADENCE.
   — CHANT.

Local. — Pour qu'une école soit dans des conditions favorables à l'enseignement de la gymnastique, elle doit pouvoir disposer d'un local couvert et d'une cour ou jardin; il est désirable aussi d'avoir un portique en plein air.

Le gymnase ou local couvert, doit être situé près des classes, sur un terrain sec et élevé s'il est possible. Dans les constructions nouvelles, on peut disposer le gymnase de manière à servir de préau et, au besoin, aux solennités et aux distributions des prix. Peu de locaux se prêtent mieux que les gymnases, à l'ornementation et aux embellissements.

Dimension et construction. — Les dimensions d'un gymnase sont calculées sur le nombre d'élèves à y exercer, en tenant compte de la distance qu'ils occupent dans les rangs, soit :

Pour enfants 1^m50 courant, 2^m25 carrés;
   »   garçons 1^m60 » 2^m56 »
   »   jeunes gens 1^m70 » 2^m89 »

La forme du gymnase affecte généralement celle d'un rectangle de 20 à 28 mètres de long sur 12 à 18 de large; 2^m50 sont réservés le long des grands côtés pour l'emplacement des appareils : l'une des extrémités est réservée aux appareils pour les sauts, cette partie, large de 4 à 6 mètres au plus, n'est pas planchéiée.

D'après les données qui précèdent et déduction faite du terrain occupé par les appareils, il faudrait un gymnase de 24 mètres sur 15 pour qu'il restât au centre un emplacement suffisant (10^m sur 20) pour y faire exécuter les exercices libres à une classe de quatre-vingts élèves de taille moyenne.

Hauteur. — La nef centrale a de 6 à 7 mètres de haut; la hauteur des bas côtés où sont rangés les appareils peut être réduite à 4^m50; ces côtés sont garnis de colonnades espacées de 3 mètres et destinées à renforcer la charpente. On dispose autant que possible la charpente de manière à n'avoir pas à ajouter aux éléments de la construction, des poutrelles supplémentaires pour y attacher les appareils.

La lumière est donnée au moyen de six lanterneaux de grande dimension; lorsque, pour des considérations locales ou autres, l'emploi de fenêtres est jugé nécessaire, on les expose au midi, et, si l'on était obligé de les exposer à la fois au midi et au nord, elles seraient assez élevées au-dessus du sol pour que les courants d'air passent au moins à 1 mètre au-dessus de la tête des élèves.

Afin d'éviter les courants d'air, on construit les fenêtres de manière à n'ouvrir que leur partie supérieure en la faisant basculer.

La porte est située, autant que possible, au centre du petit côté du parallélogramme, opposé à la partie non planchéiée ; elle doit correspondre de plein pied avec la cour ou le jardin où se font les exercices en plein air ; elle est assez large pour que les élèves puissent y passer à deux de front.

De chaque côté de la porte, on construit une armoire ou une petite chambre servant de vestiaire et pour y déposer les instruments. Toutefois, on peut se borner à laisser libres les deux entre-colonnades attenant à la porte, et placer, dans l'une, les rateliers et les étagères destinés aux instruments ; dans l'autre, sont ménagés les porte-manteaux surmontés d'une planche pour y déposer les livres ; cette planche doit être assez élevée du sol pour que les élèves ne puissent l'atteindre de la tête.

Afin que les spectateurs ne viennent pas gêner les élèves pendant les exercices ou pour placer le public pendant les fêtes, la porte est surmontée d'un balcon de 3 mètres de largeur ; on peut aussi établir dans ce but des galeries le long des grands côtés, en avant des appareils.

L'emplacement destiné aux sauts, tout en présentant l'espace nécessaire pour éviter les accidents, doit être restreint, car le sable, le tan, la sciure de bois, etc. sont des matières qui répandent une poussière nuisible.

Les gymnases ne demandent qu'à être peu

chauffés et, autant que possible, seulement après
les exercices; pour remplir ces conditions, le meilleur système de chauffage serait le calorifère dont
on ouvre les bouches à la fin de l'exercice ou à
l'instant où l'on passe aux exercices d'ordre. Dans
les établissements qui ne sont pas pourvus d'un
calorifère, on ménage des cheminées dans le mur
et on établit le foyer dans la cheminée; si l'on fait
usage de poëles, on les place le plus près possible du mur.

Il nous semble superflu de dire que le gymnase
doit être bien aéré, bien éclairé, qu'il doit y
régner le plus grand ordre et que ses dispositions
intérieures doivent être attrayantes, afin qu'il offre
toujours un aspect propre et riant.

Observation. — Nous croyons devoir répondre
ici à une question qui nous a été posée, à savoir
si l'on ne pourrait pas ranger les appareils au
milieu de la salle de gymnastique, et les rendre
mobiles; les appareils ainsi mobilisés auraient
encore l'avantage de pouvoir être utilisés à la fois
au gymnase et à un portique en plein air?

Ce moyen, que nous avons employé dans des
gymnases où le terrain faisait défaut, est prati-
cable dans un gymnase privé ou dans une société,
où les gymnases sont rarement en nombre suffisant pour s'adonner aux exercices libres ou d'ordre;
il peut encore être pratiqué là où le système repose
exclusivement sur l'emploi des appareils, mais il

ne vaut rien dans la gymnastique scolaire : d'abord, parce que cette gymnastique se compose de trois autres branches qui doivent être pratiquées à chaque leçon et pour lesquelles les appareils doivent être éloignés; ensuite, parce que la demi-heure consacrée aux exercices ne permettrait pas de faire placer et déplacer les appareils pour chaque classe d'élèves.

Nous conseillons cependant aux écoles qui se proposent d'établir à la fois un gymnase et un portique couvert en plein air, de faire confectionner les appareils de manière à pouvoir les transporter à certaines saisons du gymnase au portique.

Il faut remarquer que ceux des appareils que l'on voudrait mobiliser, en les faisant glisser dans des rainures, pour les conduire de l'un des côtés au centre de la salle, ont le système d'attache moins solide et sont d'un prix fort coûteux.

Il existe cependant un moyen pour éviter de devoir établir un portique en plein air, c'est celui que nous avons proposé dans le plan du gymnase de Melle lez-Gand, qui promet d'être l'un des plus beaux du pays; il consiste à isoler le gymnase des autres bâtiments, et à garnir les deux grands côtés de panneaux mobiles en fer ou de portes que l'on enlève en été pour les replacer en hiver.

Cour ou jardin. — L'emplacement pour les exercices en plein air sera le plus grand possible, ses dimensions ne peuvent jamais être inférieures à celles du gymnase. Cet emplacement doit être attenant aux locaux, communiquer avec le gymnase, être situé sur un terrain sec, élevé s'il est possible, à l'abri des vents d'Est et du Nord, et ombragé soit par des plantations, soit par un bâtiment voisin, de manière que les élèves ne soient jamais exposés à des rayons de soleil trop ardents. Que le sol soit un terrain naturel, mélangé d'une légère couche de cendres fines, fortement damées.

A l'une des extrémités de la cour on établit le fossé pour les sauts en largeur. Si l'on dispose d'une partie de terrain accidentée, on l'utilise pour les courses ascendantes et descendantes, et l'on creuse, au pied du talus, des fossés pour combiner ces exercices avec les sauts en largeur, hauteur et profondeur.

Instruments et appareils. — Les instruments et les appareils doivent être assortis à la taille et à la largeur des épaules des élèves ; il faut donc considérer la grosseur de ceux que les mains doivent saisir ; la hauteur et l'écartement des barres et de l'échelle horizontale ; la hauteur du tabouret et du cheval-sautoir ; l'écartement des perches obliques, verticales, mobiles ou vacillantes ; l'écartement des montants et des échelons des échelles, planche d'assaut, échelle de perroquet, etc.

Sous le rapport de la construction des appareils, il faut particulièrement examiner la solidité, la qualité des matériaux, la nature du bois, éviter les coins, les fentes, nœuds, aspérités, en un mot tous les défauts qui peuvent nuire à leur solidité ou offrir quelque danger. On éprouve la solidité du système d'attache dans lequel on évite le contact de fer à fer qui produit un bruit désagréable et empêche d'entendre les observations du professeur.

Les dimensions et les prix des instruments et des appareils sont l'objet d'une annexe à cet ouvrage.

Le maniement des instruments se fait sans bruit : les élèves passent les uns derrière les autres pour aller les prendre ou pour les déposer en observant le silence; il est toujours recommandé à ceux qui portent des perches, etc., de soulever l'une des extrémités afin de ne pas occasionner de blessure aux autres élèves. Dans aucun cas, le professeur ne s'occupe de manier lui-même les instruments; c'est une occasion d'inculquer aux élèves des principes d'ordre, et, pour cette raison, il exige, que les instruments soient toujours replacés par les élèves dans le même ordre et rangés avec beaucoup de symétrie.

Costume. — Plusieurs considérations mettent obstacle à l'emploi d'un costume spécial dans la gymnastique scolaire; il faut se borner à recommander aux élèves d'avoir des objets d'habillement assez amples pour ne pas gêner le jeu des articulations, en leur faisant observer que, si ces objets avaient trop d'ampleur, ils seraient sujets à s'accrocher aux appareils. Généralement les élèves ôtent au vestiaire la coiffure et la veste ou redingote, et se débarrassent de tout ce qui peut gêner le cou et la poitrine.

Pour les écoles et les pensionnats où il est possible de munir les élèves d'un costume spécial, nous recommandons la veste en toile grise en été, et, en hiver, la chemise de flanelle, ou mieux encore, le gilet en laine tricoté. La meilleure chaussure gymnastique est la bottine en toile à voile, serrant au cou-de-pied.

Dans les écoles de la campagne, les enfants chaussés de sabots ne peuvent pas être admis à participer aux courses ni aux sauts.

Ceinture. — La ceinture est nécessaire pour les exercices et elle devient indispensable lorsqu'il s'agit de faire des efforts. Pour les exercices libres, les exercices d'ordre et pour tous les exercices où il ne faut pas une grande dépense de force, elle ne doit pas être plus serrée que ne l'est ordinairement la taille du pantalon. Dans les courses, dans les sauts et dans les exercices de balancement, où elle doit soutenir les muscles abdominaux pour empêcher les ballottements du ventre ; dans les luttes et dans les exercices exigeant une contraction musculaire générale, où elle doit augmenter la résistance de la région lombaire, on la serre davantage.

La ceinture, disent quelques médecins, refoule les intestins au fond du bassin et au lieu de prévenir, elle favorise les hernies. D'autres médecins nous ont affirmé qu'ils n'ont jamais pu travailler au gymnase, le jour où ils avaient oublié leur ceinture. Les avis sont donc partagés sur l'utilité de cet objet que la théorie semble condamner et que l'expérience réclame. Nous ne cherchons pas à trancher une question sur laquelle les médecins eux-mêmes sont divisés, mais notre expérience nous permet de faire observer que, la plupart des gymnasiarques la prescrivent, que les gymnastes la réclament et que, dans tous les métiers qui exigent des efforts, l'homme porte la ceinture. Le premier soin des hommes de peine, du porte-faix, du charretier qui va charger son véhicule, de tous ceux, en un mot, qui se préparent à transporter de lourds fardeaux, n'est-il pas d'ajuster la ceinture, de tirer de leur poche une courroie pour s'en serrer la taille, ou bien encore, d'ôter leurs bretelles pour s'en servir en guise de ceinture? D'où vient cette nécessité et quelles sont les causes physiologiques qui l'expliquent? Nous laissons aux médecins le soin de répondre à ces questions.

Commandement. — Rhythme ou cadence. — Chant. — Il y a deux sortes de commandements, le commandement d'avertissement et celui d'exécution; le premier explique le mouvement à exécuter, il est prononcé dans le haut de la voix, en chantant et en allongeant la dernière syllabe; le second, qui ordinairement ne se compose que d'une syllabe, est prononcé d'un ton de voix ferme et bref, il détermine l'instant de l'exécution. Le commandement d'avertissement est séparé de celui d'exécution par l'intervalle jugé nécessaire pour que les élèves aient le temps de la réflexion, et qu'ils puissent se préparer au mouvement à exécuter.

Du ton et surtout de l'à-propos du commandement, dépend la bonne exécution d'un exercice : « les élèves exercent toujours selon que le professeur commande. » Il faut donc que le commandement soit animé, proportionné au nombre d'élèves et que la vigueur et l'entrain que le professeur y met, soient communiqués aux exécutants.

Le commandement d'exécution est : *un*, pour tous les exercices qui se font sur place, et : *marche*, pour tous les autres. Au commandement de : *halte*, on cesse le mouvement et on reprend la position; on s'arrête si on est en marche [1].

---

[1] On pourrait au lieu du commandement d'exécution : *un*, employer le mot *commencez*, qui semble plus logique; mais il est indispensable d'avoir un mot composé d'une seule syllabe; ensuite les élèves commençant la plupart des exercices en comptant *un*, ce commandement les engage à compter à haute voix, ce qu'ils oublient souvent.

Pour éviter une longue répétition de commandements, la désignation de chaque exercice tiendra lieu de commandement d'avertissement auquel le professeur n'aura à ajouter, après une légère pose, que les mots : *un* ou *marche,* servant de commandement d'exécution. Lorsque, dans le texte, il sera dérogé à ce principe, le commandement sera indiqué.

Cadence. — On cadence les exercices libres et ceux aux instruments au moyen d'un battement de pieds, de mains, de la mesure indiquée à haute voix, ou, mieux encore, par le chant ou des instruments de musique. La cadence est lente au début et insensiblement menée à celle prescrite pour chaque exercice; quelques-uns demandent tant de ménagements qu'il serait difficile d'en déterminer la cadence; les professeurs les enseigneront avec précaution et en régleront le rhythme d'après les progrès.

Certains exercices doivent toujours être cadencés ; le professeur indique le rhythme, puis les élèves comptent à haute voix. Le rhythme indiqué à haute voix ôte la monotonie de certains exercices, les rend plus aisés, plus réguliers, moins brusques, éloigne la fatigue, contribue à l'attention et à l'ordre, développe les organes de la voix, élargit la cage thoracique et permet de faire de grandes inspirations qui contribuent à enrichir le sang d'une plus grande quantité d'oxigène.

Les exercices bien rhythmés ont encore l'avantage d'être plus agréables, plus mélodieux, plus animés; souvent le rhythme donne l'élan, l'entrain, la gaîté indispensables à certains mouvements; ou bien, il stimule et excite l'énergie, parfois même, il double les forces.

On peut augmenter les difficultés d'un exercice en partant d'une position plus difficile, mais c'est généralement en augmentant la cadence qu'on rend l'exercice plus fatigant.

Chant. — Le chant et même les lectures à haute voix et les déclamations doivent être considérés comme faisant partie d'une gymnastique rationnelle; ces exercices ont pour but non-seulement de développer les organes de la voix, de donner à cette dernière plus de force et plus d'étendue, de faire cesser les vices de prononciation, mais encore de fortifier l'appareil pulmonaire et d'exercer leur heureuse influence jusque sur les viscères du bas-ventre dont ils activent les fonctions.

Le chant produit les mêmes effets que les exercices rhythmés à haute voix, mais à un plus haut degré; il a en outre l'avantage d'exercer la mémoire des élèves, en leur faisant retenir des séries de mouvements, de produire une heureuse influence sur leur caractère, de leur inspirer de nobles sentiments, des élans de cœur et une ardeur qui les entraînent au travail.

Nous ne saurions assez recommander à MM. les

professeurs de faire chanter les élèves dans tous les exercices d'ensemble *qui n'exigent pas de grands efforts*. Il ne leur sera pas difficile de combiner et de mettre en musique quelques-uns des exercices qui leur paraîtront les plus attrayants. Une leçon type avec musique est annexée à cet ouvrage.

V. — NOMENCLATURE. — DIVISION DU TEMPS CONSACRÉ A UNE LEÇON.

Il faut une nomenclature à cet enseignement, mais qu'elle soit simple et d'une technologie à la portée de tous; il faut surtout qu'elle évite une logomachie ennuyeuse, qui ne ferait qu'entraver les progrès. Certes, une bonne terminologie devra toujours conduire à abréger les explications, et à simplifier les commandements; toutefois, chaque auteur pouvant avoir la sienne propre et la compliquer d'une manière indéfinie, il faut attendre qu'elle se forme par la pratique et la discussion; il faut surtout attendre que tous les professeurs aient reçu des notions d'anthropologie, alors elle se formera d'elle-même, et nous arriverons à un langage technique aussi immuable que les sciences qui servent de base à cet enseignement. D'ici là, au lieu de nous servir de mots empruntés à une langue étrangère comme *reck, bock,* employons des termes pris dans la langue même, comme *barre fixe* et *tabouret sautoir*, et nous serons certains d'être compris.

Nous croyons donc qu'on pourra se borner aux dénominations ci-après :

Positions :
- Debout ou verticale ;
- De station (la position de station n'est qu'une variété de la position debout que l'on prend en écartant légèrement les jambes ; pour avoir une plus grande base de sustentation) ;
- Assise ;
- A genoux ;
- Couchée ;
- De suspension ;
- De sustentation.

Flexions : Fléchir, ployer, plier, baisser, incliner. (Mouvement d'assouplissement.)

Extensions : Tendre, étendre, allonger, dresser, redresser. (Mouvement de développement.)

Rotation : Un membre ou une partie du corps, faisant sur son axe, dans deux sens opposés et dans les limites que permet l'articulation, une partie d'une circonférence, opère une rotation.

Pronation : Lorsque la rotation s'opère vers l'intérieur (devant le corps).

Suppination : Lorsque la rotation s'opère vers le dehors (le dos).

Adduction : Lorsque les membres se rapprochent.

Abduction : Lorsque les membres s'écartent.

Circumduction : Le mouvement circulaire ou elliptique le plus étendu qu'exécute un membre ou une partie du corps sur son pivot. (l'articulation.)

Le balancement ou l'oscillation est une réunion de flexions et d'extensions succédant à intervalles répétés et réguliers.

Aux muscles on peut donner les dénominations génériques de fléchisseurs, d'extenseurs, d'élévateurs, de rotateurs, d'adducteurs, d'abducteurs, etc., suivant les fonctions qu'ils sont appelés à remplir.

Division du temps consacré à une leçon. — Pour employer le temps consacré aux exercices et en tirer le plus de fruit possible, il faut en faire quatre parts :

1° *Exercices libres*. Pour mettre le corps en mouvement et le préparer aux exercices difficiles ou à ceux qui demandent une plus grande dépense de force.

2° *Exercices aux instruments ou aux apppareils*.

3° *Exercices d'ordre*. Pour permettre au corps de se reposer des exercices précédents, tout en le tenant en mouvement par des marches afin d'éviter le refroidissement.

4° *Les jeux*. On termine toujours par les jeux, parce qu'ils laissent dans l'esprit de l'élève un souvenir agréable qui l'engage à revenir, avec un nouveau plaisir, aux exercices du lendemain.

IVme PARTIE.

EXERCICES PRATIQUES.

JARDINS D'ENFANTS & ÉCOLES GARDIENNES, —
ÉCOLES PRIMAIRES, — ÉCOLES NORMALES, ATHÉNÉES,
COLLÉGES & ÉCOLES MOYENNES.

> « Le critérium de l'utilité de la gymnastique
> est la simplicité dans la méthode. »
> (Dr BEREND.)

JARDINS D'ENFANTS ET ÉCOLES GARDIENNES.

Programme pour enfants de 5 à 7 ans.

Exercices fondamentaux : Formation d'un sur plusieurs
rangs, — position ordinaire, — par le flanc droit ou par le
flanc gauche, — prendre la petite distance. — la grande
distance.

Exercices libres : Flexion des doigts, — élever et abaisser
une épaule, — ★ flexion des deux jambes [1], — ★ balancer les

[1] Dans les exercices marqués d'un astérisque, les enfants peuvent se

bras en se donnant les mains, — ⋆ balancer une jambe en avant et en arrière, — ⋆ balancer une jambe latéralement, — ⋆ balancer les bras en avant, — adduction et abduction horizontale des bras, — étendre les bras en avant, — latéralement, — élever les bras en avant, — latéralement, — mouvements d'inspiration à droite et à gauche, — battre des mains, — flexion et extension d'une jambe en avant, en arrière, — — ⋆ se dresser sur la pointe des pieds, — ⋆ sautiller, — ⋆ sautiller sur place en portant un pied en avant et l'autre en arrière, — ⋆ marche gymnastique, — course d'assistance par trois ou par cinq, — course d'assistance au bâton, — course d'assistance à la corde, — sauts par trois, — étant à genoux, se redresser sans déranger la position des pieds.

Exercices libres en marchant : Marcher par le flanc par un, — battement des mains, — placer les mains sur les épaules de l'élève précédent, — croiser les mains dans la nuque, — taper du pied au huitième pas, — étendre les bras en avant, — latéralement, — marcher sur la pointe des pieds.

Exercices d'ordre : Croiser les bras par deux, — par plusieurs, — marche cadencée, — conversions.

Jeux : Sautiller en cercle, — l'imitation, — le prisonnier, — la poursuite, — les balles arrêtées dans le cercle.

Note sur les jeux qui conviennent aux enfants âgés de moins de 8 ans.

Il serait difficile d'ordonner des exercices pour ces enfants qui apprennent seulement à marcher. Jusque 5 ans, il ne

donner la main pour se soutenir mutuellement; mais les garçons et les jeunes gens doivent parvenir à exécuter ces mêmes exercices, les mains placées sur les hanches.

faut aucun exercice imposé, mais un grand nombre de jeux toujours variés, une gymnastique de pure récréation.

On choisit de préférence les jouets qui sont les plus propres à exciter au mouvement : une chaise renversée dont on fait un petit chariot à traîner, — des balles en caoutchouc qu'ils apprennent à lancer et à poursuivre à la course, — leur permettre de crier, de sauter, de folâtrer, — les engager à se fuir, à se cacher et à se poursuivre, — à danser, à sauter et à chanter, — faire le jardinier, — leur montrer à faire de petites girouettes en papier, fixées au bout d'un petit bâton, et les stimuler à la course pour faire tourner la girouette, — leur montrer comment on fait un ballon et leur apprendre à s'en servir, — se donner la main et courir ou danser en cercle, décrire des figures sur le sable, — construire des maisons au moyen de briques, d'un jeu de cartes, — amonceler des cailloux, — faire le simulacre de semer, de faucher et de battre le grain, trois jeux qu'indique *Frœbel*.

Il nous serait difficile, sinon impossible, de déterminer ces milliers de jeux qui varient selon les localités et que l'on multiplie à l'infini. Un rien souvent suffit pour amuser un enfant pendant une heure et mettre en jeu tous les muscles du corps : voyez ce petit moutard qui a mis une bride à un bâton, l'a enfourché et s'est mis à galoper, — voyez cet autre bambin prendre un bout de fil, un brin de balai, s'en faire un fouet et poursuivre le premier pour stimuler le cheval à aller plus vite.

Voyez encore ce que ces petits bambins peuvent faire d'une pomme : on la roule d'abord, on court la reprendre, parfois plusieurs enfants se la disputent à la course ; puis une petite fille l'a en sa possession, elle la frotte, la met en poche, la reprend pour la frotter de nouveau, la noue dans un coin de son tablier ; enfin, elle la reprend pour une dernière fois, car elle va la découper pour organiser un festin où les amies seront invitées ; ou bien, elle la divisera pour *jouer à la boutique*.

· Ah ! si bien des personnes savaient combien une pomme, une poire ou un jouet quelconque peut faire les délices des récréations dans les écoles gardiennes, elles s'empresseraient, pensons-nous, d'y envoyer de temps à autre quelques-uns de ces objets pour *être répartis également entre tous les enfants*.

Aux jeux qui précèdent, les professeurs pourront ajouter ceux décrits dans les ouvrages de Frœbel (traduit par M. Jacobs), de Mme Pape-Carpentier, de Mme la baronne Van Crombrugghe, de Melle Octavie Masson, de M. Jules Delbruck, de M. Dries, etc.

Les exercices proprement dits, c'est-à-dire les exercices imposés, ne doivent commencer qu'à sept ans, et, jusqu'à cet âge, les enfants ne doivent être soumis qu'à une gymnastique de jeux attrayants qui développent leurs membres et leur donnent la consistance. Pour cette raison, les exercices que nous allons prescrire pour les enfants de cinq à sept ans, ne doivent être considérés que comme des jeux faisant suite à ceux précédemment indiqués ; ils sont les mêmes pour les deux sexes ; toutefois, pour les motifs que nous avons donnés dans la troisième partie, on séparera, dès cet âge, les petits garçons des petites filles et on ne perdra pas de vue que, chez ces dernières, les muscles sont moins forts, la nature moins énergique, le tempérament plus délicat et partant, que les mouvements doivent se faire avec plus de grâce et plus de légèreté.

Pendant ces exercices, on engagera les enfants au-dessus

de cinq ans, à regarder les autres et à les imiter *s'ils y sont disposés*.

On évite de laisser les enfants trop longtemps dans la même position; peu d'explications et encore moins d'observations; pas de commandements : on prend le plus âgé et le plus adroit, on le place de manière que tous sachent parfaitement le voir, on lui montre le mouvement à faire et on dit aux autres : *Faites comme celui-là*.

Enfants de 3 à 7 ans.

Formation de un sur plusieurs rangs [1]. — Les enfants étant placés pêle-mêle, le professeur ordonne le silence et leur dit de marcher par un. A cet avertissement le plus grand des élèves se met en marche, le second par rang de taille le suit, le plus grand après le second suit ce dernier et ainsi de suite, de manière que, lorsque tous les élèves sont en marche sur une file, les grands soient en tête, les moyens au centre et les petits à la queue.

Les élèves étant ainsi en marche, le professeur leur indique le nombre de rangs sur lesquels ils doivent se placer, puis il se porte près du premier et lui dit de s'arrêter en faisant face du côté qu'il désigne. Le nombre de rangs indiqué, étant par exemple de quatre, les quatre premiers élèves se placent les uns derrière les autres; le 5e à la gauche du premier, le 6e, le 7e et le 8e derrière le 5e; le 9e à la gauche du 5e; les 10e, 11e et 12e derrière le 9e et ainsi de suite.

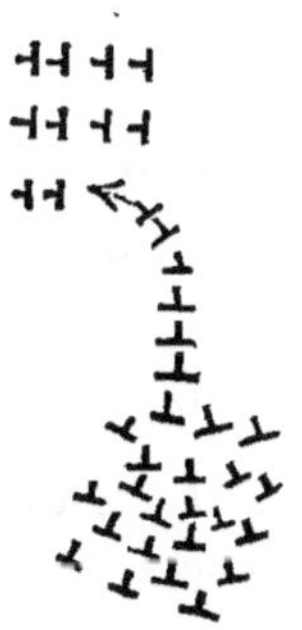

[1] Les élèves placés les uns à côtés des autres font partie du même *rang*; ceux qui sont placés les uns derrière les autres font partie d'une même *file*.

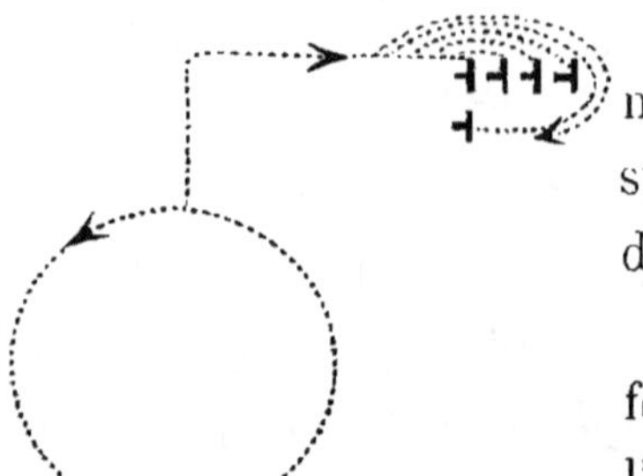

Il y a différentes autres manières de former les enfants sur plusieurs rangs s'indiquant d'elles-mêmes.

Il est recommandé aux professeurs de répéter quelque fois l'indication du nombre de rangs sur lesquels des élèves doivent se placer, de les engager souvent à compter les rangs et surtout de ne jamais pousser un enfant pour lui indiquer sa place.

Les enfants étant ainsi groupés sur quatre rangs, si le professeur veut les remettre en marche sur une file, il commande : *par un,* — MARCHE. La première file de quatre se met en marche, la seconde suit la première lorsque cette dernière la dépasse, la troisième suit la seconde et ainsi de suite.

Si, pour les jeux de petits enfants, le professeur ne veut pas les former en ordre et sur plusieurs rangs, il se borne à les mettre en ligne ou en cercle. Si l'exercice se fait en ligne, quelques enfants, des plus âgés et des plus adroits, sont placés en avant pour démontrer le mouvement à exécuter, et le professeur dit aux autres de les imiter.

Dans tous les exercices, les enfants comptent en chantant à haute voix : *un, deux, trois, quatre,* etc., selon le nombre de temps dont le mouvement à exécuter est composé.

Lorsqu'il s'agit de petits enfants, le professeur leur dira pour chaque mouvement qu'il ordonnera : *mes enfants, je vais exécuter telle chose; qu'allez-vous faire?* Tous les enfants répondent ensemble et à haute voix.

Position ordinaire. Les talons sur la même ligne, les pieds un peu moins ouverts que l'équerre, les jarrets tendus sans raideur, le corps d'aplomb sur les hanches, les bras pendant naturellement, les mains fermées, le pouce ployé sur la phalangine de l'index et du médium, la tête bien levée.

On doit s'efforcer de bannir la raideur que les élèves mettent généralement dans cette position et s'attacher à leur donner la pose et le maintien libres, gracieux et dégagés. La position ordinaire peut aussi être appelée *position fondamentale.*

Sans astreindre les petits enfants à une position par trop rigoureuse, le professeur doit les engager à se tenir parfaitement droits, à porter les épaules en arrière, afin d'aider la poitrine à se développer et de permettre aux organes thoraciques de se dilater librement.

Par le flanc droit (ou gauche), — Droite *(ou gauche).*

Soulever le pied droit et la pointe du pied gauche, tourner à droite sur le talon gauche, faire face à droite *(ou à gauche)* en plaçant la direction des épaules perpendiculairement à la position qu'elles occupaient, puis se remettre d'aplomb sur les deux pieds.

Pour remettre les élèves face par le premier rang, on peut commander : Front, au lieu de : Par le flanc gauche.

Sur la file de droite (ou de gauche) prenez la petite distance, — Marche.

La première file ne bouge pas ; les enfants des autres files de chaque rang appuient à gauche en faisant le pas de côté et en tournant la tête légèrement à droite, allongent horizontalement le bras droit et s'arrêtent lorsqu'ils touchent du bout des doigts de la main droite, l'épaule gauche de leur voisin de droite.

Au commandement de FIXE, les élèves descendent la main et replacent la tête dans la position ordinaire.

La petite distance sur la file de gauche se prend d'après les mêmes principes, mais par les moyens inverses.

Sur la file de droite (ou gauche) prenez la grande distance, — MARCHE.

Ce mouvement s'exécute comme le précédent, excepté que les enfants étendent horizontalement les deux bras pour ne s'arrêter que lorsque les extrémités des doigts se touchent et continuent à appuyer à droite et à gauche.

Pour prendre une distance sur le rang du centre, ou sur un rang quelconque à désigner par le professeur, le mouvement s'exécute comme il vient d'être prescrit, excepté que le rang désigné reste sur place, et que les autres appuient à droite et à gauche. Le professeur commande :

Sur tel rang prenez la petite (ou la grande) distance, — MARCHE.

En prenant les distances, il est très-important que les élèves se placent exactement les uns derrière les autres ; pour remplir cette condition, le professeur doit remarquer que la longueur des bras de certains élèves les empêche parfois de toucher le bout des doigts de leurs voisins.

EXERCICES LIBRES.

Flexion des doigts, — Un.

Au commandement d'avertissement, étendre les bras en avant.

Au commandement d'exécution, fléchir et étendre les doigts lentement, mais avec assez de force pour mettre en action tous les muscles des doigts.

Élevez ou abaissez l'épaule droite (ou gauche), — Un.

1. Faire effort des muscles moteurs de l'épaule droite (ou gauche) et l'élever le plus haut possible sans baisser l'épaule opposée; inspirer fortement[1].

2. Baisser l'épaule doucement, sans à-coup et en expirant; continuer le mouvement.

Pour exécuter cet exercice qui peut remédier à une position vicieuse et qui élargit la partie supérieure de la poitrine, les enfants peuvent se donner la main; mais les garçons et les jeunes gens doivent placer les mains sur les hanches dans tous les exercices où, comme dans celui-ci, le mouvement à exécuter a pour but de soulever les côtes ou de donner du développement au thorax.

Flexions des deux jambes, pointes des pieds réunies, — Un.

1. Placer les mains sur les hanches, si l'adresse acquise le permet, s'élever sur la pointe des pieds en les réunissant et inspirer fortement.

[1] Les mouvements respiratoires ont une si heureuse influence sur les

2. Fléchir doucement jusqu'à ce que les talons touchent le haut des cuisses et expirer lentement, rester un instant en équilibre sur la pointe des pieds.

3. Se redresser sans toucher le sol des talons, pour recommencer la même flexion.

Cadence de soixante à la minute.

Balancez les bras en avant et en arrière en se donnant la main [1], — Un.

Les enfants prennent de la main droite la main gauche de leur voisin de droite, puis ils élèvent et descendent ensemble les bras, en leur imprimant un mouvement d'oscillation et en comptant *un* pour les élever et *deux* pour les descendre.

Cadence de cent à la minute.

Balancez la jambe gauche (ou droite) en avant et en arrière, — Un.

Lever le pied gauche en ployant légèrement la jambe et en portant le poids du corps sur la jambe droite, imprimer à la jambe un mouvement oscillatoire et continuer le balancement.

Cadence de cent à la minute.

Balancez la jambe gauche (ou droite) latéralement, — Un.

Même mouvement que le précédent, excepté que le mouvement d'oscillation a lieu de gauche à droite et de droite à gauche devant l'autre jambe.

Balancez les bras en avant et en arrière, — Un.

appareils de respiration, de digestion et de circulation que ce serait un grand tort que de les oublier dans les exercices où nous les prescrivons.

[1] Lorsque les enfants de 7 à 10 ans sont assez exercés pour pouvoir

1. Porter les bras en avant, sans se donner la main, les élever sans flexion parallèlement au-dessus de la tête et inspirer.

2. Les descendre de même sans flexion en expirant.

Cadence de cent à la minute.

Abduction et adduction horizontale des bras, — Un.

1. Allonger latéralement les bras à hauteur des épaules. la paume de la main tournée en avant.

2. Rapprocher les mains en avant de la poitrine, sans fléchir les bras.

3. Compter de nouveau *un* pour écarter les bras horizontalement à hauteur des épaules en inspirant fortement, et *deux* pour réunir les mains en expirant.

Cadence de cent à la minute.

Étendez les bras en avant, — Un.

1. Étendre les bras en avant sans flexion, en s'élevant sur la pointe des pieds, la paume des mains tournée vers le sol; forte inspiration.

2. Descendre les bras et poser les pieds à plat pour reprendre la position en expirant.

Cadence de cent à la minute.

Étendez les bras latéralement, — Un.

1. Étendre horizontalement les bras de côté sans flexion. la paume de la main tournée vers le sol.

2. Les descendre de même pour reprendre la position.

Cadence de cent à la minute.

exécuter les exercices sans être soutenus, on supprime dans le commandement les mots : « *en vous donnant la main.* »

Élevez les bras en avant, — Un.

1. S'élever sur la pointe des pieds, étendre lentement les bras en avant sans flexion, pour les élever parallèlement au dessus de la tête en conservant les mains ouvertes, la paume en avant; inspirer fortement.

2. Descendre les bras tendus et reprendre la position en expirant.

Cadence de quatre-vingts à la minute.

Élevez les bras latéralement, — Un.

1. Élever les bras de côté sans flexion et les allonger au-dessus de la tête dans une direction parallèle au corps, le dos des mains se faisant face.

2. Descendre les bras tendus pour reprendre la position.
Cadence de quatre-vingts à la minute.

Mouvement d'inspiration à droite (ou à gauche), — Un.

1. Placer la main gauche sous le bras gauche, les ongles en avant, le pouce dirigé vers l'omoplate; couronner la tête du bras droit.

2. Inspirer fortement, exercer une pression de la main gauche et pencher le corps à gauche.

Les élèves expirent en se redressant et inspirent de nouveau fortement pour recommencer le mouvement.

Cet exercice ne se répète que trois ou quatre fois à une cadence très-lente.

Battez des mains en avant et en arrière, — Un.

1. Réunir les paumes des mains, les bras allongés en avant et à hauteur de la tête.

2. Descendre les bras pour réunir les paumes des mains

par un battement derrière le dos ; continuer en comptant de nouveau *un* pour réunir les mains en avant, etc.

Cadence de cent dix à la minute.

Flexion et extension de la jambe gauche (ou droite) en avant, — Un.

1. Fléchir légèrement la jambe en portant un peu le genou en avant, la pointe du pied baissée et à un pied du sol [1].

2. Lancer la jambe en avant en produisant l'extension du genou et du cou-de-pied.

3. Poser le pied à côté de l'autre sans frapper.

Le premier et le troisième temps se font légèrement ; le deuxième doit se faire avec force.

Cadence de cent à la minute.

Flexion et extension de la jambe gauche (ou droite) en arrière, — Un.

1. Fléchir légèrement la jambe en portant le genou un peu arrière, la pointe du pied baissée et à un pied du sol.

2. Lancer la jambe avec force en arrière, la pointe du pied restant dirigée vers le sol.

3. Poser le pied à côté de l'autre sans frapper du talon.

Même cadence et même observation qu'à l'exercice précédent.

Les élèves de 7 à 10 ans exécutent les deux exercices précédents alternativement de chaque jambe, en comptant de un à trois pour les mouvements de la jambe gauche, et de quatre à six pour ceux de la jambe droite.

---

[1] Dans les mouvements où nous nous bornons à dire *un pied,* c'est la longueur du pied de l'enfant ou de l'élève qu'il faut entendre.

* *Dressez-vous sur la pointe des pieds,* — UN.

1. Placer les mains sur les hanches, les doigts dirigés en avant, le pouce en arrière, se dresser sur la pointe des pieds en les réunissant, tendre les jarrets et inspirer fortement.

2. Reprendre la position en expirant sans frapper du talon ; conserver les mains sur les hanches pour continuer le mouvement.

Cadence de quatre-vingts à la minute.

* *Sur la pointe des pieds sautillez,* — UN.

S'élever sur la pointe des pieds en les réunissant, les jarrets tendus, le haut du corps en avant, les mains sur les hanches.

2. Donner une impulsion aux muscles des extrémités inférieures et s'élancer le plus haut possible, le corps bien droit ; retomber sur la pointe des pieds en donnant une certaine souplesse aux jambes, mais sans fléchir les genoux. et continuer le mouvement.

La cadence est laissée à la volonté et à l'aptitude de l'élève. mais on ne doit pas trop la précipiter.

* *Sautillez sur place en portant un pied en avant et l'autre en arrière,* — MARCHE.

1. S'élever sur la pointe des pieds en les réunissant, les jarrets tendus, le haut du corps légèrement en avant, les mains sur les hanches.

2. Sautiller sur la pointe des pieds en donnant une certaine flexibilité aux extrémités inférieures, et en portant simultanément un pied en avant et l'autre en arrière.

L'écartement des jambes doit être basé sur la taille des élèves, et ne pas dépasser soixante-dix centimètres pour ceux qui ont acquis toute leur croissance.

* *Marche gymnastique,* — MARCHE.

Au commandement d'avertissement, se dresser sur la pointe des pieds, porter le haut du corps en avant en le penchant légèrement à droite, pour permettre à la jambe gauche de se soulever plus aisément; placer les mains sur les hanches, les coudes en arrière.

Au commandement de *marche* : élever horizontalement la cuisse gauche, la jambe pendant naturellement, la pointe du pied baissée.

Poser la pointe du pied à terre à une distance en avant proportionnelle à la taille de l'élève, et continuer le mouvement par la jambe droite, en comptant *un*, à l'instant où le pied se lève, et *deux* au moment de le poser.

Au début, la cadence doit être très-lente ; pour les enfants de 10 ans on peut la porter à cent à la minute.

Course d'assistance par trois ou par cinq. — Pour cette course les enfants sont placés par trois et les uns derrière les autres; un petit enfant entre deux plus grands qui lui donnent la main.

La course par cinq se fait par deux petits enfants et trois grands : un de ces derniers se place au centre, les deux autres aux extrémités ; tous se donnent la main. On met les enfants en marche en leur faisant cadencer *le pas* à haute voix et en comptant *un* pour poser le pied gauche, et *deux* pour poser le pied droit. Puis on accélère insensiblement le rhythme de cette marche pour arriver à une vitesse de cent et trente à la minute. Arrivés à une vitesse qui dépasse cent à la minute, les élèves ne doivent plus cadencer la marche à haute voix, il doit leur être recommandé au contraire, de tenir la bouche fermée et de ne respirer que par le nez. — Principe à observer dans toutes les courses.

On doit recommander aux grands enfants de proportionner la longueur du pas à la taille de leurs petits camarades.

Course d'assistance au bâton. — On se sert pour cet exercice d'un bâton long d'un mètre ou un peu plus, et d'un diamètre de 2 centimètres environ.

Deux des plus grands enfants prennent chacun une extrémité du bâton ; un ou deux autres plus petits, moins agiles ou plus jeunes, se placent au centre et saisissent le bâton des deux mains.

Les enfants étant ainsi placés par trois ou par quatre et les uns derrière les autres, à dix pas de distance entre chaque groupe, le professeur les met en marche en augmentant insensiblement l'allure pour arriver à celle de 130 à la minute.

Course d'assistance à la corde. — Cette course est une variante de celles qui précèdent ; une corde d'un diamètre de deux centimètres et d'une longueur de six à sept mètres suffit pour l'application de cet exercice.

Deux des plus grands enfants prennent ensemble la même extrémité de la corde et la porte sur l'une ou l'autre épaule. Les petits enfants tiennent la corde d'une main, en se plaçant alternativement l'un à droite, l'autre à gauche de la corde et de manière à se trouver en nombre égal de chaque côté.

A l'instant où le professeur les met en marche, ils partent du pied gauche en courant sur la pointe des pieds et en cadençant bien le pas.

Les enfants de 5 à 7 ans ne doivent jamais être astreints à franchir à la course une distance de plus de cinquante pas ; pour chaque âge suivant, cette distance peut être augmentée de cinquante pas.

Saut par trois. — Pour cet exercice, on trace sur le sol une ligne représentant le point de départ du saut. Les enfants sont disposés comme pour la course par trois.

Les groupes se mettent en marche à la course ; arrivés près de la ligne de démarcation, les élèves fléchissent les extrémités inférieures, donnent une extension subite, mais souple, aux muscles des jambes et sautent, le plus loin possible, en fléchissant à l'instant où la pointe des pieds rencontre le sol et en évitant de toucher ce dernier du talon ; puis ils se redressent et se remettent en marche à la course pour s'arrêter à 15 ou 20 pas plus loin.

Il doit être recommandé aux grands enfants de ne pas sauter trop loin et de soulever leurs petits camarades au moment de l'extension.

Étant à genoux, se relever sans déranger la position des pieds. Pour ce jeu, les enfants sont placés en ligne ou en cercle ; puis le professeur, après les avoir fait mettre à genoux, leur dit de se relever.

Ramenez le plus posible la pointe des pieds en avant ; porter le corps en arrière en imprimant une extension aux muscles des extrémités inférieures et se relever, sans déranger la position des pieds.

EXERCICES LIBRES EN MARCHANT.

1° *Marcher par le flanc par un.* Les élèves étant placés en une file, le professeur commande : *En avant,* — Marche.

1. Avancer le corps en le penchant très-légèrement à droite et en portant son poids sur la jambe droite.

2. Porter la jambe gauche en avant, la pointe du pied baissée et légèrement tournée en dehors ; pencher en même

temps le haut du corps en avant, poser le pied à plat à 40 centimètres [1] du pied droit, tout le poids du corps reposant sur le pied qui pose à terre et continuer à marcher ainsi, sans que les jambes se croisent et en conservant la tête droite.

La cadence est de cent à la minute; pour les garçons et les jeunes gens, elle peut être portée à cent et vingt.

Les enfants étant en marche, le professeur leur dit de cadencer le pas en comptant de un à huit pour recommencer à compter *un* au neuvième pas. Il les laisse marcher, soit autour de la salle, soit autour du jardin ou de la cour, un certain nombre de fois huit pas; puis il leur dit :

2° *Battez des mains* : En marchant, ce mouvement s'exécute de la même manière que sur place. Les élèves tapent huit fois des mains; puis, ils font huit pas avec les bras placés dans la position ordinaire, tapent de nouveau dans les mains en comptant *un* au neuvième pas, et continuent à alterner ainsi jusqu'à ce que le professeur ordonne un autre mouvement.

3° *Placez les mains sur les épaules de l'élève précédent.* — A cet avertissement, chaque élève achève de compter jusqu'à huit, place les mains sur les épaules de l'élève qui le précède, marche de nouveau huit pas dans cette position, descend les bras au huitième pas, fait huit pas de la marche ordinaire pour replacer les mains sur les épaules au neuvième, et ainsi de suite.

Le professeur a soin de laisser parcourir aux enfants vingt-quatre pas au moins avant d'ordonner un nouveau mouvement, puis il fait continuer la leçon en alternant toujours les mouvements avec la marche ordinaire et en commandant successivement :

[1] A partir de dix ans, la longueur du pas peut être de cinquante centimètres, et de 60 à 65, pour les garçons âgés de 13 ans et au delà.

4° *Croisez les mains dans la nuque.* Avoir soin de faire porter les coudes en arrière.

5° *Tapez du pied au huitième pas;*

6° *Étendez les bras en avant;*

7° *Étendez les bras latéralement;*

8° *Marchez sur la pointe des pieds.*

Observation. A cette leçon, le professeur ajoute d'autres petits exercices qui peuvent s'exécuter en marchant et qui n'offrent pas de trop grandes difficultés pour les enfants de 5 à 7 ans.

EXERCICES D'ORDRE.

Croisez les bras. Les enfants, placés sur deux rangs et par le flanc, se donnent mutuellement la main droite et la main gauche, le bras gauche de l'élève de droite et le bras droit de l'élève de gauche se croisent; ce dernier bras est placé devant l'autre.

Lorsque les enfants sont sur trois, quatre ou sur un plus grand nombre de rangs, les bras se croisent d'après les mêmes principes, excepté que les élèves, qui se trouvent au centre, se bornent à écarter latéralement les bras du corps, en ayant soin de placer le bras droit devant le bras gauche de leur voisin de droite; les élèves rangés aux extrémités placent le bras resté en liberté comme pour croiser les bras par deux.

Le mouvement de croiser les bras, en apparence fort compliqué, est très-simple; lorsque les enfants le font pour la première fois, le professeur leur ordonne d'ouvrir les bras, il s'assure ensuite si tous les bras droits sont bien placés devant les bras gauches, puis il dit aux enfants de se donner la main.

Marche cadencée. Pour la marche, les enfants sont habituellement placés par le flanc par deux ou par quatre; on range les petits en tête, afin d'empêcher les grands de marcher trop vite. Après avoir fait croiser les bras, le professeur prévient les élèves qu'au commandement de *marche*, ils doivent partir du pied gauche; puis il commande : *En avant,* — MARCHE. Les enfants se mettent en marche en comptant en cadence de 1 à 8 et en recommençant à compter *un* au neuvième pas. Dans cet ordre, le professeur fait marcher en ligne, en cercle ou en serpentine. Il fait aussi lâcher les mains et croiser les bras en marchant; d'autres petits mouvements peuvent se faire en marchant les bras croisés, tels par exemple, que la marche gymnastique ou la marche sur la pointe des pieds qu'on alterne avec la marche ordinaire.

Conversions [1]. Lorsque les enfants connaissent les exercices qui précèdent combinés avec la marche cadencée, le professeur les met en marche par le flanc par deux, puis il va se placer à quelques pas en avant de ceux qui marchent en tête et les prévient de marcher droit devant eux. Arrivés près du professeur, la première

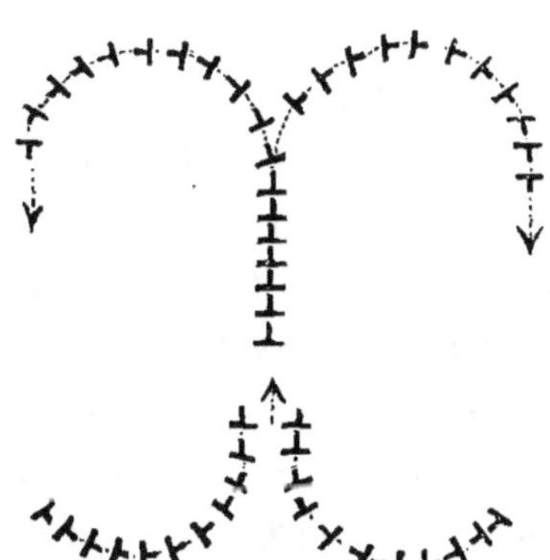

---

[1] On appelle *conversion* un quart de tour exécuté par plusieurs élèves marchant en ligne (les uns à côté des autres).

file de deux tourne à droite en passant devant le professeur, la deuxième file fait encore quelques pas, tourne à gauche ; les deux files marchent ainsi en sens opposé et dans une direction qui forme angle droit avec la direction primitive ; puis elles tournent de nouveau l'une à droite, l'autre à gauche pour marcher dans une direction opposée et parallèle à celle d'où elles sont venues. Toutes les files impaires tournent à droite et toutes les files paires à gauche et suivent les traces de celles qui les précèdent. Le mouvement terminé, les files se trouveront en marche sur deux colonnes ; arrivées à l'autre extrémité de la salle ou du champ d'exercice, elles conversent, l'une deux fois à droite, l'autre deux fois à gauche pour se réunir par quatre au centre, où elles croisent les bras par quatre en marchant et se dirigent de nouveau sur le professeur. La figure ci-contre indique le même mouvement mais par un et par deux.

Le professeur fait exécuter à cette colonne par quatre, les mouvements exécutés par la colonne par deux, pour les réunir ensuite par huit et il continue à les former par 16, 32 ou plus, selon le terrain dont il dispose.

Pour replacer les élèves sur deux rangs, le professeur procède d'une manière inverse : supposons les élèves en marche par huit, bras croisés ; ils se dirigent vers le professeur où les deux élèves du centre lâchent les mains, puis les deux groupes de quatre conversent l'un deux fois à droite, l'autre deux fois à gauche, se dirigent sur deux colonnes vers le point d'où ils sont partis, tournent comme précédemment de nouveaux deux fois à droite et deux fois à gauche, mais au lieu de se réunir par huit, les groupes pairs se placent derrière les groupes impairs. La colonne ainsi formée, sera de quatre élèves que le professeur formera ensuite par deux de la même manière.

Pour former les élèves de deux rangs sur un seul, on procède d'une manière identique, en faisant marcher un rang à droite et l'autre à gauche, et, pour revenir, les élèves du second rang marchent derrière ceux du premier.

JEUX.

Aux jeux précédemment indiqués, on pourra ajouter pour les enfants de 5 à 7 ans :

1° *Se former en cercle et sautiller en se donnant la main;*

2° *L'imitation.* — Pour ce jeu, les enfants marchent par le flanc sur un rang à une distance de trois pas. Le plus espiègle ou le plus adroit marche le premier, exécute les mouvements gymnastiques connus, fait le simulacre de semer, de faucher, de battre le grain, etc., etc.; les autres enfants marchent derrière et imitent le premier.

3° *Les prisonniers.* — On forme un cercle d'au moins vingt élèves; deux ou trois élèves sont placés au centre. Ceux qui forment le cercle se donnent les mains en les élevant pour engager les prisonniers à sortir du cercle, mais dès que ces derniers arrivent à proximité, ils baissent les mains et fléchissent les jambes, ce qui signifie qu'il y a *barrière*. L'élève qui laisse sortir un prisonnier, cède sa place à ce dernier et devient prisonnier à son tour. Pour que les prisonniers ne se fatiguent pas trop, on les remplace de cinq en cinq minutes.

4° *La poursuite.* — Les enfants sont dispersés; l'un deux, tenant à la main un mouchoir, poursuit les autres et cherche à en atteindre un en lui donnant un coup du mouchoir; celui qui a été touché, devient poursuivant, l'autre rentre parmi les dispersés et le jeu continue.

5° *Les balles arrêtées dans le cercle.* — Les élèves, au nombre de 20 à 30 et placés en cercle, se donnent la main. Au centre du cercle sont posées deux ou trois balles en cuir et d'un diamètre minimum de 9 centimètres ; un élève est désigné pour faire sortir du cercle les balles en les poussant du pied. Les élèves formant le cercle empêchent, au moyen du pied à désigner par le professeur, les balles de sortir du cercle. L'élève qui laisse sortir une balle ou qui la renvoie dans le cercle en se servant du pied que l'on n'a pas désigné, remplace l'élève du centre et ce dernier va reprendre sa place.

6° *Jeux divers*. — Voir parmi les nombreux jeux prescrits à l'article « école primaire » ceux qui peuvent convenir aux enfants de 5 à 7 ans.

ÉCOLES PRIMAIRES.

Programme pour garçons de 7 à 10 ans.

EXERCICES LIBRES.

Position : Position de station.

Flexions : Flexions des avant-bras. — flexion d'une jambe sur la cuisse, — étendre les bras en arrière, — balancer les bras latéralement. — flexion de la tête en avant, en arrière, à droite et à gauche, — lever une jambe en avant, — en arrière, — latéralement, — légère flexion du corps en avant, en arrière et latérale.

Extensions : Extension verticale d'une épaule, — même mouvement de chaque épaule alternativement, — simultanément, — extension latérale des épaules, — extension latérale des avant-bras, — écarter graduellement les pieds, — extension verticale des bras.

Rotations : Rotation du corps à droite et à gauche, — rotation des bras.

Circumduction : Circumduction d'un bras en avant et en arrière.

Exercices d'équilibre : Soulever une jambe et le bras opposé.

Pas : Simuler le pas sur place, — pas gymnastique accéléré sur place, — changer le pas, — pas de côté, — pas raccourci, — pas en trois temps.

Marches : Marche ordinaire, — marche de géant, — marche gymnastique accélérée.

Courses : Course galopante.

Sauts : Principes, — mouvements préparatoires.

Luttes : Luttes des deux mains, les doigts croisés.

Exercices d'ordre fondamentaux : Alignements, — faire face à droite ou à gauche, — doubler en marchant par le flanc, — dédoubler, — marche en spirale, — marche en serpentine.

Exercices libres en marchant; 1re leçon : Marcher par le flanc, — placer les mains sur les épaules de l'élève précédent, — abaisser les mains, — placer les mains sur les hanches, — descendre les mains, — marcher sur la pointe des pieds, — croiser les mains sur la nuque, — descendre les bras, — les quatre extensions, — battre des mains.

2e leçon (voir la leçon en musique) : Étendre les bras en avant, — de côté, — élever les bras en avant, — latéralement, — balancer les bras latéralement, — flexion et extension des avant-bras sur les bras, — extension des bras en l'air, — marche gymnastique.

JEUX.

Toucher le troisième, — chat et souris, — sauts non interrompus, — la poursuite traversée. — sauts obligés dans le cercle, — course à l'extérieur du cercle, — jeux divers (prendre dans les jeux indiqués, ceux qui conviennent pour cet âge).

PROMENADES.

EXERCICES TACTIQUES.

Ecole de compagnie : Formation d'une compagnie [1], — formation en ligne, — place des élèves remplissant des fonctions. — formation en colonne, — marcher par le flanc, — arrêter la compagnie marchant par le flanc et la mettre face en avant, — dédoubler les files en marchant par le flanc, — doubler les files en marchant par le flanc, — changer de direction par file, — conversions et changements de directions, — étant en marche par le flanc, former la compagnie en colonne, — — la colonne étant en marche, la faire marcher par le flanc dans la même direction, — marcher en colonne, — arrêter la colonne.

Garçons de 10 à 13 ans.

POSITIONS.

Position : de sustentation latérale, — monopède.

EXERCICES LIBRES.

Flexions : Flexions des deux jambes, pointes des pieds écartées, — flexion d'une jambe, l'autre ployée en arrière, — toucher le sol d'un genou, — flexion d'une jambe, l'autre

[1] On ne doit pas apprendre aux enfants de cet âge tous les détails sur les formations, il suffit de les placer sur deux rangs et d'indiquer les différentes divisions.

étendue en avant, — flexion d'une jambe, l'autre étendue en arrière.

Extensions : Extension des bras en avant, — alternativement, — simultanément, — les quatre extensions des bras, — extension verticale des bras avec flexion des jambes.

Rotations : Rotation de la tête, — rotation de la jambe tendue, — rotation du pied.

Circumductions : Circumduction du tronc, — circumduction des poignets, — circumduction de la jambe tendue, — circumduction du pied, — circumduction des deux bras successivement, — circumduction des deux bras simultanément.

Exercices d'équilibre : Soulever une jambe et circumduction d'un ou des deux bras, — mêmes mouvements en saisissant le cou-de-pied ou la cuisse d'une main, — dans ces diverses positions, exécuter des extensions avec le bras resté libre, — croiser les doigts sur le tibia et rapprocher le genou du menton, — lutte des doigts croisés sur une jambe.

Pas : Pas en quatre temps.

Marches : Marcher en avant ou en arrière sur la pointe des pieds, les jarrets tendus, — marcher en avant ou en arrière sur les talons, — marche rompue.

Courses : Course sur place, — course cadencée.

Sauts : Écarter les pieds simultanément, — saut sur place en fléchissant les jambes en avant, — saut sur place en fléchissant les jambes en arrière, — saut en avant ou en arrière pieds joints, — sauts de côté vers la droite (ou gauche) — saut en largeur avec élan, — saut en hauteur avec élan.

Luttes : Lutte d'une main, les doigts croisés, — luttes des phalanges.

Exercices d'ordre fondamentaux : le 1/8, le 1/4, le 1/2 tour,

— le demi-tour en marchant, — en s'arrêtant, — passer de la marche de front à la marche de flanc et réciproquement.

Exercices libres en marchant, 3e leçon : Doubler par deux, — croiser les bras, — simuler le pas gymnastique, — marche gymnastique, — marche ordinaire, — marche sur la pointe des pieds, — reprendre la marche ordinaire, — taper du pied au huitième pas, — marche par un, — en cercle, — en spirale, — en serpentine, — former sur quatre rangs.

JEUX

Marche accroupie ou pas de polichinelle, — rompre la chaîne, — le perché, — jeux divers (prendre dans les jeux indiqués, ceux qui conviennent pour cet âge).

EXERCICES AUX INSTRUMENTS.

Lutte de traction aux petits bâtons, — lutte à la corde, — lutte à la perche, — lutte des deux perches.

Canne : Position horizontale, — en place repos, — position oblique, — prendre la distance, — déposer la canne et la reprendre, — extension en avant, — extension latérale, — extension latérale à hauteur des épaules, — par la main droite porter la canne obliquement derrière le dos, — porter la canne horizontalement derrière le dos, — par la main gauche porter la canne verticalement derrière le dos, — porter la canne derrière le dos à volonté, — rotation du corps, — porter la canne derrière le dos en quatre temps, — grande flexion en avant, en arrière, latérale.

Une leçon de canne en marchant : En position horizontale, — en position oblique, — porter la canne horizontalement devant les épaules, — au-dessus de la tête, — extension en avant, — extension latérale, — extension latérale à hauteur des épaules, — porter la canne verticalement près de l'épaule droite, — porter la canne horizontalement dans la nuque. — lâcher la canne de la main gauche et la porter de la main droite verticalement près de l'épaule droite.

Dans cette dernière position, exécuter la marche en cercle, en spirale, en serpentine.

Porter la canne entre le dos et les coudes, — exécuter dans cette position : Simuler le pas gymnastique, — marche gymnastique, — course cadencée,

Exercices d'assistance à la canne : Les demi-cercles alternatifs, — simultanés, — simultanés avec flexion des jambes, — en faisant alternativement face à droite et face à gauche, — alternatifs avec grande flexion, — lutte, — mouvement tournant.

Fossé-sautoir : Saut en largeur sans élan, — saut en largeur avec élan.

EXERCICES AUX APPAREILS.

Perches verticales fixes : Se soulever au moyen d'une perche de chaque main, — se soulever des deux mains à la même perche.

Perches vacillantes : Écartement des perches, — position pour grimper, — monter par une perche.

Corde lisse : Se soulever des deux mains, — étant suspendu, allonger et fléchir alternativement les bras, — placement des pieds.

Mât : Monter en croisant les bras et les jambes, — monter en plaçant le mollet d'une jambe devant, et le cou-de-pied de l'autre, derrière.

Échelle oblique : Monter par devant face à l'échelle, les pieds sur les échelons, les mains aux montants; descendre de même, — monter par devant et descendre le dos tourné à l'échelle, — monter et descendre à cheval sur les montants, — se suspendre au montant et soulever le corps.

NATATION.

Mouvements préparatoires.

EXERCICES D'ORDRE TACTIQUE.

Ecole de compagnie : Ouvrir les rangs, — serrez les rangs, — marche en ligne, — marche oblique, — arrêter, — faire demi-tour en arrêtant la compagnie, — face par le second rang, — marche en ligne en retraite, — la compagnie étant en ligne, rompre en colonne, de pied ferme ou en marchant, — demi-tour en marchant, — rompre les pelotons, — former les pelotons, — former la colonne à droite ou à gauche en ligne.

L'appendice contient un certain nombre d'exercices à des instruments et à des appareils tolérés pour cet âge.

*****Garçons de 13 à 16 ans.**

EXERCICES LIBRES.

Flexions : Grande flexion du tronc en avant, en arrière et latérale, — élévation latérale des bras avec flexion des jambes; — joindre les mains derrière le dos et allonger les bras, — grande flexion oblique.

Extensions : Lancer un pied en avant et en l'air, — extension des bras avec grande flexion oblique.

Circumductions : Circumduction des avant-bras, — circumduction de la jambe ployée, — circumduction de la tête.

Marches : Marche pyrrhique, — marche militaire, — marche athlétique (ou des gladiateurs).

Courses : Course à volonté, — course avec fardeaux.

Luttes : Lutte des phalanges par assis, — lutte des poignets croisés, — lutte des avant-bras, — lutte des épaules.

JEUX.

Le brancard improvisé, — la chaise à porteurs, — le double brancard improvisé, — sauts à califourchon, — balle à califourchon, — les cavaliers surveillés, — le perché, — étant assis, essayer de se relever sans ramener les jambes sous le corps, — jeux divers (prendre dans les jeux indiqués, ceux qui conviennent pour cet âge).

EXERCICES AUX INSTRUMENTS.

Canne : Porter la canne entre le dos et les coudes et flexion des deux jambes, — passer les jambes puis le corps entre les bras et la canne, — même mouvement en sens inverse, — porter la canne au-dessus de la tête avec mouvement d'à-fond, — porter la canne derrière le dos avec mouvement d'à-fond, — porter la canne verticalement près de l'épaule avec mouvement d'à-fond.

Sautoir mobile : Saut en hauteur sans élan, — saut en hauteur avec élan, — saut avec la canne : la canne en position horizontale, — la porter pendant le saut, de la position horizontale à la position horizontale au-dessus de la tête, — de la position horizontale, derrière le dos, — la canne étant derrière le dos, la reporter à la position ordinaire.

Sautoir mobile et fossé-sautoir combinés : Saut en hauteur et en largeur, — saut en largeur et en hauteur.

Appuis pour les sauts en profondeur : Saut en profondeur, — saut en profondeur en arrière.

Sauts à la perche : Exercices préparatoires, — sauts sans interruption.

EXERCICES AUX APPAREILS.

Perches verticales fixes : Monter entre les perches à l'aide des mains seules, — monter entre les perches à l'aide des pieds et des mains, — même mouvement mais descendre par saccades, – monter et descendre par saccades.

Perches vacillantes : Monter à une perche avec déplacement alternatif des jambes, — grimper à une perche et descendre par l'autre, — grimper à une perche et descendre entre les deux, en déplaçant les mains simultanément, — grimper à une perche et descendre à l'aide des mains seulement, — monter entre les perches en déplaçant alternativement les mains, — monter et descendre entre les deux perches par saccades.

Corde lisse : S'élever à l'aide des pieds et des mains.

Mât : Monter en plaçant une jambe de chaque côté du mât, — ployer fortement les jambes en écartant les genoux et serrer le mât entre la plante des pieds, — descendre à l'aide des jambes seules.

Terrains à pentes inclinées : Marche ascendante, — marche descendante, — course ascendante, — course descendante.

Exercices d'équilibre sur l'échelle couchée : marcher et courir sur les échelons.

Échelle oblique : se suspendre d'une main à un échelon, — monter par les montants sans le secours des pieds et en déplaçant les mains successivement, — monter par les montants, en déplaçant les mains simultanément.

Planche d'assaut : Se soutenir, pendant un temps déterminé, suspendu par les phalanges à un échelon, — monter deux, trois ou quatre échelons au plus, sans se servir des pieds, — monter en se servant des pieds et des mains.

Vieux mur : Assaut au mur.

Fardeaux : Transport de différents fardeaux.

NATATION.

Application.

EXERCICES D'ORDRE TACTIQUE.

Ecole de compagnie : Ployer la compagnie en colonne, — contre-marche, — former les pelotons de pied ferme, — serrer la colonne en masse, — prendre les distances, — changer de direction par le flanc, — colonne de route, — former la colonne, sur la droite ou sur la gauche en ligne, — déployer la colonne, — former le carré, — rompre le carré.

L'appendice contient un certain nombre d'exercices à des instruments et à des appareils tolérés pour cet âge.

> ÉCOLES NORMALES, ATHÉNÉES, COLLÉGES ET ÉCOLES MOYENNES.

EXERCICES AUX INSTRUMENTS.

Sauts à la perche, — sauts avec fardeaux.

EXERCICES AUX APPAREILS.

Perches vacillantes : Grimper à une perche et descendre à l'aide des jambes seules.

Corde lisse : Exécuter à la corde certains exercices prescrits aux perches.

Exercices d'équilibre sur l'échelle couchée : Exercices divers sur les montants.

Échelle oblique : Monter par les échelons en déplaçant les mains alternativement, — monter par derrière, les pieds et les mains aux échelons, — monter une main à un échelon et l'autre au montant, — monter à l'échelle par derrière, les bras en supination, la paume des mains tournée vers la figure, — monter les deux mains à un seul montant, — monter par devant au moyen de la sustentation des mains sur les échelons, les jambes le long des montants, descendre à cheval sur les montants.

Vieux mur : Assaut au mur à volonté, — saut en profondeur en s'aidant des mains.

Échelle horizontale : Suspension transversale, — avancer et reculer en suspension transversale, — même mouvement par saccades, — suspension latérale et appuyer à droite et à gauche, — suspension latérale et élever la tête au-dessus du montant, — suspension latérale par les échelons, — appuyer, étant dans la suspension latérale aux échelons, — aller en avant par les échelons dans la suspension transversale, — suspension latérale aux échelons et se diriger par brasses vers l'autre extrémité, — suspension par les phalanges,

Fardeaux : Manières de placer un enfant qu'il s'agirait de sauver d'un danger :

1° Placer l'enfant sous l'un ou l'autre bras ; 2° porter l'enfant sur le dos ; 3° placer l'enfant à cheval sur les épaules ; 4° asseoir l'enfant sur une épaule, les jambes pendantes en avant ; 5° placer un enfant à cheval sur chaque épaule.

Manières de ramasser et de transporter un malade ou un blessé.

Barres parallèles : — 1° Sustentation ordinaire (appui transversal); — 2° aller en avant avec mouvements des jambes; — 3° aller en avant par saccades; 4° aller en avant par saccades, jambes tendues; — 5° saut en appui transversal et flexions des extrémités; — 6° de l'appui transversal, bras tendus, passer à l'appui latéral; — 7° passer de l'appui, bras tendus, à l'appui fléchi et réciproquement; — 8° mouvements des jambes étant dans l'appui transversal, bras tendus; — 9° balancement dans l'appui transversal, bras tendus; — 10° prendre le siége transversal; — 11° Avancer dans la position siége transversal; — 12° appui fléchi sur les coudes; — 13° avancer en appui fléchi; — 14° appui couché face aux barres; — 15° siéges latéraux; — 16° franchir les barres latéralement.

EXERCICES D'ORDRE TACTIQUE.

Tous les mouvements de l'école de compagnie et de l'école de bataillon. Les élèves des écoles précitées pourront exécuter tous les exercices aux appareils indiqués à l'appendice et dont l'usage est toléré.

SIGNES CONVENTIONNELS.

Ecole primaire.

Les exercices pour les élèves de 7 à 10 ans sont précédés d'un astérisque (*); ceux pour les élèves de 10 à 13 ans de deux * * et ceux pour les élèves de 13 à 16 ans de trois * * *. Chaque catégorie d'élèves exécute en outre les exercices prescrits pour les âges précédents.

Ecoles normales, athénées, colléges et écoles moyennes.

Les exercices pour les élèves de 16 ans et au-delà sont précédés du signe >; ces élèves exécutent tous les exercices des âges précédents, excepté ceux pour jardins d'enfants.

L'ordre dans lequel les exercices sont décrits va du simple au composé et, les mouvements se succédant par catégorie, cet ordre se classera facilement dans la mémoire. Cependant, dès que les élèves auront parcouru tout un chapitre, cette succession de mouvements ne devra plus être invariablement observée, le professeur pourra alors réunir quelques mouvements pour combiner des leçons d'ensemble, en s'attachant, toutefois, à faire fonctionner les extrémités supérieures pendant que les extrémités inférieures se reposent, et réciproquement.

La répartition des exercices, comme nous l'avons vu précédemment, repose sur des conditions physiologiques, sur l'âge des enfants etc.; mais lorsqu'il ne s'agit pas de l'emploi des appareils, on ne doit rien y voir d'absolu : il appartient au professeur de juger si une classe d'élèves s'exerçant journellement et parvenue à exécuter avec aisance et dans la perfection tous les exercices prescrits pour cet âge, ne doit pas continuer à développer ses forces, entamer l'étude d'un certain nombre d'exercices de l'âge suivant.

EXECICES LIBRES, — JEUX, — EXERCICES AUX INSTRUMENTS, AUX APPAREILS, — NATATION, — EXERCICES D'ORDRE TACTIQUES, — APPENDICE.

EXERCICES LIBRES.

> « De l'aveu unanime des hommes compétents, ce sont les véritables exercices gymnastiques des écoles inférieures. Leur utilité dans la vie pratique est aussi manifeste que leurs bons effets sont immédiats dans l'éducation de la jeunesse. » (Dr N. Theis.)

POSITIONS, — FLEXIONS, — EXTENSIONS, — ROTATIONS, — CIRCUMDUCTIONS, — EXERCICES D'ÉQUILIBRE, — PAS, — MARCHES, — COURSES, — SAUTS, — LUTTES, — EXERCICES D'ORDRE FONDAMENTAUX, EXERCICES LIBRES EN MARCHANT.

POSITIONS.

★ *Position de station à droite* (ou à gauche), — Un.

Faire un pas oblique à gauche en portant le pied gauche à distance du talon droit égale à la longueur du pied de l'élève, le corps portant également sur les deux jambes, les mains fermées, la tête tournée légèrement à droite. La position de station à gauche se prend d'après les mêmes principes, mais par les moyens inverses.

La position de station doit se prendre du côté du bras avec lequel on va travailler ; pour faire usage des deux bras, on conserve la position ordinaire, ou bien, on prend la position de « *Sustentation latérale,* » qui s'obtient en écartant latéralement les deux jambes de 40 à 50 centimètres suivant la taille des élèves.

La base de sustentation est l'espace compris entre les différents points par lesquels le corps est en contact avec le sol ou
l'objet sur lequel il s'appuie. L'équilibre est d'autant plus
stable que la base de sustentation est plus large.

★ ★ La position sur une jambe s'appelle *station monopède*.

L'élève doit être astreint à bien observer les différentes
positions ; c'est par elles qu'on lui donnera l'allure et le
maintien qui distinguent le jeune homme habitué aux exercices du corps.

FLEXIONS.

★ *Fléchissez les avant-bras sur les bras*, — Un.

1. Soulever les poings et les porter près des épaules en
ployant les avant-bras, les bras restant près du corps à leur
position verticale.

2. Descendre les poings et reprendre la position.

Cadence de 100 à la minute.

★ *Fléchissez la jambe gauche* (ou droite) sur la cuisse, — Un.

1. Placer les mains sur les hanches, soulever la jambe en
arrière et la fléchir sur la cuisse en portant le genou légèrement en avant.

2. Reprendre la position sans frapper le talon.

Cadence de 100 à la minute.

★ *Étendez les bras en arrière*, — Un.

1. Étendre les bras en arrière, les mains fermées, les ongles
tournés vers la terre et les élever jusqu'à la position horizontale,
en tenant fortement les muscles du coude. — Inspirer fortement.

2. Laisser retomber les bras en expirant et continuer lentement le mouvement.

Cadence de 100 à la minute.

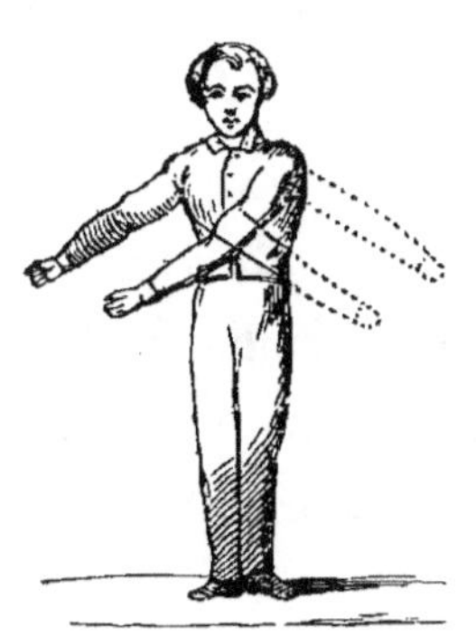

Balancez les bras latéralement, —— Un.

1. Pencher le corps légèrement en avant et tendre le bras droit à droite à hauteur de l'épaule; le bras gauche fléchissant pour suivre le mouvement.

2. Balancer les bras à gauche à hauteur de l'épaule, le bras gauche tendu, le bras droit ployé.

Continuer le mouvement à la cadence de 100 à la minute.

* *Flexion de la tête en avant* (en arrière à droite ou à gauche), — Un.

En avant 1. Rapprocher lentement le menton du cou en inclinant la tête en avant.

2. Redresser la tête à sa position naturelle.

* *En arrière* 1. Incliner la tête en arrière sans brusquer le mouvement.

2. Redresser la tête à sa position.

A droite ou à gauche. Fléchir le cou en inclinant la tête à droite ou à gauche, puis la redresser lentement pour reprendre la position.

Les flexions de la tête ne doivent pas se répéter plus de quatre fois de chaque côté. Cet exercice pouvant provoquer des étourdissements, on doit en user avec beaucoup de modération et n'en accélérer la cadence que jusque 60 à la minute.

* *Levez la jambe gauche* (ou droite) *en avant,* — Un.

1. Tendre le jarret gauche et lever la jambe de manière à la rapprocher de la position horizontale.

2. Reporter le pied à sa position sans ployer la jambe et sans frapper du talon.

Lorsque les élèves ont acquis l'habitude de maintenir l'équilibre sur une jambe, on exécute ces exercices les mains placées sur les hanches.

Cadence de 80 à la minute.

* *Levez la jambe gauche* (ou droite) *en arrière*, — UN.

1. Placer les mains sur les hanches, lever la jambe tendue en arrière, en penchant le moins possible le corps en avant.

2. Reporter la jambe à côté de l'autre et sans frapper du talon.

* *Levez latéralement la jambe gauche* (ou droite), — UN.

1. Écarter la jambe gauche, le jarret tendu et la lever de manière à la rapprocher de la position horizontale et sans pencher le corps à droite.

2. Reprendre la position.

Cet exercice et le précédent s'exécutent à une cadence de 80 à la minute.

* *Légère flexion du corps en avant* (en arrière et latérale), — UN.

En avant. 1. Expirer en inclinant le tronc en avant de manière à former, avec la direction primitive, un angle de 90°.

2. Redresser le corps en inspirant fortement.

* *En arrière.* 1. Porter le tronc légèrement en arrière jusqu'à ce que son inclinaison forme un angle de 50 à 60° avec la direction primitive.

2. Se redresser et prendre la position.

* *Flexion latérale.* Incliner le tronc à droite ou à gauche sans porter l'épaule extérieure en avant ni en arrière ; dans ce

mouvement le tronc ne doit fléchir que jusqu'à 40 ou 50° seulement.

Les flexions du tronc se font les mains sur les hanches, les coudes en arrière et à une cadence qui ne doit pas dépasser 60 à la minute.

★★ *Flexion des deux jambes,* — Un.

1. Se dresser sur la pointe des pieds, porter le corps légèrement en avant pour maintenir l'équilibre, écarter les genoux et fléchir lentement jusqu'à ce que le talon touche le haut des cuisses, rester un instant en équilibre sur la pointe des pieds, les bras le long du corps.

2. Se redresser sans toucher le sol des talons pour recommencer la même flexion.

Cadence de 60 à la minute.

On exécute ensuite cet exercice les mains sur les hanches.

★★ *Flexion de la jambe droite* (ou gauche) *l'autre ployée en arrière,* — Un.

1. Ployer la jambe gauche en arrière et saisir le cou-de-pied de la main gauche, le talon touchant la cuisse.

2. Porter le haut du corps légèrement en avant, fléchir la jambe droite jusqu'à ce que la cuisse touche le mollet ou le talon s'il est possible, tout le corps reposant sur la pointe du pied droit.

Les élèves comptent *un* pour se relever et *deux* pour fléchir de nouveau.

Cadence lente et à volonté.

★★ *Toucher le sol du genou droit* (ou gauche), — Un.

Cet exercice est une répétition du précédent, excepté que le genou de la jambe fléchie doit toucher légèrement le sol.

Il est bon de répéter de temps en temps cet exercice qui est très-amusant et d'une grande utilité pour apprendre à maintenir l'équilibre sur une jambe.

★★ *Flexion de la jambe gauche, la jambe droite étendue en avant,* — Un.

1. Élever le pied droit de manière que la jambe droite forme à peu près un angle droit avec le corps.

2. Commencer à fléchir la jambe gauche en portant les bras insensiblement en avant, descendre lentement jusqu'à ce que le haut de la cuisse touche le talon gauche, le talon droit ne rencontrant pas le sol; se tenir un instant en équilibre sur la pointe du pied gauche et se redresser en conservant la jambe droite étendue pour recommencer le mouvement.

Après avoir fait répéter plusieurs fois cet exercice sur l'une ou l'autre jambe alternativement, le professeur apprend aux élèves à changer la position respective des jambes *sans se relever*. A cet effet, l'élève donne une légère extension à la jambe qui est sous le corps et retombe en équilibre sur la pointe du pied de la jambe qui était étendue. Ces mouvements s'exécutent alternativement aux commandements de Un, Deux.

C'est ce que l'on appelle le pas de polichinelle. L'équilibre étant difficile à conserver dans cet exercice par suite du déplacement continuel du centre de gravité, on aura soin, dans les débuts, de former les élèves en cercle ou de leur faire prendre la petite distance, pour pouvoir exécuter les mouvements alternativement par les numéros pairs et par les numéros impairs, en obligeant ceux qui restent debout, à soutenir les autres par la main.

Le professeur commandera : *Numéros pairs* (ou impairs) *flexion de la jambe droite* (ou gauche), etc.

Flexion de la jambe gauche (ou droite) *l'autre étendue en arrière*, — UN.

1. Étendre la jambe droite en arrière en portant la hauteur du corps en avant, avancer les bras, commencer à fléchir doucement la jambe gauche, descendre jusqu'à ce que la cuisse touche le mollet, et se tenir un instant en équilibre sur la pointe du pied gauche, en évitant de toucher le sol de la jambe droite.

2. Se redresser lentement en conservant la jambe droite étendue le plus possible et recommencer le mouvement.

Grande flexion du tronc en avant (en arrière et latérale), — UN.

En avant. 1. Élever parallèlement les bras au-dessus de la tête.

2. Porter le pied gauche obliquement en avant à la distance d'un pied, fléchir le corps en avant à angle droit, ployer le jarret gauche, tendre le droit et rapprocher le bout des doigts du sol, en laissant pendre naturellement les bras.

Inspirer fortement en se redressant et reporter le pied gauche à côté du droit, continuer le mouvement en portant le pied droit en avant.

En arrière : 1. Élever les bras au-dessus de la tête.

2. Porter le pied gauche en arrière à la distance d'un pied et fléchir le tronc en arrière en ployant légèrement les jarrets, les bras penchés en arrière.

Se redresser en portant le pied gauche à côté du droit.

Continuer en portant le pied droit en arrière.

Latérale : 1. Lever les bras parallèlement au-dessus de la tête.

2. Faire face à droite par une légère rotation du corps, porter le pied droit à un pied à droite, la pointe dirigée de manière à former un angle droit avec le pied gauche qui a pivoté légèrement sur place ; tendre le jarret gauche, ployer le jarret droit et fléchir le tronc en cherchant à rapprocher le bout des doigts du sol. Se redresser, rapporter le pied droit à côté du gauche et faire face en avant les bras élevés au-dessus de la tête pour exécuter le même mouvement à gauche.

La cadence des grandes flexions doit être très-lente, elle ne doit pas dépasser 40 à la minute.

Élévation latérale des bras et flexion des jambes, — UN.

1. Élever les bras latéralement en inspirant.

2. Fléchir lentement les bras et les jambes en expirant. Se redresser sur la pointe des pieds, élever les bras latéralement et inspirer pour continuer le mouvement.

Cadence de 50 à la minute.

Joignez les mains derrière le dos et allonger les bras, — UN.

1. Saisir l'une des mains par l'autre derrière le dos, les avant-bras ployés à hauteur des hanches.

2. Allonger les bras le plus possible sans disjoindre les mains et en portant le corps un peu en arrière.

Cadence lente et à volonté.

Grande flexion oblique à gauche (ou à droite), — Un.

1. Allonger horizontalement les bras en avant, porter le pied gauche, de 50 à 75 centimètres en avant, suivant la taille des élèves, et dans une direction oblique à gauche qui forme, avec la direction primitive, un angle de 45°.

2. Fléchir fortement de la jambe gauche et étendre la jambe droite en conservant les bras tendus; compter *un* pour se redresser et *deux* pour reprendre la position en rapportant le pied gauche près du droit. Pour ne pas confondre cette flexion qui se représente dans d'autres exercices, nous nous permettons de la désigner sous la dénomination de : « à fond » expression qui lui est consacrée dans les exercices d'escrime.

EXTENSIONS.

★ *Extension verticale des épaules,* — Un.

1. Se dresser sur la pointe des pieds en inspirant fortement et en soulevant les épaules.

2. Reprendre la position ordinaire en expirant.

★ *Extension verticale et alternative des épaules,* — Un.

Même mouvement que le précédent exécuté alternativement de chaque épaule.

Cadence de 60 à la minute.

On exécute ensuite le mouvement simultanément des deux épaules.

* *Extension des épaules en avant et en arrière*, — Un.

1. Placer les mains sur les hanches, les coudes en arrière.

2. Porter avec force les coudes en avant en faisant effort des bras et des articulations des épaules.

Continuer en portant les coudes de nouveau en arrière.

Cadence de 100 à la minute.

* *Extension latérale des avant-bras*, — Un.

1. Étendre avec force latéralement et horizontalement les bras, les mains fermées, les ongles en l'air.

2. Fléchir les avant-bras sur les bras de manière à rapprocher les mains des épaules.

Continuer en étendant de nouveau fortement les bras.

Cadence de 100 à la minute.

Cette extension peut se faire de la même manière en étendant les bras en avant ; on peut aussi l'exécuter en étendant l'un des bras pendant que l'autre fléchit.

* *Écartez graduellement les pieds*, — Un.

1. Placer les mains sur les hanches et ouvrir graduellement les jambes en appuyant alternativement la pointe des pieds et les talons sur le sol.

2. Se redresser en rapprochant les pieds de la même manière.

Le professeur doit empêcher les élèves d'écarter trop les jambes ; l'écart ne doit pas dépasser un mètre pour les élèves les plus grands.

* *Extension verticale des bras*, — Un.

1. Porter avec force les poings en avant et le plus près possible des épaules, les bras près du corps, les coudes en arrière.

2. Lancer les poings avec force verticalement en l'air, les paumes des mains se faisant face.

3. Abaisser vivement les poings à hauteur de l'épaule en ployant l'avant-bras; le coude restant plus haut que l'épaule, les ongles dirigés en arrière.

4. Descendre vivement et avec force les poings le long de la cuisse.

Ce mouvement s'exécute d'abord d'un bras, comme l'indique la figure, puis des deux bras simultanément, et ensuite de chaque bras alternativement.

La cadence lente d'abord, sera insensiblement menée à 100 à la minute.

** *Extension des bras en avant,* — UN.

1. Porter les poings un peu en arrière pour favoriser l'élan, les élever rapidement en avant à hauteur des épaules, les bras tendus sans raideur, les ployer vivement pour ramener

les poings près des épaules, les ongles vers le corps, les coudes en arrière.

2. Lancer les poings en avant avec le plus de force possible, en même temps que le bras tourne en pronation, les ongles dirigés vers l'extérieur.

3. Porter les poings lentement et horizontalement en arrière

par un mouvement de supination en tournant les ongles en avant.

Le premier et le deuxième mouvement se font avec force et vigueur ; le troisième se fait lentement et en inspirant.

Même observation qu'à l'exercice précédent.

★★ *Les quatre extensions des bras,* — Un.

1. Porter les poings près des épaules, les bras restant joints au corps.

2. Extension des bras en avant.

3. Ramener les poings près des épaules.

4° Extension verticale des bras.

5° Reporter les poings près des épaules, les coudes écartés.

6° Extension latérale des bras.

7° Flexion des avant-bras sur les bras.

8° Descendre vivement et avec force les poings le long de la cuisse.

Cadence de 100 à la minute.

★★ *Extension verticale des bras avec flexion des jambes,* — Un.

Cette extension s'exécute, pour ce qui concerne les trois premiers mouvements, comme il a été expliqué précédemment ; au quatrième mouvement on fléchit les deux jambes pendant que les bras s'allongent vers le sol.

Pour recommencer le mouvement, on compte Un pendant qu'on se redresse sur la pointe des pieds, et que l'on porte les poings près des épaules.

Cadence de 80 à la minute.

★★★ *Lancez le pied gauche* (ou droit) *en avant et en l'air,* — Un.

Étendre le bras gauche en avant, lancer le pied gauche

en avant et en l'air, et chercher à atteindre la main avec la pointe du pied.

Cadence à volonté.

★ ★ ★ *Mouvement d'à-fond avec extension des bras en avant,* — Un.

1. Porter avec force les poings près des épaules.

2. Porter le pied gauche à 50 ou 55 centimètres en avant dans une direction oblique (grande flexion oblique), en même temps que les bras tournés en pronation s'étendent avec force dans la même direction, le jarret gauche ployé, le jarret droit fortement tendu.

3. Ramener les poings près des épaules.

4. Reprendre la position ordinaire en même temps que les poings descendent le long des jambes.

On compte de 5 à 8 pour exécuter le même exercice de la jambe droite. Pour varier cet exercice, on peut faire face à droite après le huitième temps.

ROTATIONS.

★ *Rotation du corps à droite* (ou à gauche), — Un.

1. Placer les mains sur les hanches et tourner le corps à droite, puis en arrière sans bouger les jambes, la tête suivant le mouvement des épaules.

2. Revenir face en avant.

Cet exercice ne se répète que trois ou quatre fois à une cadence très-lente.

La rotation du tronc peut aussi se faire en plaçant les mains croisées dans la nuque, les coudes en arrière.

* *Rotation des bras,* — Un.

Au commandement d'avertissement, allonger les bras latéralement, les mains fermées.

Au commandement d'exécution, compter Un pour la pronation ; Deux pour la supination et continuer à une cadence de 100 à la minute.

** *Rotation de la tête à droite et à gauche,* — Un.

1. Tourner la tête à droite sans brusquer le mouvement, compter Deux pour la reporter devant soi, Trois pour la tourner à gauche, et Quatre pour la replacer dans la position naturelle.

Il faut éviter que les épaules ne soient entraînées dans la direction de la tête ; la cadence doit être très-lente et le mouvement ne doit se répéter que six ou huit fois.

** *Rotation de la jambe gauche* (ou droite), — Un.

1. Placer les mains sur les hanches, ou se donner la main si les élèves n'ont pas acquis l'habitude de conserver l'équilibre sur une jambe ; avancer légèrement la jambe sans raideur.

2. Exécuter la rotation d'abord en supination, puis en pronation et continuer le mouvement à une cadence de 100 à la minute.

** *Rotation du pied gauche* (ou droit), — Un.

1. Comme à l'exercice précédent.

2. Imprimer un mouvement rotateur au pied en supination d'abord et en pronation ensuite.

CIRCUMDUCTIONS.

★ *Circumduction du bras droit* (ou gauche) *en avant* (ou en arrière), — UN.

1. Tendre horizontalement le bras droit en avant, le bras gauche restant le long de la cuisse.

2. Lancer avec force le poing vers la terre, le ramener en arrière en lui imprimant un mouvement circulaire; continuer le mouvement en faisant passer le bras près du corps.

La circumduction d'un bras en arrière se fait d'après les mêmes principes, excepté que le bras s'élève d'abord, pour être jeté ensuite en arrière et venir terminer en avant le cercle qu'il a décrit.

★★ *Circumduction du tronc à droite* (ou à gauche), — UN.

1. Placer les mains sur les hanches et prendre la position de sustentation latérale.

2. Incliner le tronc à droite, en arrière, à gauche et enfin en avant où il vient terminer l'ellipse qu'il doit décrire.

Continuer ce mouvement, trois ou quatre fois seulement et à une cadence très-lente; puis le répéter en sens inverse.

Cet exercice peut également s'exécuter dans la position fondamentale.

★★ *Circumduction des poignets*, — UN.

Avant d'exécuter le mouvement, le professeur fait tendre les bras en avant ou latéralement ou bien encore, il fait tendre les bras latéralement et les avant-bras dirigés en avant en demi-flexion.

Dans l'une de ces positions et au commandement de : UN,

l'élève exécute la circumduction en adduction d'abord, pour répéter ensuite le mouvement en abduction.

** *Circumduction de la jambe gauche* (ou droite) *tendue,* — UN.

1. Placer les mains sur les hanches ou se donner la main, suivant le degré d'adresse acquis, et lever la jambe gauche légèrement en avant.

2. Imprimer à la jambe tendue un mouvement circulaire, le plus grand possible, en la portant en dehors d'abord.

** *Circumduction du pied gauche* (ou droit), — UN.

1. Comme à l'exercice précédent.

2. Faire décrire un cercle à la pointe du pied en la portant d'abord en haut, en dehors, en bas et en dedans.

Recommencer le mouvement en sens inverse.

Cette circumduction s'exécute avec plus de facilité lorsque le genou est élevé en avant et la jambe à demi-fléchie sur la cuisse.

** *Circumduction des deux bras successivement en avant* (ou en arrière), — UN.

1. Rester en position fondamentale ou bien, pour plus de facilité, prendre la position de sustentation latérale, étendre le bras gauche horizontalement en avant, le bras droit de même en arrière.

2. Exécuter la circumduction des deux bras en avant, en faisant passer les bras près du corps et en ayant soin qu'un bras soit en arrière quand l'autre se trouve en avant.

✶✶ *Circumduction des deux bras simultanément en avant* (ou en arrière), — Un.

1. Comme à l'exercice précédent, mais en étendant les deux bras horizontalement en avant.

2. Imprimer aux bras un mouvement circulaire en les conservant à la même hauteur et dans une même direction.

✶✶✶ *Circumduction des avant-bras,* — Un.

1. Étendre les bras latéralement, les avant-bras dirigés en avant et fléchis à angle droit sur les bras.

2. Exécuter la circumduction des avant-bras vers l'extérieur en ayant soin de conserver les bras immobiles.

Répéter la circumduction en sens inverse.

✶✶✶ *Circumduction de la jambe gauche* (ou droite) *ployée,* — Un.

1. Élever horizontalement la cuisse gauche en avant, en portant le genou un peu à gauche; la jambe pendant naturellement et formant un angle droit avec la cuisse, la pointe du pied baissée.

2. Exécuter la circumduction en portant la jambe d'abord vers l'extérieur et en conservant la cuisse immobile.

Répéter la circumduction en sens inverse.

Observations relatives aux deux mouvements qui précèdent :

Les articulations du coude et du genou étant des articulations à charnière (condylarthrose) ne permettent pas la circumduction lorsque l'avant-bras et le bras, ou la jambe et la cuisse sont placées dans une même direction. Toutefois, la conformation de ces articulations permet la circumduction dès que la jambe est fléchie à angle droit sur la cuisse, ou l'avant-bras sur le bras.

*** *Circumduction de la tête à droite* (ou à gauche) — UN.

1. Placer les mains sur les hanches.

2. Pencher la tête légèrement à droite, en arrière, à gauche et enfin en avant où elle vient terminer le cercle décrit.

Ce mouvement pouvant occasionner des vertiges si on le répétait trop souvent, on se bornera à le faire exécuter deux fois à droite et deux fois à gauche.

EXERCICES D'ÉQUILIBRE.

Les exercices d'équilibre, quoique considérés plutôt comme jeux, sont d'une grande utilité pratique; ceux qui peuvent s'exécuter sans appareils, sont :

* 1° Soulever une jambe et lever verticalement le bras opposé.

** 2° Même mouvement avec circumduction d'un ou de deux bras.

** 3° Même mouvement en saisissant le cou-de-pied ou la cuisse d'une main.

** 4° Dans ces diverses positions, exécuter des extensions avec le bras resté libre.

** 5° Croiser les doigts sur le tibia et rapprocher le genou du menton.

** 6° Luttes des doigts croisés sur une jambe.

PAS.

* *Simulez le pas sur place,* — MARCHE.

Ce mouvement s'exécute lorsqu'on est en marche, soit au pas gymnastique, soit au pas ordinaire. Au commandement de *Marche,* les élèves simulent le pas sur place sans en altérer la cadence. Pour faire cesser ce simulacre et porter les élèves

de nouveau en avant, le professeur commande : *En avant,*
— Marche.

★ *Pas gymnastique accéléré sur place,* — Marche.

1. Au commandement d'avertissement, porter le haut du
corps sur la pointe du pied droit, les mains fermées un peu
au-dessus des hanches et détachées du corps, les coudes en
arrière.

2. Lever le pied gauche en fléchissant légèrement la jambe,
le genou peu ployé ; poser la pointe du pied à sa place primitive en fléchissant légèrement la jambe gauche ; exécuter
avec la jambe droite ce qui vient d'être prescrit pour la
jambe gauche et continuer, en accélérant insensiblement la
cadence, pour arriver à celle de 165 à la minute lorsque les
élèves sont âgés de 13 ans.

Le professeur fait compter Un au moment de poser le pied
gauche, et Deux au moment de poser le pied droit.

★ *Changez le pas,* — Marche.

1. Au commandement de *Marche,* poser le pied qui se
trouve en avant.

2. Rapprocher le pied qui est en arrière.

3. Reprendre la marche en partant du pied qui est en
avant.

Le mouvement de changer le pas est simplement celui du
pas en trois temps dont on précipite un peu la cadence ; le
professeur a soin de prononcer le mot *Marche* à l'instant où
l'un ou l'autre pied se trouve en avant.

★ 1. *Pas de côté vers la droite* (ou vers la gauche), —
Marche.

2. *Halte.*

1. Porter le regard à droite, sans trop tourner la tête,

appuyer en faisant de petits pas de 15 à 20 centimètres et en conservant les épaules dans la direction du rang.

2. S'arrêter, se mettre à hauteur de l'élève qui est resté sur place et reporter le regard devant soi.

⋆ *Pas raccourci*, — Marche.

Continuer à marcher en diminuant la longueur du pas de moitié.

Pour reprendre le pas ordinaire, le professeur commande : *Pas ordinaire*, — Marche.

⋆ *Pas en trois temps*, — Marche.

1. Avancer le pied gauche de 10 à 15 centimètres (selon la taille de l'élève) dans une direction oblique à gauche.

2. Joindre le talon droit au gauche.

3. Reporter le pied gauche de 10 à 15 centimètres en avant, toujours dans une direction oblique.

Exécuter les mêmes mouvements du pied droit en comptant Un pour avancer le pied dans la direction oblique à droite, Deux pour joindre le pied gauche, et Trois pour reporter le pied droit en avant. Puis recommencer les mêmes mouvements du pied gauche.

La cadence, très-lente d'abord, sera insensiblement menée au rhythme de la polka.

⋆⋆ *Pas en quatre temps*, — Marche.

1. Porter le pied gauche à 10 ou 15 centimètres à gauche.

2. Porter le pied droit contre le gauche.

3 et 4. Répéter les deux mouvements qui précèdent.

On compte ensuite de nouveau jusqu'à quatre pour répéter ces mêmes mouvements mais à droite ; puis on fait un tour complet en marquant le pas sur place et en comptant également jusque quatre.

Les douze temps de ce pas se résument à glisser deux fois à droite, deux fois à gauche, puis à tourner sur place.

Le pas en quatre temps n'est usité que dans la marche tournante avec les cannes, mais il est indispensable de l'apprendre aux élèves pendant l'étude des exercices libres.

MARCHES [1].

* *Marche ordinaire*, — MARCHE.

Les principes de la marche ordinaire sont les mêmes que ceux prescrits pour la marche de flanc décrite précédemment. La cadence peut être portée à 120 à la minute lorsque les élèves sont âgés de 12 ans.

La longueur du pas varie de 50 à 75 centimètres en raison de la taille des élèves.

* *Marche de géants*, — MARCHE.

1. S'élever sur la pointe des pieds, le haut du corps en avant, les mains sur les hanches.

2. Se mettre en marche sur la pointe des pieds, en faisant les pas le plus grands possibles.

La cadence sera très-lente et la longueur du pas en raison de la taille des élèves.

* *Marche gymnastique accélérée*, — MARCHE.

Principes de la marche gymnastique et du pas gymnastique accéléré, avec cette différence que le genou ne se lève que peu et que la cadence, lente d'abord, est insensiblement menée à celle de 165 à la minute. La longueur du pas varie, suivant les tailles, de 50 à 75 centimètres. Il est recommandé

---

[1] Voir, à l'article « *Promenades,* » l'heureuse influence des marches sur la santé des enfants.

aux élèves pour cette marche, comme pour les courses, de tenir la bouche fermée pour ne respirer autant que possible que par le nez.

★★ *En avant* (ou en arrière) *sur la pointe des pieds, les jarrets tendus,* — Marche.

1. S'élever sur la pointe des pieds, porter le haut du corps en avant, les mains sur les hanches.

2. Porter le pied gauche en avant, le jarret tendu, la pointe du pied baissée; poser celle-ci en avant de la pointe du pied droit, à une distance proportionnée à la taille des élèves. Continuer à marcher sans toucher le sol des talons, en conservant les jarrets bien tendus et le haut du corps en avant. La marche en arrière s'exécute d'après les mêmes principes, mais le haut du corps se porte légèrement en arrière; la longueur du pas se proportionne à la taille de l'élève.

La cadence de cet exercice varie de 40 à 60 à la minute.

★★ *En avant* (ou en arrière) *sur les talons,* — Marche.

1. Placer les mains sur les hanches et roidir les jarrets en levant la pointe des pieds.

2. Porter le pied gauche en avant à une petite distance du pied droit, poser le talon à terre sans frapper et continuer à marcher en conservant les jarrets tendus.

On ne marche sur les talons que pendant quinze à vingt pas.

La cadence varie de 40 à 60 à la minute.

★★ *Marche rompue,* — Marche.

La marche rompue est une combinaison du pas ordinaire et du pas de course : les élèves font alternativement trois pas dans la cadence de la marche ordinaire; et trois pas dans la cadence du pas de course. Cette marche n'a pas une grande utilité gymnastique, mais elle amuse les élèves.

⋆ ⋆ ⋆ Marche pyrrhique, — Marche.

1. Porter le bras gauche légèrement fléchi à hauteur des yeux, pour couronner la tête, en même temps que la jambe gauche se porte en avant dans la position de *à fond,* et que le bras droit, supposé porteur d'une lance, se porte un peu en arrière de la cuisse droite : la jambe gauche ployée, la droite fortement tendue, la tête bien levée.

2. Couronner la tête du bras droit, porter le bras gauche derrière la cuisse, exécuter avec la jambe droite ce qui vient d'être dit pour la jambe gauche et continuer la marche.

Cette marche doit se faire avec moins de force que la marche militaire, mais avec plus de liberté et plus de grâce ; elle doit être considérée comme exercice plutôt plastique que gymnastique.

⋆ ⋆ ⋆ *Marche militaire,* — Marche.
1. Porter avec force les poings sur le haut de la poitrine et près des épaules.
2. Faire un pas oblique à gauche, porter vigoureusement le poing gauche en avant, en tournant les ongles en dehors, le jarret droit bien tendu, la jambe gauche légèrement ployée.

Pour continuer le mouvement, le professeur fait compter : Un, — Deux.

Au premier commandement, l'élève fait décrire au poing

gauche un arc de cercle d'avant en arrière, de manière à revenir près de l'épaule avec beaucoup de force; au deuxième commandement, il porte la jambe et le poing droits en avant, comme il a été prescrit pour la jambe et le poing gauches.

La cadence ne dépasse jamais 60 à la minute.

★★★ *Marche des gladiateurs,* — MARCHE.

1. Faire un pas oblique à gauche, porter en même temps et avec force les poings près des épaules, le jarret gauche ployé, la jambe droite tendue, la tête bien levée.

2. Lancer les poings vigoureusement en avant en tournant les ongles en dehors.

3. Jeter les poings horizontalement en arrière en tournant les ongles en avant et en conservant les bras tendus.

Pour continuer cet exercice, le professeur fait compter : UN, DEUX, TROIS. Au premier commandement, les élèves laissent descendre les poings en leur faisant décrire une courbe d'arrière en avant, pour revenir près des épaules; la jambe droite se porte en même temps en avant, et le mouvement continue comme il vient d'être dit.

La cadence sera très-lente.

Cet exercice, ainsi que le précédent doivent se faire avec force et énergie; le professeur astreindra les élèves à tendre le jarret qui est en arrière et à avoir la position fière et imposante.

COURSES.

★ *Course galoppante,* — MARCHE.

Cette course se fait en glissant sur les deux pieds, mais en portant toujours le même pied en avant. Les élèves, réunis par plusieurs de front, se donnent la main; on peut aussi les disposer comme pour la course d'assistance au bâton.

Avant de faire galoper les élèves, le professeur a soin de leur faire prendre la position de station, en portant en avant le pied intérieur ou celui du côté vers lequel ils devront converser. S'il fallait changer la direction dans un sens opposé ou décrire un double cercle (forme du 8), les élèves devraient changer de pied en même temps qu'ils changeraient de direction.

★★ *Course sur place,* — MARCHE.

1. Porter le haut du corps en avant en se dressant sur la pointe des pieds, les mains fermées à hauteur des hanches, les coudes en arrière.

2. Élever la jambe gauche légèrement ployée, la pointe du pied baissée; poser la pointe du pied à sa place primitive, fléchir légèrement et éviter de toucher le sol du talon. Mêmes mouvements avec la jambe droite et continuer jusqu'au commandement : HALTE.

La cadence sera assez principitée pour parvenir à faire 200 pas à la minute.

★★ *Course cadencée,* — MARCHE.

1. Porter le poids du corps en avant, les mains fermés à

hauteur des hanches, les coudes en arrière, poser le pied gauche à un pied en avant.

2. Partir vivement du pied gauche, la jambe légèrement ployée; s'élancer en avant en donnant une légère extension à la jambe droite et faire le saut de 70 centimètres à un mètre; continuer ce mouvement, composé de petits sauts, en évitant de toucher le sol du talon. Cet exercice, identique au précédent quant à la position et à la cadence, exige l'immobilité du corps et une grande élasticité des jambes; on n'en fera l'application que lorsque les élèves seront parvenus à faire la course sur place, sans fatigue, pendant deux minutes.

★★★ *Course à volonté,* — Marche.

Au premier commandement, les élèves placent les mains à hauteur des hanches et le pied droit en avant; au second ou bien au signal de : *un, deux,* Trois, ils partent.

Les principes de cette course sont les mêmes que ceux de la course cadencée; toutefois, la cadence et la longueur du pas seront laissées à la volonté des élèves.

Les élèves ne doivent pas être astreints à rester alignés; les rangs seront espacés de 50 pas au moins.

Il est nécessaire de laisser aux coureurs toute liberté; seulement, il leur sera recommandé de suivre une même direction, afin de ne pas se bousculer. La distance à parcourir ne doit pas dépasser cent pas.

★★★ *Course avec fardeaux.*

On emploie différents petits fardeaux, tels que : petits sacs remplis de sable, pierres arrondies, morceaux de bois à coins coupés, etc., que l'on place le plus commodément, et surtout de manière à ce que les élèves ne puissent se blesser.

SAUTS.

Principes et exercices préparatoires.

Dans le mouvement qui précède le saut, toutes les articulations fléchissent en même temps que le corps fléchit sur le bassin; puis, à l'instant de sauter, les articulations se détentent par une extension subite qui projette le corps dans la direction voulue.

L'extension produite, les bras s'étendent pour maintenir l'équilibre et les jambes s'allongent pour diminuer l'effet de la chute en les fléchissant à l'instant où la pointe des pieds rencontre le sol.

Les sauts demandent, pour être exempts de tout danger, une observation constante des principes suivants, que les professeurs s'attacheront tout particulièrement à faire bien comprendre aux élèves :

1. Tomber sur la pointe des pieds en les réunissant.

2. Fléchir les jambes au moment où les pieds rencontrent le sol.

3. Donner à toutes les parties du corps beaucoup de flexibilité.

4. Éviter, en tombant, de toucher le sol des bras, des jambes ou des talons.

Le principe de ne pas toucher le sol des talons, ne doit jamais être perdu de vue; les talons, en touchant le sol lorsque les jambes et le tronc sont allongés, produisent, dans les articulations, une commotion toujours nuisible et qui, en se communiquant brusquement aux vertèbres cervicales, pourrait être mortelle.

Les bras sont des aides indispensables aux sauts; ils augmentent l'élan et permettent aux sauteurs de conserver l'équilibre. On en tirera tout le parti possible en les lançant avec vigueur, au moment de l'extension, dans la direction du saut; celui en profondeur fait exception à cette règle.

Avant d'effectuer les sauts, le professeur fait répéter les mouvements :

Flexion des deux jambes.

Flexion d'une jambe l'autre ployée en arrière.

S'élever sur la pointe des pieds.

Sautiller.

Sautiller en portant un pied en avant et l'autre en arrière.

** *Écartez simultanément les pieds,* — MARCHE.

1. Placer les mains sur les hanches, s'élever sur la pointe des pieds, fléchir légèrement les extrémités inférieures, leur donner une extension subite et les écarter en restant sur la pointe des pieds.

2. Rapprocher les pieds de la même manière.

L'écart varie de 40 à 60 centimètres suivant la taille des élèves.

** *Saut sur place en fléchissant les jambes en avant,* — SAUTEZ.

Fléchir légèrement les genoux, donner aux jambes un mouvement d'extension, et les enlever de manière que la partie supérieure des cuisses se rapproche du bas-ventre, lancer en même temps les bras en l'air pour aider au mouvement; étendre les jambes et tomber sur la pointe des pieds en fléchissant ; se redresser ensuite pour recommencer le mouvement.

La cadence de cet exercice n'est pas uniforme ; il sera permis aux élèves de la fixer en raison du degré d'aptitude de chacun d'eux.

** *Saut sur place en fléchissant les jambes en arrière,* — Sautez.

Fléchir légèrement les jambes, leur donner une extension vive et les enlever de manière que les talons se rapprochent des cuisses, les bras en liberté pour aider au mouvement par un simple haussement des épaules et sans les balancer en l'air ; allonger les jambes et retomber sur la pointe des pieds en fléchissant.

Même observation qu'à l'article précédent pour la cadence.

Ces deux mouvements ont une grande influence sur les sauts ; le professeur s'attachera à les rendre familiers aux élèves et à les faire exécuter en observant les principes qui viennent d'être énoncés.

Pour faire exécuter ces deux sauts avec plus ou moins d'ensemble, le professeur peut faire balancer les bras aux élèves et les prévenir qu'ils exécuteront le saut au troisième balancement.

** *Saut en avant, pieds joints,* — Sautez.

Les élèves sont placés sur un rang, ils ont la grande distance.

Fléchir les extrémités inférieures sur la pointe des pieds

réunis ; donner une extension subite mais souple aux muscles des jambes, en lançant les bras horizontalement en avant, et sauter le plus loin possible en fléchissant les jambes à l'instant où les pointes des pieds rencontrent le sol. Se redresser ensuite et s'aligner pour recommencer le même exercice que l'on répète trois ou quatre fois.

★★ *Saut en arrière, pieds joints,* — SAUTEZ.

Les principes de ce saut sont les mêmes que ceux du saut précédent, excepté que les bras sont lancés en arrière et que l'extension des muscles des extrémités inférieures a lieu d'avant en arrière ; immédiatement après l'impulsion et avant de toucher le sol de la pointe des pieds, l'élève doit redresser le corps.

Dans cet exercice, les élèves ne doivent parvenir qu'à franchir un espace de 80 centimètres à un mètre ; cet espace suffit, attendu que le saut en arrière à pieds joints n'a pour but que de se garer d'une voiture ou de la chute d'un objet.

Même observation pour le balancement des bras qu'aux sauts sur place.

★★ *Saut de côté vers la droite* (ou vers la gauche), — SAUTEZ.

Le sauteur prend une base de sustentation de 66 centimètres à un mètre, le pied droit placé dans la direction du saut et en équerre avec le pied gauche ; il fléchit légèrement les extrémités inférieures, balance le corps et les bras de gauche à droite, imprime aux muscles des jambes, une impulsion simultanée, mais plus forte de la jambe droite, et franchit l'espace au troisième balancement en lançant vigoureusement les bras à droite ; l'espace franchi, le sauteur retombe en fléchissant sur la pointe des pieds.

Dans ce saut, les bras agissent inégalement, le mouvement du bras qui correspond au côté vers lequel on saute, doit être plus vigoureux pour empêcher le corps de pivoter ou de perdre l'équilibre.

Le saut vers la gauche s'exécute d'après les mêmes principes, mais par les moyens inverses.

** *Saut en largeur avec élan.*

Pour ce saut, on trace sur le sol une ligne indiquant le point de départ; les élèves s'éloignent à 25 pas et exécutent le saut successivement.

L'élan se prend en faisant les pas d'autant plus petits et plus précipités qu'on approche de l'espace à franchir.

Le sauteur désigné part vivement en prenant l'élan; arrivé près du sautoir, il fléchit les extrémités inférieures, prend l'appui sur la jambe qui se trouve en avant, franchit l'espace

par une impulsion donnée aux muscles extenseurs des extrémités inférieures, en lançant vivement les bras dans la direction du saut et en conservant le corps et les jambes ployés; un peu avant de toucher le sol, il allonge les jambes, redresse le corps et tombe en fléchissant sur la pointe des pieds réunis.

L'obstacle franchi, le sauteur doit rebondir, faire quelques pas lents, puis reprendre sa place au moyen d'un petit pas gymnastique.

★★ *Saut en hauteur et avec élan.*

Cet exercice s'exécute au sautoir mobile, qui peut être remplacé par une ficelle que deux élèves tiennent dans la main ouverte.

L'élève désigné part en prenant l'élan; arrivé à un pied du sautoir, il fléchit les deux jambes, fixe les orteils sur le sol, imprime une extension énergique aux muscles des extrémités inférieures, franchit l'espace en lançant vivement les bras en l'air et achève le saut d'après les principes prescrits pour le saut précédent.

LUTTES LIBRES.

Les élèves ont la grande distance; ils sont disposés sur deux rangs et appariés suivant leur taille et leur force; ceux du premier rang font demi-tour. ceux du second rang 3 pas en arrière.

Le professeur commande :

★ *Lutte des deux mains, les doigts croisés,* — LUTTEZ.

1. Avancer le pied droit de 50 à 70 centimètres, suivant la taille de l'élève; ployer le jarret droit. le gauche bien tendu. le haut du corps en avant, les pieds posés à plat, la tête levée; élever les bras à hauteur des épaules, sans les écarter, et

croiser les doigts, avec ceux de son antagoniste dont on fixe le regard.

2. Chercher à faire rompre l'élève placé devant soi en le poussant fortement en arrière, les doigts serrés, les bras bien tendus, sans les écarter ni les élever.

Lorsque quelques lutteurs ont rompu ou cédé, le professeur commande : HALTE, et fait recommencer le mouvement.

La lutte précédente s'exécute ensuite d'une main ; le professeur commande :

★★ *Lutte de la main droite* (ou gauche) *les doigts croisés,* — LUTTEZ.

Les principes sont les mêmes que ceux qui viennent d'être prescrits, mais au lieu de faire rompre l'adversaire, on ne cherche qu'à lui faire déplacer le pied qui se trouve en avant, soit le pied droit quand on lutte de la main droite, et le pied gauche quand on lutte de cette main.

Il est défendu aux élèves de changer les pieds de place ou d'obliger leur antagoniste à faire face à droite ou à gauche ; tous devront exercer une force entièrement répulsive, en poussant droit devant eux.

★ ★ *Lutte des phalanges,* — LUTTEZ.

1. Avancer le pied droit ou gauche de 50 à 70 centimètres, suivant la taille de l'élève; ployer le jarret qui est en arrière et tendre l'autre, le haut du corps en arrière, élever horizontalement les bras, l'un des rangs tournant la paume des mains en-dessus, l'autre en-dessous; ployer les doigts et accrocher les phalanges.

2. Exercer graduellement et sans saccade une forte traction pour déplacer son adversaire en évitant de lâcher les mains.

Les rangs alterneront la position des mains.

Cet exercice se fait ensuite d'une seule main.

★ ★ ★ *Lutte des phalanges par assis,* — LUTTEZ.

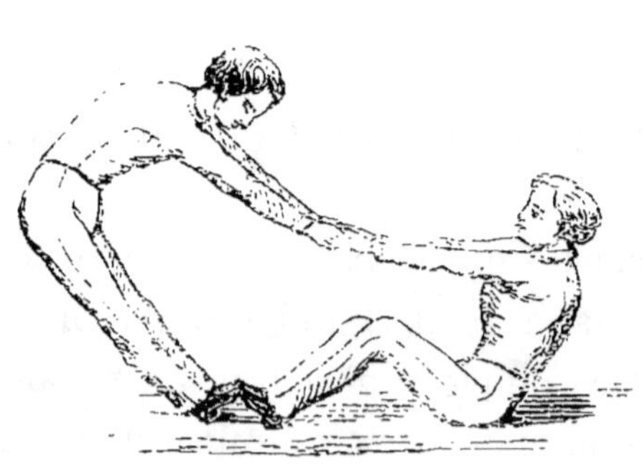

1. Les élèves s'asseient, les rangs se faisant face, de manière que les pieds des antagonistes se touchent, les jambes tendues; ils portent le haut du corps et les bras en avant et accrochent les phalanges.

2. Tirer graduellement à soi son adversaire et chercher à le faire lever. Éviter de pencher le corps à droite ou à gauche, ou de lâcher les mains, et conserver les jambes tendues.

★★★ *Lutte des poignets croisés,* — Luttez.

1. Les élèves ont la grande distance, ils prennent la position de *à fond* en avançant le pied droit, saisissent de la main droite leur propre poignet gauche, le pouce en-dessous, le regard fixé sur celui de leur antagoniste.

2. Élever les bras à hauteur des épaules, saisir avec la main gauche, restée libre, le poignet droit de son adversaire. le pouce également en-dessous.

3. Pousser ou tirer, appuyer à droite ou à gauche, afin de déplacer son antagoniste ou de lui faire lâcher prise.

Après le commandement : Halte, le professeur fait recommencer le mouvement; mais, cette fois, les élèves saisissent de la main gauche leur propre poignet droit, et de la main droite, le poignet gauche de leur adversaire.

★★★ *Lutte des avant-bras*—Luttez.

1. Saisir des deux mains les avant-bras de son adversaire près des coudes, une main placée à l'intérieur, l'autre à l'extérieur.

2. Pousser ou tirer

avec force pour chercher à faire rompre ou à déplacer son antagoniste.

★★★ *Lutte des épaules,* — Luttez.

1. Saisir des deux mains les épaules de son antagoniste, les mains appuyées aux extrémités des clavicules, le pouce sous l'articulation du bras, les doigts sur les épaules, l'une des mains passant à l'intérieur, l'autre à l'extérieur ; regarder fixement son adversaire.

2. Appuyer fortement sur le sol le pied qui est en arrière, et pousser avec force pour chercher à faire reculer son adversaire, en conservant le haut du corps penché en avant.

Il est permis, dans cette lutte, ainsi que dans la précédente, d'exercer la force de répulsion au moyen de secousses.

Pour rendre les luttes libres plus attrayantes, les élèves tracent, sur le sol, devant la pointe des pieds, une ligne au-dessus de laquelle ils cherchent à tirer leur antagoniste dans les luttes de traction, ou à les en éloigner dans les luttes de pulsion.

EXERCICES D'ORDRE FONDAMENTAUX [1].

★ *Alignement*. Les élèves ayant la petite ou la grande distance, ou bien étant rangés les uns à côté des autres, mais pas correctement alignés, le professeur commande : *A droite* (ou à gauche) ALIGNEMENT.

1. Tourner légèrement la tête du côté de l'alignement.

2. Avancer ou reculer, appuyer à droite ou à gauche (voir le pas de côté) placer les épaules parallèlement à celles des autres élèves, le coude touchant légèrement à celui de son voisin du côté de l'alignement, puis reporter le regard devant soi lorsqu'on juge que l'on est bien aligné.

Le professeur placé à la droite ou à la gauche et à l'extérieur des rangs, vérifie l'alignement et le rectifie, s'il y a lieu, en disant : *tel ou tels numéros, rentrez ou sortez* [2].

Chaque fois que les élèves se portent en avant, ils doivent sans aucune indication du professeur, prendre la direction à droite, c'est-à-dire que l'élève placé à la droite guide toujours la marche, à moins que le professeur n'ait commandé : *guide à gauche.*

De même, lorsque les élèves marchant en peloton, s'arrêtent, ils s'alignent toujours à droite, à moins que le professeur ne commande : *à gauche,* — ALIGNEMENT.

★ *Doublez par le flanc.* Le professeur commande :
Par le flanc droit (ou gauche), DROITE *(ou gauche).*
Ce mouvement s'exécute comme il a été décrit précédemment.
Que la division d'élèves soit sur un ou sur deux rangs.

---

[1] Les mouvements dont la théorie n'est pas détaillée ici, sont ceux qui ont été expliqués précédemment.

[2] Dans tous les exercices, les élèves sont numérotés de la droite à la gauche (du plus grand au plus petit).

au commandement : *Droite,* les élèves font à droite, ceux du second rang appuient d'un pas à droite et les numéros pairs se placent à la droite des numéros impairs ; le mouvement terminé, les élèves sont placés par deux ou par quatre et coude à coude.

Lorsqu'on fait par le flanc gauche, le mouvement s'exécute de la même manière, mais ce sont les numéros impairs qui se placent à la gauche des numéros pairs.

Pour faire doubler les rangs lorsque les élèves sont en marche, sur un ou deux rangs, le professeur commande :

* *Doubler les rangs,* — Marche.

Ce mouvement s'exécute comme si l'on n'était pas en marche : les élèves n^{os} pairs vont se placer à la droite des n^{os} impairs si l'on est en marche par le flanc droit ; les élèves n^{os} impairs se placeraient à la gauche des n^{os} pairs si l'on était en marche par le flanc gauche.

Les élèves marchant par le flanc et par rangs doublés, le professeur, pour les faire dédoubler, commande : *Dédoublez les rangs,* — Marche ; les élèves qui ont doublé, raccourcissent les deux premiers pas et vont se replacer derrière ceux qui les précédaient avant d'avoir doublé.

Lorsque les élèves font face par le flanc et que le professeur veut les mettre face par le premier rang, il commande : Front ; à ce commandement, les élèves font face par le premier rang et ceux qui ont doublé se remettent à côté de leur voisin habituel.

Le mouvement s'exécuterait de la même manière, si les élèves étaient en marche excepté que le professeur commanderait : *Peloton,* — Halte, — Front.

** En gymnastique, le mouvement de faire par le flanc isolément s'apellent le 1/4 *de tour,* et le mouvement de placer les épaules dans une direction à droite ou à gauche qui forme un angle de 45° avec leur direction primitive : *un 1/8 de tour.*

★★ Pour exécuter le demi-tour, le professeur commande :

1. *Division,* — DEMI-TOUR.

2. DROITE.

1. Les élèves tournent la pointe du pied gauche un peu à droite et portent le pied droit en équerre derrière le talon gauche, le milieu du pied à 10 centimètres de ce talon.

2. Tourner sur les deux talons en soulevant la pointe des pieds et faire face en arrière; puis rapporter le talon droit à côté du gauche.

★★ Pour faire le même mouvement en marchant et sans arrêter les élèves, le professeur commande : *Demi-tour à droite,* — MARCHE, en ayant soin de prononcer *marche,* à l'instant où le pied gauche se lève. Au commandement : *Marche,* l'élève pose le pied gauche en avant du pied droit et à sa distance habituelle, lève la pointe des pieds, fait face en arrière en tournant sur les deux talons et se remet en marche en partant du pied *gauche.*

Si les élèves étaient en marche, et que le professeur voulût leur faire faire demi-tour et les arrêter en même temps, il commanderait : *Peloton, demi-tour à droite,* — HALTE.

★★ Pour passer de la marche de flanc à celle de front ou réciproquement, le professeur commande :

Par le flanc droit (ou gauche), — MARCHE, en ayant soin de prononcer le commandement : *Marche* à l'instant où le pied gauche va poser à terre, lorsqu'il s'agit de faire par le flanc droit, et à l'instant où le pied droit va poser à terre, lorsqu'il s'agit de faire par le flanc gauche. Dès que le commandement leur parvient, les élèves portent la jambe qui se lève dans la nouvelle direction, et continuent à marcher.

★ Marche en spirale.

Le professeur met les élèves en marche par le flanc et sur un rang, en ayant soin de placer à chaque extrémité du rang un élève plus grand ou plus intelligent que les autres ; puis il commande :

Marchez en spirale.

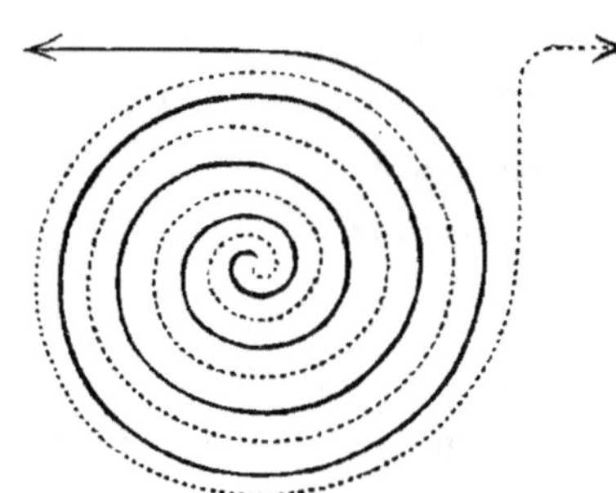

Le premier élève, que tous les autres suivent en marchant exactement dans ses traces, décrit un cercle, puis il marche à l'intérieur du cercle pour en former un second, en ayant soin de laisser entre lui et les élèves formant le premier cercle la *petite distance.*

Il achève de former ce deuxième cercle, puis en forme un troisième, un quatrième ou un plus grand nombre, suivant le nombre d'élèves, de manière qu'arrivé au centre du grand cercle, il ait décrit une véritable spirale.

Là, il fait demi-tour pour marcher en sens contraire et dérouler la spirale.

Après avoir marché en ligne, le professeur commande :

★ Marchez en serpentine.

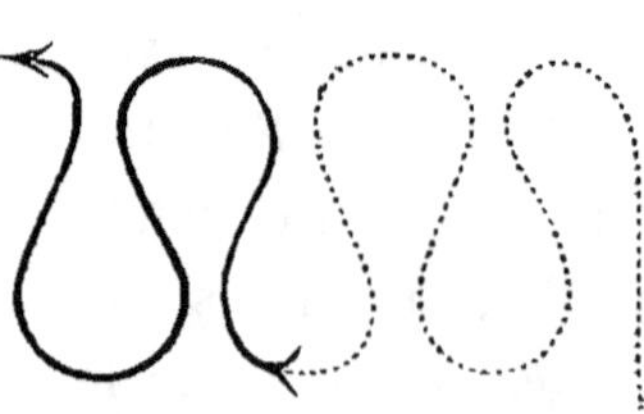

Le premier élève marche seize pas en avant ou toute la largeur de la salle si l'exercice se fait à l'intérieur, décrit un arc de cercle d'un rayon de 3 à 4 pas, puis se dirige de nouveau vers le point d'où il est parti, décrit un nouvel arc de cercle, pour se diriger ensuite en avant, en allant décrire un troisième arc de cercle presque tangent au premier. Il continue ainsi à serpenter jusqu'à ce qu'il reçoive l'ordre de marcher en ligne.

EXERCICES LIBRES EN MARCHANT.

Les élèves connaissant les exercices libres, il sera très-facile à MM. les professeurs de combiner quelques-uns de ces exercices avec des marches.

Les exercices libres en marchant sont aussi importants que les exercices libres proprement dits et ils ont, en outre, l'avantage d'amuser beaucoup les élèves.

L'énumération des trois leçons qui suivent, suffit pour donner une idée de ces exercices que MM. les professeurs pourront varier à l'infini en les combinant avec des marches ; ces exercices, dont les principes d'exécution ont été prescrits au chapitre : « *Enfants* » sont plus attrayants encore, lorsqu'ils sont accompagnés de chant et de musique.

* 1re *Leçon.*

Marcher par le flanc.
Placer les mains sur les épaules de l'élève précédent.
Abaisser les mains.
Placer les mains sur les hanches.
Descendre les mains.
Marcher sur la pointe des pieds.
Croiser les mains dans la nuque.
Descendre les bras.
Les quatre extensions.
Battre des mains.

* *2ᵉ Leçon* (voir la musique à la fin de l'ouvrage).

Étendre les bras en avant.
De côté.
Élever les bras en avant.
Latéralement.
Balancer les bras latéralement.
Flexion et extension des avant-bras sur les bras.
Extension des bras en l'air.
Marche gymnastique.

** *3ᵉ Leçon*.

Doubler par deux.
Croiser les bras.
Simuler le pas gymnastique.
Marche gymnastique.
Marche ordinaire.
Marche sur la pointe des pieds.
Reprendre la marche ordinaire.
Taper du pied au huitième pas.
Marcher par un.
En cercle.
En spirale.
En serpentine.
Former sur quatre rangs.

JEUX GYMNASTIQUES ET JEUX DIVERS.

> » Les jeux développent un esprit
> d'ordre, de discipline, d'union
> et de franche amitié. »

Il faut préférer les jeux qui ont une utilité cachée, soit au point de vue du développement corporel, soit au point de vue de la sociabilité, du secours mutuel et de la protection que les élèves se doivent ; ces distractions, où l'intelligence trouve souvent l'occasion de se développer, ont toujours une grande et heureuse influence sur l'esprit d'ordre et de discipline par la raison que l'enfant s'y trouve, tour à tour, dans l'obligation de diriger le jeu ou d'obéir aux règles prescrites.

Le soir, après que les devoirs de classe sont préparés pour le lendemain, laissons jouer les jeunes gens jusqu'à la fatigue ; un appétit dévorant et un sommeil prolongé, profond et nullement tourmenté par des rêves, seront toujours le résultat de cette fatigue du corps.

Aux jeux précédemment indiqués, on pourra ajouter :

★ 1. *Toucher le troisième* (deux c'est assez, trois c'est trop).

Les joueurs sont placés sur deux rangs, formés en cercle, tous faisant face à l'intérieur ; ils ont entre chaque groupe de deux la grande distance. Deux joueurs désignés d'avance, se placent, l'un à l'extérieur du cercle, l'autre à l'intérieur ; ce dernier tient un mouchoir à la main et est appelé *poursuivant ;* celui placé à l'extérieur est appelé *poursuivi.* Le poursuivi entre dans le cercle et court, soit dans le cercle, soit en traversant le cercle, soit en serpentant autour des groupes, en évitant d'être touché par le mouchoir du poursuivant ; s'il est sur le point d'être atteint, il peut éviter d'être pris en se plaçant devant un groupe quelconque à l'intérieur ; dans ce cas, le joueur placé au troisième rang de ce groupe devient poursuivi, sans que cela apporte aucune interruption ni aucun temps d'arrêt dans le jeu.

Ainsi, dès que le poursuivi s'est mis à l'abri devant un groupe, le joueur qui forme le troisième rang de ce groupe, n'est plus à l'abri.

Si le poursuivi est atteint par le poursuivant, il devient poursuivant à son tour.

★ 2. *Chat et souris.* Les élèves sont placés en cercle sur un rang, avec la petite distance. Deux d'entre eux sont désignés pour être : l'un le chat et l'autre la *souris ;* ce dernier court à l'intérieur du cercle en décrivant des sinuosités ou en serpentant autour des autres élèves, le chat le suit en courant exactement dans les traces qu'il a suivies, et, dès qu'il s'en écarte, il doit se replacer parmi les autres élèves et céder son rôle à son voisin. Si au contraire, il parvient à toucher la souris, il remplace cette dernière qui rentre dans le rang, et l'élève suivant, par tour de rôle, prend la place du chat.

★ 3. *Sauts non interrompus.* On forme des groupes d'une dizaine d'élèves de même taille et placés sur un rang. Au commandement de : partez (ou de : *un, deux, trois),* tous partent en sautillant sur la pointe des pieds et en faisant les plus grands sauts possible.

Pour varier ce jeu, on peut ordonner aux élèves de sautiller sur une jambe à désigner par le professeur (cloche-pied) ; ou bien encore en tenant d'une main le cou-de-pied de la jambe ployée et en sautillant sur l'autre.

★ 4. *La poursuite traversée.* Ce jeu est une variante du jeu

« la *poursuite* » décrit au chapitre. *Enfants.* Deux élèves sont désignés l'un pour être poursuivant, l'autre pour être poursuivi; tous les autres élèves sont dispersés et cherchent, chacun à son tour, à passer entre le poursuivant et le poursuivi. Si celui qui traverse, est atteint par le mouchoir du poursuivant, il devient à son tour poursuivant; le poursuivant devient poursuivi et le poursuivi est délivré.

On peut encore varier ce jeu en convenant que, lorsque le poursuivi aura pu prendre telle ou telle position, ou atteindre tel endroit, il sera « hors prise. »

* 5. *Sauts obligés dans le cercle.* Pour ce jeu, qui se fait au moyen de la balle à anneau mobile, les élèves sont formés en cercle avec la petite ou la grande distance ; le nombre d'élèves ne doit pas être inférieur à vingt.

Un élève, placé au centre, tient à la main la corde attachée à la balle et lui donne une longueur égale au rayon du cercle ; puis il fait faire le tour du cercle à la balle en la roulant près de la pointe des pieds des élèves ; ceux-ci, chaque fois que la balle arrive près d'eux, doivent sauter en hauteur sur place pour éviter d'être touchés par la balle. L'élève dont le pied aura été atteint par la balle, devra remplacer l'élève du centre.

* 6. *Course à l'extérieur du cercle.* Les élèves sont formés en un grand cercle face à l'extérieur et coude à coude ; l'un d'eux se promène à l'extérieur et va toucher un élève quelconque, puis il se met à courir pour faire le tour du cercle et pour venir prendre la place de l'élève qui a été touché ; ce dernier doit quitter sa place dès qu'il est touché, faire le tour du cercle dans la direction opposée à celle du premier, et tous les deux courent pour arriver au plus vite à occuper la place laissée vide.

L'élève qui est arrivé trop tard pour prendre place dans le cercle, reste à l'extérieur et va toucher un autre élève pour continuer le jeu.

L'élève qui touche l'autre, ayant l'avantage de pouvoir courir avant celui qui est touché et de pouvoir choisir la direction, le professeur doit exiger qu'il parcoure une circonférence dont le rayon est de trois ou quatre pas plus grand que celui du cercle formé par les élèves ; l'élève touché a l'avantage de pouvoir courir près du cercle. Il est important de tenir note de cette observation afin d'éviter que les élèves ne se rencontrent dans leur course.

** 7. *Marche accroupie.* Au commandement : *Accroupis,* les élèves fléchissent sur la pointe des pieds, de manière que le devant des cuisses touche le bas-ventre. Au commandement :

Marche, ils portent la jambe gauche en avant sans se relever, posent le pied à terre, la pointe la première, exécutent le même mouvement de la jambe droite par un léger effort, la cuisse venant frapper contre le mollet, et continuent à marcher ainsi en restant dans la position accroupie. La longueur du pas est en raison de la conformation de l'élève.

On pourra varier cet exercice, dès qu'il sera exécuté avec adresse, en faisant marcher les élèves dans la position du deuxième mouvement de : *flexion d'une jambe, l'autre étendue en avant ;* c'est ce que l'on appelle le pas de polichinelle. Ce pas se compose d'une suite de petits sauts exécutés alternativement sur chaque jambe, en gardant la position accroupie. Le pied de la jambe qui est étendue, se pose à terre, mais en avant, au lieu de se reporter sous le corps comme à l'article précité, et en même temps, l'autre jambe s'étend.

Pour éviter de perdre l'équilibre, on permettra aux élèves d'accélérer ou de ralentir à volonté la cadence de cette marche, et, au besoin, de se donner la main.

** 8. *Rompre la chaîne.* — La chaîne est un jeu très-connu et beaucoup pratiqué par les écoliers ; elle est conduite en cercle ou en serpentine par le plus grand ou le plus adroit des élèves. Mais ce jeu occasionnant souvent des accidents lorsque les élèves lâchent les mains, nous le proscrivons, au lieu de le recommander, et nous le remplaçons par le mouvement de rompre la chaîne, qui s'exécute de la manière suivante : On forme deux petites chaînes, chacune de 10 élèves au plus, assortis de manière que la somme des forces soit à peu près égale dans chaque chaîne. Puis les deux chaînes se faisant face s'abordent au commandement : *Luttez*, pour chercher, sans sans lâcher les mains, à rompre la chaîne antagoniste.

Ce jeu met en action presque tous les muscles de l'organisme et développe considérablement l'énergie.

*** 9. *Le simple brancard improvisé.* — Les élèves de même taille dans chaque file sont déployés à huit ou dix pas de distance, sur trois rangs.

Le professeur, ayant fait faire par le flanc droit ordonne à l'élève du premier rang d'accrocher les phalanges de la main gauche aux phalanges de la main droite de l'élève du troisième rang, les bras légèrement pendants. Les élèves du deuxième rang avancent d'un pas pour faciliter le mouvement.

Les deux premiers élèves se baissent ensuite et présentent les bras à hauteur des jarrets de l'élève du second rang ; celui-ci s'assied, met les bras sur les épaules de ses porteurs, qui le soulèvent, et qui placent le bras resté libre derrière le dos de l'élève à transporter, en attendant l'ordre du professeur pour se mettre en marche au pas cadencé.

★★★ 10. *La chaise à porteurs.* — La chaise à porteurs est un mouvement identique au simple brancard improvisé, excepté que les porteurs placent les deux bras qui sont restés en liberté, sur l'épaule l'un de l'autre pour en former un dossier à l'élève à transporter.

★★★ 11. *Le double brancard improvisé.* — Pour cet exercice, quatre élèves placés sur deux rangs se font face et accrochent les phalanges.

L'élève qui représente le *malade*, s'étend de tout son long sur cette espèce de lit. Un sixième élève marche derrière pour soulever la tête de l'élève à transporter.

★★★ 12. *Saut à califourchon.* — Les élèves sont déployés à huit ou dix pas de distance, le professeur fait faire par le flanc et ordonne de prendre l'une des trois positions suivantes, en rapport avec le degré d'adresse des élèves :

1° *Croiser les bras sur les genoux et présenter le dos horizontalement ;*

2º *Placer les mains sur les cuisses, baisser légèrement le dos, la tête inclinée en avant ;*

3º *Prendre la position de station, le corps bien droit, les bras croisés sur la poitrine, la tête inclinée en avant.*

Les élèves ayant pris l'une de ces positions, le dernier élève se porte en avant par un élan ; arrivé près de l'avant-dernier, il fléchit, s'élance par-dessus son camarade en appuyant les mains sur le dos ou sur les épaules de ce dernier, suivant la position prise, et observe en tombant les principes du saut en profondeur ; il se redresse ensuite et continue à passer par-dessus tous les autres sans interruption ; puis il fait huit ou dix pas et reprend la position primitive. L'avant-dernier élève exécute ce qui vient d'être prescrit pour le dernier, dès que celui-ci a passé au-dessus de lui ; il en est de même successivement de tous les autres et le mouvement continue jusqu'au commandement : *Halte.*

Cet exercice, exécuté avec ensemble, est d'un coup d'œil très-gai et distrait les élèves, tout en stimulant leur adresse et leur agilité.

Le cheval fondu, le saut de mouton et le saut de mouton avec mouchoirs, sont des variantes du saut à califourchon.

★ ★ ★ 13. *Balle à califourchon* (ou la balle cavalière). — La balle à califourchon est un exercice gymnastique aussi attrayant que fatigant ; ce jeu s'exécute au moyen d'une balle et avec un nombre illimité d'élèves.

Les élèves, assortis par deux de même taille, sont placés sur deux rangs ; le premier rang fait face en arrière et le sort décide quel est celui des deux élèves, dans chaque file, qui, pour commencer le jeu, fera le *cheval.* Les élèves désignés par le sort se portent à quatre pas en avant et vont prendre l'une des trois positions indiquées au saut à califourchon. Les autres élèves se mettent à *cheval* et les *chevaux*, porteurs de leur cavalier, se suivent à 20 ou 30 pas de distance, pour aller se former en un grand cercle. Le mouvement terminé, tous les élèves regardent vers l'intérieur du cercle.

Le cavalier pourvu de la balle, la lance à son voisin de droite, celui-ci, l'ayant attrapée sans mettre pied à terre, la lance à son tour au cavalier qui se trouve à sa droite, et la balle fait ainsi le tour du cercle.

Si la balle vient à tomber, tous les *chevaux* abandonnent leurs cavaliers et ceux-ci se sauvent à la course ; le *cheval* le plus près de la balle la ramasse, la lance aux cavaliers, et, s'il parvient à en atteindre un, les cavaliers sont obligés de prendre la place des *chevaux*, ceux-ci deviennent cavaliers et le jeu continue.

★★★ 14. *Les cavaliers surveillés.* — Les élèves placés sur deux rangs marchent en cercle avec la grande distance, ils sont arrêtés lorsque le cercle est formé puis ils font face à l'intérieur. Le professeur fait ensuite tracer sur le sol un cercle longeant le rang intérieur, et un autre cercle circonscrit ayant un rayon de trois mètres de plus que celui du premier. Les élèves du rang intérieur forment les *chevaux*, ceux du rang extérieur les *cavaliers*. Lorsque les cavaliers sont à cheval, deux élèves, à désigner par le professeur, se promènent entre les deux cercles et cherchent à toucher les cavaliers qui descendent de leurs chevaux, à moins toutefois que ces cavaliers n'aient eu le temps de franchir le cercle extérieur ; dans ce cas, ils sont « hors prise. » Le cavalier pris en défaut, prend la place de celui qui l'a touché. Toutes les cinq minutes, le professeur ordonne aux chevaux et aux cavaliers de changer de rôle.

★★★ 15. *Le perché.* — Le perché est un jeu dans lequel les élèves déploient une grande activité; il s'exécute au gymnase et peut occuper tous les élèves à la fois : deux, trois ou plusieurs élèves sont désignés pour être poursuivants, ils mettent la casquette pour les distinguer. Tous les autres élèves courent, sautent, traversent le gymnase en tous sens ; et, pour se soustraire à la poursuite, ils grimpent, se suspendent ou se sustentent à un appareil quelconque. Celui qui est pris pendant que les pieds touchent le sol, remplace le poursuivant qui l'a touché. Lorsqu'un poursuivant est trop fatigué, il se borne à rester en faction près d'un *perché,* jusqu'à ce que ce dernier soit obligé de mettre pied à terre.

★★★ 16. *Étant assis, essayer de se relever sans ramener les jambes sous le corps.* S'asseoir sur le sol, les bras en liberté et placer les jambes de manière qu'elles forment un angle aigu avec les cuisses, les pieds réunis. Essayer de se relever brusquement sans incliner le corps de côté et surtout sans déranger la position des pieds.

JEUX DIVERS.

Il nous semble superflu de nous étendre plus longuement sur la description des différents jeux ; nous nous bornons à en énumérer un grand nombre connus dans presque toutes les localités de la Belgique, sous les noms suivants : qui va à la chasse perd sa place, — les quatre coins, — le renard et les poules, — le loup et les agneaux, — le loup et le berger, — le renard et le paysan, — les animaux, — cache-tampon,

— la main chaude, — le sac d'étrennes, — le colin maillard,
— le colin-maillard à la baguette, — les deux colins, —
l'hirondelle, — les métiers, — le singe, — les boulets de
neige mollement pressés, — les osselets, — les barres, — la
mère Garuche, — la passe (ou le passage interdit), — le
volant, — le cerf-volant, — les grâces, — le furet, — la
balle, — la balle à la riposte, — la balle au chasseur, — la
balle aux pots, — la balle au mur, — la balle aux bâtons, —
la balle à la crosse, — la toupie, — le cerceau, — le palet,
— le bouchon, — la marelle, — les quilles, — le jeu du mail,
— le ballon, — le bilboquet, — les boules, — le galet, —
le bâtonnet, — l'escarpolette, — le jeu de Siam, — le vélo-
cipède.

Il y a d'autres jeux convenant particulièrement aux jeunes
gens, tels que, le billard, — le billard anglais, — l'arbalète,
— l'arc, — la fronde, — la courte et la longue paume, — le
patin, — le traîneau, — l'équitation et enfin, les escrimes à
l'épée, au sabre, au bâton et à la canne qui sont également
d'excellents exercices gymnastiques, et qui contribuent beaucoup à donner de l'assurance et de la prestance dans la
démarche.

INSTRUMENTS MOBILES.

PETITS BATONS, — CORDES, — PERCHES A LUTER,
— CANNE, — EXERCICES DE LA CANNE EN MARCHANT, —
EXERCICES D'ASSISTANCE A LA CANNE, —
SAUTOIR MOBILE, — FOSSÉ SAUTOIR, — SAUTOIR MOBILE
& FOSSÉ SAUTOIR COMBINÉS, —
APPUI POUR LES SAUTS EN PROFONDEUR, —
PERCHES POUR LES SAUTS, — SAUTS AVEC FARDEAUX.

Les exercices aux instruments mobiles, et particulièrement les exercices d'assistance ou les luttes, exécutés au moyen de ces instruments, méritent qu'on y attache beaucoup d'importance : ils ont l'avantage de ne pouvoir dépasser le degré de force de l'élève et de ne jamais donner lieu à un accident quelconque, puisqu'ils cèdent lorsque l'enfant est fatigué. D'autre part, l'enfant qui se sentirait indisposé pendant un exercice ou celui qui aurait commis une maladresse, peut lâcher l'instrument sans s'exposer à une chute, ce qui est impossible pendant le travail aux appareils fixes.

Les luttes aux instruments ont encore pour avantage d'animer les élèves, de les stimuler et, partant, de contribuer à développer à un très-haut degré l'énergie, la persévérance et la résistance à la fatigue.

** PETITS BATONS.

1. *Lutte aux bâtons*, — LUTTEZ.

Les élèves sont placés sur deux rangs, ils ont la grande distance et se font face; les rangs sont espacés de 2 pas.

Ceux du premier rang portent les petits bâtons des deux mains, le revers des mains en avant et les mains espacées de 18 à 20 centimètres.

Au commandement : *Lutte aux petits bâtons*, les élèves du premier rang portent les bâtons horizontalement en avant en allongeant les deux bras, ceux du deuxième rang saisissent les bâtons des deux mains et les deux rangs avancent le pied droit.

Au commandement : *Luttez*, exercer graduellement et sans saccades une forte traction pour déplacer l'élève adversaire en évitant de lâcher les mains.

On recommence ensuite cette lutte en portant le pied gauche en avant.

Dans tous les mouvements préparatoires aux luttes, les articulations fléchissent pour s'étendre ou se contracter au moment d'exercer l'effort ; les pieds sont toujours fortement fixés sur le sol.

CORDES.

★★ 2. *Lutte à la corde*. Les élèves, au nombre de dix à vingt, sont placés sur deux rangs, les plus grands et les plus forts à la droite de chaque rang, les plus petits à la gauche.

Ces dispositions prises, les rangs font par le flanc gauche, le centre de la corde est mis entre les mains des deux plus petits élèves qui se trouvent en tête, ceux-ci remettent chacun une extrémité à l'élève qui se trouve derrière eux, et la corde

continue à passer ainsi d'élève en élève, jusqu'à ce que les
extrémités arrivent entre les mains des deux derniers, et partant les plus grands.

Les élèves ouvrant ensuite les rangs par les plus grands
pour tendre la corde qui formait une espèce de compas, se
trouveront en une ligne, le long de la corde et se faisant face
par moitié ; de cette manière, la somme des forces sera à peu
près équilibrée dans chaque moitié.

Au commandement : *luttez*, les élèves tenant la corde des
deux mains, portent le corps en arrière, les jambes en
avant, exercent une traction graduelle et horizontale en comptant : *Un, — Deux, — Trois*, de manière que la plus grande
puissance de traction ait lieu au troisième effort.

S'il arrivait que la somme des forces fût plus grande dans
une moitié que dans l'autre, le professeur prendrait un
grand élève d'un côté et l'échangerait dans l'autre moitié contre un petit élève ; il répètera cet échange aussi souvent qu'il
y aura lieu, car il est important, pour que cette lutte soit
amusante, que les élèves, placés d'un même côté, ne l'empor-
tent pas toujours sur les autres.

★★ *3. Lutte à la perche,* — Luttez.

La lutte doit se faire autant que possible entre deux élèves de même force.

Chaque élève saisit de la main droite la perche à un pied ou deux de son extrémité, le bras droit ployé, la main droite s'appuyant à la hanche droite ; la main gauche saisit la perche devant le corps de manière que le bras gauche ployé, puisse venir s'appuyer à la hanche gauche ; le poids du corps est porté sur la jambe gauche ployée en avant, la jambe droite fortement tendue en arrière (position de « à-fond »).

Placés ainsi et au commandement : *luttez,* les élèves comptent *un, deux, trois* et exécutent en même temps trois efforts graduels pour faire reculer l'antagoniste, en réunissant, au troisième effort, la plus grande somme possible de force de répulsion.

Cette lutte s'exécute ensuite dans l'ordre inverse : le bras droit en avant et la jambe gauche en arrière.

On peut aussi l'exécuter par quatre ou six élèves à la même perche.

★★ *Lutte des deux perches,* — Luttez.

1. Prendre une perche de chaque main, ployer la jambe droite en avant, la jambe gauche fortement tendue en arrière,

serrer les perches près du corps, les avant-bras venant s'appuyer aux hanches, la tête levée.

2. Comme à la lutte précédente.

Cette lutte se fait ensuite le pied gauche en avant ; elle peut aussi s'exécuter par quatre ou six élèves.

CANNE.

** *Position horizontale.* On tient la canne des deux mains, les bras pendants devant le corps, les ongles en arrière. Si, dans cette position, le professeur veut faire reposer les élèves, il commande : *En place,* — REPOS.

A ce commandement, les élèves avancent le pied droit de 15 centimètres dans une direction oblique à droite, lâchent la canne de la main gauche, placent l'extrémité lâchée à terre à 40 ou 50 centimètres en avant du pied gauche et se reposent.

Lorsque le professeur veut faire reprendre la position, il commande : *En position;* à ce commandement, les élèves replacent, avec la main droite, la canne dans la main gauche et reprennent la position.

** *Position oblique.* Cette position se prend pour les marches ; le professeur commande : La canne en position, — OBLIQUE.

Ployer l'avant-bras droit sur le bras et soulever l'extrémité

droite de la canne, la main droite devant l'épaule droite, la paume en avant; la main gauche ne bougeant pas.

Distance pour les exercices à la canne. — Lorsque les cannes ont une longueur de 1^m 30 ou plus, il faut, pour éviter que les élèves ne se gênent mutuellement, augmenter la grande distance; à cet effet, les élèves étant alignés coude à coude ou placés à la petite ou à la grande distance, le professeur commande.

★ ★ 1. *Sur la file de droite* (ou de gauche), *prenez la distance,* — Marche.

2. Fixe.

1. Lâcher la canne de la main gauche, lui faire décrire un demi-cercle devant la partie antérieure du corps, en renversant la main droite les ongles en-dessus; placer le bout de

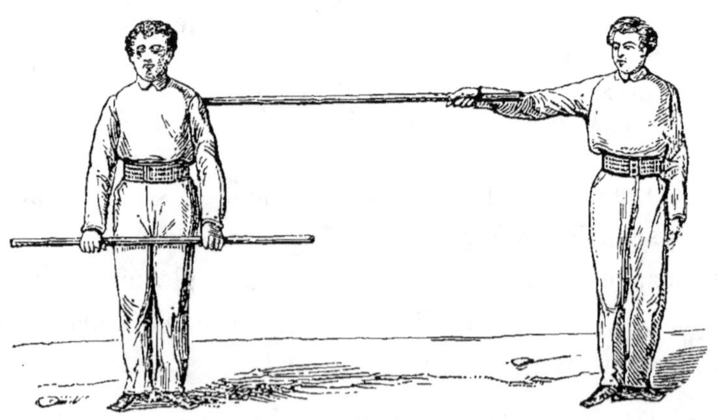

la canne contre l'épaule de l'élève qui se trouve à sa droite, et appuyer à gauche en tendant le bras droit.

2. Replacer la canne en position horizontale en lui faisant décrire un demi-cercle en sens contraire au premier.

Lorsque les dimensions du local ne permettent pas de prendre la distance précitée, on prend la grande distance sans la canne, puis on ordonne aux élèves des rangs pairs ou impairs, de marcher un ou deux pas en avant.

Dans cette position, les élèves peuvent exécuter tous les exercices à la canne sans se gêner mutuellement.

** *Déposez la canne et reprenez-la,* — Un.

1. Porter le pied gauche de 30 à 40 centimètres en avant (suivant la taille de l'élève) dans une direction oblique à gauche; ployer la jambe gauche, fléchir le corps en avant, allonger les bras vers le sol et déposer sans bruit la canne devant la pointe du pied gauche.

2. Se redresser en respirant et en élevant les bras en l'air, rapporter en même temps le pied gauche à côté du droit.

3. Fléchir de nouveau en expirant et continuer le mouvement.

Au huitième temps, reprendre la position pour continuer le mouvement en portant le pied droit en avant [1].

Cadence de quatre-vingts à la minute.

---

[1] Pour tous les exercices à la canne, comme pour les exercices libres, on compte jusque huit, puis on recommence à compter *un*. On ne s'ar-

★★ *Extension en avant,* — Un.

1. Soulever horizontalement la canne en ployant les avant-bras sur les bras, le revers des mains à hauteur et devant les épaules.

2. Allonger brusquement les bras en avant.

3. Féchir de nouveau les bras en portant le dos des mains près des épaules et continuer le mouvement.

Cadence de cent à la minute.

★★ *Extension latérale,* — Un.

1. Allonger avec force le bras droit à droite, l'avant-bras gauche suivant le mouvement et venant s'appuyer au corps à hauteur de la hanche ; la canne maintenue horizontale.

2. Même extension à gauche et continuer le mouvement en comptant avec énergie.

Cadence de cent à la minute.

rête qu'au commandement : *halte.* Toutefois dans les exercices avec accompagnement de chant ou de musique, ou dans la composition d'un programme pour distribution de prix, etc., on s'arrête généralement après le huitième temps de chaque exercice.

★ ★ *Extension latérale à hauteur des épaules, — Un.*

1. Porter la canne à hauteur et près des épaules, les coudes joints au corps.

2. Allonger avec force le bras droit à droite, le bras gauche suivant le mouvement et venant se fléchir devant et contre la poitrine, le revers de la main gauche à hauteur de la fourchette du sternum.

3. Même extension à gauche et continuer le mouvement à la cadence de cent à la minute.

★ ★ *Par la main droite* (ou gauche) *portez la canne obliquement derrière le dos, — Un.*

1. Porter la canne au-dessus de la tête avec la main droite; le bras gauche s'allongeant latéralement et horizontalement.

2. Ployer le bras droit en arrière en le tendant à droite, tenir la canne entre les pouces et les index et la descendre le long du dos en allongeant les bras.

3. Par la main droite reporter la canne au-dessus de la tête, le bras gauche allongé horizontalement.

4. Revenir à la position.

Continuer le mouvement à la cadence de quatre-vingts à la minute.

★ ★ *Portez la canne horizontalement derrière le dos,* — Un.

1. Élever la canne horizontalement au-dessus de la tête.

2. Ployer légèrement les bras et les allonger derrière le dos.

Comptez trois pour la reporter au-dessus de la tête, quatre pour revenir en position, et cinq pour continuer le mouvement, à la cadence de quatre-vingts à la minute.

★ ★ *Par la main gauche* (ou droite) *portez la canne verticalement derrière le dos,* — Un.

1. Soulever la canne de la main gauche et la porter verticalement devant l'épaule droite; l'avant-bras gauche ployé à angle droit au-dessus de la tête, le bras droit restant le long de la jambe.

2. Porter la canne derrière le dos en écartant le moins possible la main droite de la jambe.

3. Reporter la canne verticalement devant l'épaule droite.

4. Reprendre la position pour recommencer le mouvement à la cadence de quatre-vingts à la minute.

★ ★ *A volonté portez la canne derrière le dos,* — Un.

1. Elever l'une des mains et porter la canne obliquement derrière le dos, mais sans s'arrêter au-dessus de la tête.

2. Revenir de même en position en rapportant la canne devant le corps au moyen de la main opposée.

Contrairement aux exercices précédents, qui se font en quatre temps, ce mouvement se fait en deux temps, les élèves ne comptent pas; chacun d'eux exécute les mouvements aussi précipitamment que le lui permet son degré de développement et d'aptitude.

** *Rotation du corps à droite* (ou à gauche), — Un.

1. Écarter les jambes de 40 à 50 centimètres, et élever la canne horizontalement au-dessus de la tête.

2. Exécuter la rotation du corps comme elle est prescrite aux exercices libres, excepté que le pied opposé au côté de la rotation peut s'élever sur la pointe.

Cadence lente et à volonté.

** *Portez la canne derrière le dos en quatre temps,* — Un.

1. Fléchir les avant-bras sur les bras et porter la canne à hauteur et près des épaules.

2. Elever la canne au-dessus de la tête.

3. Descendre la canne dans la nuque.

4. Allonger les bras derrière le dos.

Revenir en position en passant par les quatre mêmes temps mais dans l'ordre inverse; cadence de cent à la minute.

** *Grande flexion en avant* (en arrière, latérale, à droite ou à gauche), — Un.

Ces flexions s'exécutent au moyen de la canne comme les grandes flexions décrites précédemment, excepté que la cadence peut en être portée à 60 à la minute.

*** *Portez la canne entre le dos et les coudes. Fléchissez,* — Un.

Lâcher la canne de la main gauche; la passer avec la main droite entre le dos et l'intérieur du coude gauche, puis la lâcher de la main droite pour la saisir par le bras droit, les mains fermées à hauteur des hanches.

1. Exécuter la flexion des deux jambes.

2. Se redresser sur la pointe des pieds et inspirer fortement.

Répéter la flexion pour continuer et lâcher la canne si l'on
perdait l'équilibre.

Cadence lente et en rapport avec le degré d'adresse des
élèves.

★★★ *Passez les jambes, puis le
corps entre les bras et la canne.* Pour
cet exercice et le suivant, il faut saisir
la canne en tournant les coudes en
arrière, les ongles en avant.

Baisser le corps en avant en allongeant les bras et passer le plus verticalement possible, une jambe à la fois,
au-dessus de la canne.

Reporter la canne en avant du
corps, en la passant horizontalement au-dessus de la tête.

Le mouvement terminé, les
mains se trouvent dans la position renversée.

★★★ *Passez le corps, puis
les jambes entre les bras et la
canne.* Cet article est le même
que le précédent, excepté qu'on le fait en sens inverse et
en partant de la position des mains renversées. On passe
d'abord le corps, puis on reporte la canne en avant en passant
les jambes.

On augmente la difficulté des exercices à la canne en

prenant des cannes de plus en plus courtes, pour obliger les mains à se rapprocher davantage.

★ ★ ★ *Portez la canne au-dessus de la tête avec mouvement d'à-fond,* — Marche.

1. Porter la canne horizontalement au-dessus de la tête en même temps que le pied gauche se porte en avant dans la grande flexion oblique, la jambe gauche ployée, la droite fortement tendue. Ce mouvement se fait avec force, énergie et par un battement du pied gauche. La pose doit être fière et imposante.

2. Reprendre la position ordinaire.

3. Exécuter le même mouvement en portant la jambe droite en avant.

4. Revenir en position.

★ ★ ★ *Portez la canne derrière le dos avec mouvement d'à-fond,* — Marche.

1. Porter la canne horizontalement au-dessus de la tête en tombant à-fond de la jambe gauche.

2. Descendre la canne horizontalement derrière le dos.

3. Reporter la canne au-dessus de la tête.

4. Revenir en position.

*** *Portez la canne verticalement près de l'épaule droite* (ou gauche) *avec mouvement d'à-fond,* — Marche.

1. Porter, avec la main gauche, la canne verticalement près de l'épaule droite, en même temps que la jambe gauche exécute le mouvement d'à-fond.

2. Reprendre la position.

3. Exécuter le même mouvement de la main droite en même temps que la jambe droite se porte en avant.

4. Revenir en position.

Si le professeur veut faire exécuter par chaque face les trois mouvements qui précèdent, il prévient les élèves qu'après avoir compté jusque huit, ils compteront un temps pour faire face à droite, puis ils recommencent par compter : *un,* etc.

** UNE LEÇON DE CANNE EN MARCHANT.

Les élèves portent la canne dans la position indiquée et la conservent ainsi, jusqu'à ce qu'ils aient compté huit et que le professeur ait indiqué une autre position ; de cette manière on exécute :

1. Porter la canne dans la position horizontale ;

2. Porter la canne dans la position oblique ;

3. Porter la canne en position horizontale près des épaules ;

4. Porter la canne horizontalement au-dessus de la tête ;

5. Par la main droite (ou gauche) porter la canne obliquement au dessus de la tête ;

6. Extension en avant ;

7. Extension latérale ;

8. Extension latérale à hauteur des épaules;

9. Porter la canne verticalement près de l'épaule droite (ou gauche).

10. Porter la canne horizontalement dans la nuque;

11. Lâcher la canne de la main gauche et la porter de la main droite verticalement près de l'épaule droite.

Dans cette position on exécute la marche en cercle, en spirale, en serpentine.

12. Porter la canne entre le dos et l'intérieur des coudes et exécuter : simuler le pas gymnastique sur place, — marche gymnastique, — course cadencée.

EXERCICES D'ASSISTANCE A LA CANNE.

Pour ces exercices, les élèves sont placés sur un nombre pair de rangs distancés d'un mètre; ils se font face par deux.

Le professeur commande : *Saisissez les cannes des deux mains*.

Chaque élève lâche la canne de la main gauche, la porte avec la main droite verticalement près de l'épaule droite et en passe ensuite le bout dans la main gauche de l'élève qui se trouve devant lui.

★ ★ *Demi-cercle à droite* (ou à gauche), — Un [1].

1. Élever la canne à droite en tendant avec force les bras

---

[1] Dans ces mouvements doubles, la droite est, par convention, le côté

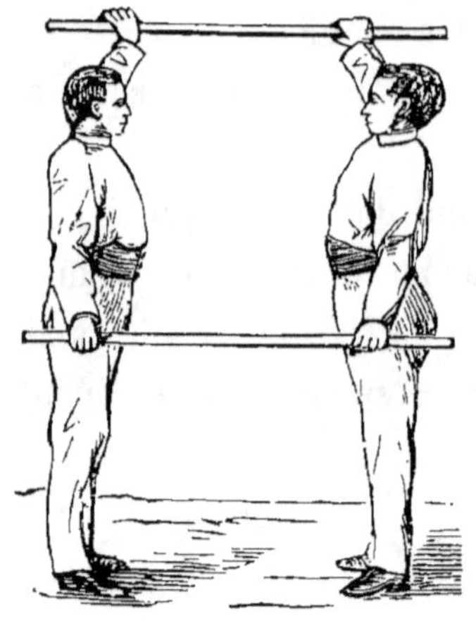

au-dessus de la tête, les ongles tournés vers l'extérieur.

2. Descendre la main et reprendre la position.

Continuer le mouvement à la cadence de cent à la minute.

★★ *Demi-cercles alternatifs,* — Un.

Même exercice que le précédent, mais en exécutant le mouvement alternativement à droite et à gauche.

★★ *Demi-cercles simultanés,* — Un.

Même mouvement en exécutant les demi-cercles des deux bras à la fois.

★★ *Demi-cercles simultanés avec flexion des jambes,* — Un.

1. Soulever les cannes à bras tendus au-dessus de la tête comme dans les mouvements précédents.

2. Exécuter la flexion des deux jambes, pointes des pieds écartées, en même temps que les bras descendent.

Cadence de soixante à la minute.

★★ *Demi-cercles en faisant alternativement face à droite et à gauche,* — Marche.

Avant d'exécuter cet exercice, le professeur fait écarter les jambes de 25 à 40 centimètres en raison de la taille de l'élève.

1. Faire face à droite par une rotation du tronc, tourner

où se trouve le professeur ou bien, celui où sont placés les élèves les plus grands.

en même temps sur les deux talons de manière que la direction des pieds forme angle droit, ployer le jarret qui est en avant, tendre fortement l'autre et soulever la canne au-dessus de la tête du côté où l'on fait face; bien tendre les bras soutenant la canne restée en arrière, marquer un temps d'arrêt et prendre une position à la fois esthétique, gracieuse et imposante.

2. Tourner sur les deux talons et reprendre la position primitive (jambes écartées).

Continuer le mouvement du côté opposé en comptant, *trois,* — *quatre.*

Chaque temps de cet exercice ne s'exécute qu'au commandement du professeur et à une cadence très-lente.

★★ 1. *Demi-cercles alternatifs avec grande flexion,* — MARCHE.

2. DEUX.

Pour cet exercice les jambes ne sont pas préalablement écartées, les élèves partent de la position ordinaire.

1. Mêmes mouvements qu'à l'exercice précédent, excepté que l'élève exécute le mouvement d'à-fond du côté où il fait face et tend

fortement la jambe qui est en arrière; l'écart des jambes varie de 60 à 85 centimètres, suivant la taille des élèves.

2. Se redresser et reprendre la position primitive en réunissant les talons.

Même observation qu'à l'exercice précédent.

On peut varier cet exercice en le combinant avec l'extension latérale des bras.

Tous les exercices d'assistance à la canne doivent être exécutés avec force et énergie.

★★ *Lutte.* Les élèves étant disposés comme pour les autres exercices d'assistance, le professeur commande :

1. *Préparez-vous pour lutter, jambe droite* (ou gauche) *en avant.*

2. LUTTEZ.

1. Soulever les cannes et les appuyer au corps, les mains placées en avant des hanches; avancer en même temps le pied droit de 50 à 70 centimètres en avant, la jambe droite ployée et la jambe gauche fortement tendue.

2. Exercer graduellement la plus grande force de répulsion possible et chercher à faire reculer son antagoniste.

★★ *Mouvement tournant.* Cet exercice se fait au moyen du pas en quatre temps décrit précédemment; le professeur ayant placé les élèves comme aux exercices d'assistance, mais en cercle afin de pouvoir tourner autour de la salle, commande :

Mouvement tournant, — MARCHE.

1. Glisser deux fois à droite.

2. Glisser deux fois à gauche mais en faisant les pas plus petits afin d'avancer davantage vers la droite.

3. Tourner sur place en quatre temps : au premier temps, faire face à droite en soulevant la canne de droite au-dessus

de la tête; au deuxième temps, faire face à l'extérieur en soulevant les deux cannes au-dessus de la tête ; au troisième

temps, faire face à gauche en passant la canne de droite sous
l'autre, et, au quatrième temps, reprendre la position en
descendant les bras.

Glisser de nouveau deux fois à droite, deux fois à gauche,
puis tourner pour continuer le mouvement.

Le mouvement tournant peut s'exécuter à la cadence de cent
à la minute et même à une cadence moindre, lorsqu'on dispose
du piano, on l'exécute à la cadence du pas de la schottisch. Cet
exercice a été créé particulièrement pour les demoiselles, mais
il peut également convenir aux garçons jusqu'à l'âge de 13 à
15 ans; il est très-joli comme ensemble et convient, sous tous
les rapports, pour faire partie d'un programme d'exercices à
exécuter à une fête.

*** SAUTOIR MOBILE.

Saut en hauteur sans élan. Les élèves sont placés à quelques
pas du sautoir, pour exécuter cet exercice successivement;

le numéro appelé se place près du sautoir, fléchit les jambes, contracte fortement les muscles des extrémités inférieures, s'élance au-dessus de l'obstacle par un mouvement d'extension, en ployant le corps et les jambes, et en jetant vivement les bras dans la direction du saut; l'obstacle franchi, il allonge les jambes, les bras pendant le long du corps, et fléchit de nouveau au moment où la pointe des pieds rencontre le sol; puis il se redresse, toujours sur la pointe des pieds, et va se placer au pas gymnastique, à la gauche de sa classe. On augmente la hauteur de ce saut en raison des progrès.

Après quelques exercices, on permet à l'élève de déterminer lui-même la hauteur du saut, afin de faire naître l'émulation indispensable aux progrès; et, lorsqu'il aura acquis un certain degré d'agilité dans cet exercice, il lui sera permis d'élever les jambes en avant ou en arrière et même de prendre une position oblique.

Saut en hauteur avec élan. Les élèves sont placés à environ 25 pas du sautoir, pour exécuter cet exercice successivement. On prendra l'élan au pas de course en faisant les pas d'autant plus petits et plus précipités qu'on approche de l'objet à franchir. Quelques sauteurs préfèrent, pour prendre l'élan, un petit pas qui ressemble au *galop du cheval (course galopante)* : ce pas se fait en portant toujours en avant le pied sur lequel on préfère prendre l'appui avant de franchir l'obstacle; le professeur pourra tolérer cette course pour les élèves qui en auraient déjà contracté l'habitude; mais il ne devra pas l'ordonner.

Le sauteur étant arrivé à un pied du sautoir, fléchira les deux jambes, fixera les orteils sur le sol, imprimera une extension énergique à la jambe qui se trouve en avant, franchira l'obstacle en lançant vivement les bras en l'air et achèvera le saut d'après les principes de l'exercice précédent.

★★★ *Sauts avec la canne.* Lorsque les élèves ont acquis l'habitude des sauts en hauteur, le professeur leur permettra de varier cet exercice en le combinant avec les mouvements ci-après de la canne, exécutés pendant le saut :

1. Sauter en tenant la canne en position horizontale.

2. Porter la canne, pendant le saut, de la position horizontale à la position horizontale au-dessus de la tête.

3. De la position horizontale, derrière le dos.

4. La canne étant derrière le dos, la reporter à la position ordinaire.

FOSSÉ-SAUTOIR.

★★ *Saut en largeur sans élan.* Le sauteur se place sur le bord du fossé-sautoir ou près de la ligne de démarcation indiquant le point de départ du saut. Il fléchit les extrémités inférieures, prend l'appui sur la jambe qui se trouve en avant et franchit l'espace, par une impulsion donnée aux deux jambes, en lançant vivement les bras dans la direction du saut ; il conserve les jambes légèrement ployées et les fléchit à l'instant où les pointes des pieds réunies et jointes, rencontrent le sol. L'espace franchi, le sauteur doit rebondir, faire quelques pas lents, puis reprendre sa place au pas gymnastique.

★★ *Saut en largeur avec élan.* Le sauteur part vivement en prenant l'élan ; arrivé près du sautoir, il fléchit les extrémités

inférieures, prend l'appui sur la jambe qui se trouve en avant et franchit l'espace par une impulsion donnée aux jambes, en lançant vivement les bras dans la direction du saut; il conserve le corps et les jambes ployés; au moment de toucher le sol, il allonge les jambes, redresse le corps et tombe en fléchissant sur les pointes des pieds réunies.

*** SAUTOIR MOBILE ET FOSSÉ-SAUTOIR COMBINÉS.

Saut en hauteur et en largeur. — Saut en largeur et en hauteur. Pour le premier de ces sauts, le sautoir sera placé devant le fossé, et pour le second, on le placera derrière.

Les élèves appliqueront les principes décrits pour ces sauts, en les combinant.

Le professeur aura soin de bien graduer ces exercices, en n'utilisant au début qu'un fossé peu large et en n'élevant la ficelle du sautoir que de 30 à 40 centimètres.

*** APPUI POUR LES SAUTS EN PROFONDEUR.

Saut en profondeur. Le sauteur étant placé sur le bord du sautoir, fléchit le plus possible sur la pointe des pieds, se détache de l'élévation par un léger mouvement, *sans secousse ni élan,* en élevant les bras en avant sans les écarter; il se redresse par une extension des jambes subite, mais souple, descend les bras au moment de toucher le sol et tombe sur la

pointe des pieds en fléchissant. Continuer le saut d'après les prescriptions déjà énoncées.

La profondeur ne dépassera jamais un mètre ; mais pour les jeunes gens de 16 ans et au delà qui appliquent parfaitement tous les principes des autres sauts, la profondeur pourra aller jusqu'à 1ᵐ80.

Saut en profondeur en arrière. Pour ce saut, on se sert d'un banc ou de tout autre objet dont l'élévation ne va pas au delà d'un mètre. Les élèves appliquent les principes déjà décrits pour les sauts en profondeur et en arrière ; toutefois, il leur sera recommandé de se détacher du banc *sans élan ni mouvements des bras* et de tenir le corps bien droit.

*** PERCHE POUR LES SAUTS.

Exercices préparatoires. Les élèves saisissent la perche de la main droite à hauteur de l'épaule droite, le pouce au-dessus, et se placent sur un rang à 10 pas de distance, l'extrémité de la perche reposant à quelques centimètres de la pointe du pied droit.

Au commandement : *Course en avant,* remonter la main droite à quelques centimètres au-dessus de la tête, les bras ployés, saisir la perche de la main gauche, le pouce dirigé vers la terre, la main à un pied de la cuisse gauche, le bras presque tendu, l'extrémité inférieure de la perche à un mètre environ en avant, l'extrémité supérieure passant obliquement au-dessus de l'épaule droite.

Au commandement : *Marche,* soulever l'extrémité de la perche pour éviter de la heurter à terre, s'élancer à la course en faisant de petits pas précipités, et sans déranger la position de la perche.

Au commandement : *Halte,* les élèves s'arrêtent; le professeur s'assure s'ils ont conservé la position de la perche et la distance qui les sépare. Les élèves doivent savoir bien exécuter cette course avant d'être admis aux sauts sans interruption.

★★★ *Sauts sans interruption.* — Les élèves étant disposés comme à l'article précédent, le professeur commande :

Sauts en avant sans interruption, — MARCHE.

Au commandement : *Marche,* s'élancer en avant en sautillant, prendre un point d'appui au moyen de la perche, donner une forte impulsion aux muscles des reins et des extrémités inférieures, plus forte de la jambe gauche, qui doit se trouver en avant, et soutenir le corps en tendant le bras gauche et en exerçant une traction du bras droit. Donner aux jambes une position horizontale en les allongeant, la partie supérieure du corps légèrement fléchie et tournée vers la perche; fléchir les extrémités inférieures à l'instant où les pieds touchent le sol et redresser le corps au moment de la chute. Lorsque le sauteur a redressé le corps, il se remet face en avant, en soutenant la perche par un mouvement du bras droit et la portant en avant avec la main gauche, pour exécuter un nouveau saut.

Les sauteurs doivent être habitués à exécuter ces sauts droit devant eux et dans une direction parallèle à celle de leurs voisins, ce qui les aidera à bien placer la perche et à éviter les chutes. Ils doivent également s'abstenir de glisser les mains le long de la perche.

Comme on vient de le voir, ce saut se compose de trois phases : 1° l'extension ou le point de départ; 2° le trajet du corps en l'air; 3° la flexion ou l'instant de toucher le sol. Nous ne doutons pas que les élèves qui auront pratiqué pendant quelque temps tous les principes et la grande variété de sauts que nous avons déjà décrits, n'appliquent, dès le début et d'une manière satisfaisante, la 1re et la 3e phase du saut, à la perche. Mais, pour ce qui concerne la 2e phase ou le trajet du corps en l'air, le professeur fera comprendre aux élèves que, pour parvenir à donner aux jambes une position horizontale, ils doivent s'efforcer, par l'action des deux bras sur la perche, à détruire en partie la projection de droite à gauche que l'extension a imprimée au corps.

Lorsque les élèves seront habitués aux sauts non interrompus et qu'ils seront parvenus à donner aux jambes une position horizontale, ils n'éprouveront plus aucune difficulté pour l'exécution des autres sauts à la perche.

> *Sauts en hauteur à la perche.* Ce saut s'exécute au sautoir mobile, dont on espace les montants de 4 ou 5 mètres et plus; les élèves, au lieu d'être rangés en ligne, font par le flanc et prennent 15 pas de distance. Dans les débuts et jusqu'à ce que les élèves aient acquis l'habitude des sauts à la perche, on n'élèvera la ficelle du sautoir que de 40 à 80 centimètres, en raison de la taille et de la dextérité des sauteurs. Le professeur donne le signal du départ à chaque élève individuellement.

L'élève appelé se porte en avant en prenant l'élan, appuie l'extrémité de la perche à 50 centimètres environ du pied du sautoir, donne une forte extension aux muscles thoraciques et des extrémités inférieures, et, par une forte sustentation de la main gauche et une traction de la main droite, s'élance de l'autre côté du sautoir en élevant les jambes plus haut que la tête.

A la deuxième phase de ce saut, le corps faisant face vers la terre, forme un angle obtus avec la perche ; le saut achevé, l'élève se trouve presque face au sautoir, la perche étant restée de l'autre côté.

> *Saut en largeur à la perche.* Ce saut s'exécute sur le fossé indiqué pour les sauts en largeur. Le professeur indique à l'élève une largeur à franchir, qui soit en rapport avec sa taille, sa dextérité et la longueur de la perche.

Les meilleurs sauteurs pourront exécuter ce saut dans le sens de la longueur du fossé.

Il y a deux manières de franchir le fossé : la 1re, en prenant un appui avec la perche sur le bord du fossé ; la 2e, en plaçant la perche au milieu du fossé. On utilise la 1re manière lorsqu'on dispose d'une perche ayant un 1/3 de plus que la largeur du fossé à franchir; si la perche n'a pas cette longueur, on prend le point d'appui au milieu du fossé.

> *Sauts avec fardeaux.* Après avoir combiné l'application des différents sauts avec les courses, on les exécute avec les fardeaux que nous avons indiqués précédemment.

Le professeur veille à ce que les fardeaux soient d'un volume et d'un poids proportionnés à la force, à l'adresse et à la vélocité des élèves.

APPAREILS.

> « On s'étudiera avant tout à diminuer plutôt les appareils qu'à en augmenter le nombre. » (Dr N. Theis.)

PERCHES VERTICALES FIXES.

★★ Art. 1. *Se soulever au moyen d'une perche de chaque main.* L'élève placé devant les perches, allonge les deux bras, saisit une perche de chaque main, puis se soulève à quelques centimètres du sol par une contraction simultanée des muscles des bras et des épaules. Il reste un instant dans cette position, puis se laisse choir sur la pointe des pieds en fléchissant.

★★ Art. 2. *Se soulever des deux mains à la même perche.* Saisir la perche des deux mains, une main au-dessus de la tête, l'autre un peu plus bas. Contracter les muscles des extrémités supérieures et se détacher du sol. Rester un instant dans

cette position, puis se laisser choir sur la pointe des pieds en fléchissant les extrémités inférieures.

★★★ Art. 3. *Monter entre les perches à l'aide des mains seules.* L'élève, s'étant soulevé aux deux perches, comme il est dit à l'article premier, détache l'une des mains sans trop l'ouvrir, la remonte pour saisir la perche de 10 à 15 centimètres plus haut, contracte les muscles de cette main et se soulève en ployant fortement les bras; il détache ensuite l'autre main pour saisir la perche plus haut et continue à monter ainsi en déplaçant alternativement les mains, en contractant fortement les muscles des bras et des épaules, et en donnant au corps la plus grande souplesse possible.

Descendre de même en conservant les bras fléchis, les jambes pendant naturellement.

★★★ Art. 4. *Monter aux perches à l'aide des pieds et des mains.* Appliquer les principes qui précèdent pour ce qui concerne les bras; placer les genoux à l'extérieur et les cous-de-pied à l'intérieur des perches, les pointes des pieds écartées, et monter en serrant les perches entre les jambes.

★★★ Art. 5. Même exercice que le précédent, mais les genoux et les cous-de-pied à l'intérieur des perches, la pointe des pieds à l'extérieur, et monter en écartant fortement les jambes.

*** Art. 6. *Monter et descendre par saccades.* L'élève ayant saisi une perche de chaque main, donne, de bas en haut, une impulsion simultanée, mais souple, aux extrémités inférieures, détache les deux mains à la fois, *sans trop les ouvrir,* pour ressaisir les perches à quelques centimètres plus haut et continue à monter ainsi par saccades. La descente s'effectue de même en déplaçant les mains simultanément, les pointes des pieds dirigées vers le sol et les jambes légèrement fléchies.

Observations. Lorsque les perches sont réunies en grand nombre, on peut, après s'être élevé et en se balançant de côté, passer d'une perche à l'autre soit perpendiculairement, soit diagonalement; on peut aussi exécuter ces mouvements en passant la perche intermédiaire.

PERCHES VACILLANTES.

** Art. 1. *Écartement des perches.* Se placer entre les perches, les saisir à hauteur des épaules et étendre les bras en avant; les porter ensuite en arrière, les bras tendus et faire effort pour les rapprocher derrière le dos sans fléchir les bras. Reporter les perches en avant et continuer le mouvement.

** Art. 2. *Position pour grimper.* Saisir la perche des deux mains, comme il est prescrit pour les perches fixes, placer le cou-de-pied de la jambe gauche derrière la perche, le mollet de la jambe droite devant, ployer les jambes et prendre la position pour grimper.

Prendre ensuite la même position que la précédente, mais en plaçant le cou-de-pied de la jambe droite derrière, la perche et le mollet de la jambe gauche devant.

** Art. 3. *Monter à une perche.* L'élève ayant pris la position qui précède, serre la perche au moyen des jambes ployées, détache successivement les mains pour saisir la perche le plus haut possible, fixe les mains de manière à pouvoir soutenir le corps, enlève les jambes, en les ployant fortement sans trop les ouvrir, et continue le mouvement ascensionnel.

La descente s'effectue par les mouvements inverses: étendre les jambes, les fixer fortement à la perche, puis raccourcir le corps et déplacer alternativement les mains; serrer fortement les mains et allonger de nouveau les jambes pour continuer la descente en évitant de se laisser glisser.

★★★ Art. 4. *Monter à une perche avec déplacement alternatif des jambes.* Les élèves ayant acquis l'habitude de grimper à une perche, alternent la position des jambes en portant, à chaque déplacement de jambe, le mollet de l'une en avant de la perche et le cou-de-pied de l'autre en arrière.

★★★ Art. 5. *Grimper à une perche et descendre par l'autre.* L'élève parvenu au haut de la perche, détache une main pour saisir l'autre perche, l'y fixe fortement, transporte les jambes de l'une à l'autre perche et, lorsqu'elles y sont fixées, il saisit la perche de l'autre main.

★★★ Art. 6. *Grimper à une perche et descendre entre les deux en déplaçant les mains simultanément.* Mêmes principes qu'aux exercices précédents.

★★★ Art. 7. *Grimper à une perche et descendre à l'aide des mains seulement.* Monter comme il a été prescrit précédemment; descendre en déplaçant alternativement les mains, les bras fléchis; les jambes ployées pendant librement de chaque côté de la perche.

★★★ **Art. 8.** *Monter entre les perches en déplaçant alternativement les mains.* Appliquer les principes qui précèdent et ceux prescrits aux perches fixes, 3e exercice.

★★★ **Art. 9.** *Monter et descendre entre les deux perches par saccades.* Application du 6e exercice aux perches fixes.

> **Art. 10.** *Grimper à une perche et descendre à l'aide des jambes seules.* Serrer fortement les jambes, les bras et les mains entourant la perche mais sans la toucher, et descendre *lentement*. Dans cette descente, les élèves apprennent à s'arrêter par la pression des jambes et sans se servir des mains. Si la descente s'opérait trop précipitamment, l'élève saisirait la perche des deux mains pour s'arrêter et recommencer la descente.

CORDE LISSE.

★★ **Art. 1.** *Se soulever des deux mains.* Saisir la corde des deux mains, le plus haut possible et l'une des mains placée au-dessus de l'autre ; contracter les muscles des bras pour soulever le corps légèrement ployé et rester un instant suspendu, les bras fléchis, les jambes pendant naturellement de chaque côté de la corde.

★★ **Art. 2.** *Étant suspendu, allonger et fléchir alternativement les bras.* Prendre la position indiquée à l'article précédent, allonger *lentement* les bras jusqu'à ce qu'ils soient complètement tendus ; puis, par une contraction des muscles des bras et des épaules, fléchir de nouveau les bras pour remonter les épaules à hauteur des mains.

⋆⋆ Art. 3. *Placement des pieds.*
L'élève, s'étant soulevé des deux mains,
fléchit légèrement la jambe gauche en
l'inclinant vers l'extérieur, place la
corde à gauche et de manière qu'elle
vienne effleurer le cou-de-pied gauche ;
puis il ramasse, au moyen du cou-
de-pied droit, l'extrémité de la corde
pour la serrer ensuite entre la plante
du pied droit et les parties supérieures et internes du pied gauche.

Il y a une seconde manière de placer les
pieds : ayant la corde entre les jambes, la faire
passer le long de la cuisse et du mollet, puis la
ramener en avant pour la serrer sur le cou-de-
pied au moyen de la plante de l'autre pied.

⋆⋆⋆ Art. 4. *S'élever à l'aide des pieds et
des mains.* Cet exercice n'est que l'application
des deux exercices précédents, dont on répète
les principes de la manière suivante : allonger
les bras, saisir la corde des deux mains et soulever le corps, fléchir fortement les jambes,
prendre au moyen des pieds l'appui sur la
corde, allonger les jambes et le corps, déplacer
les deux mains, *l'une avant, l'autre après,* saisir de nouveau la
corde en allongeant les bras et soulever le corps pour continuer
à monter.

Pour descendre, l'élève allonge les bras, prend appui sur
la corde au moyen des pieds, descend d'abord une main, l'autre
après, pour les placer à hauteur de la tête, allonge les jambes
en laissant glisser la corde entre la plante d'un pied et le tarse

de l'autre; prend nouvel appui au moyen des pieds, et continue à descendre.

Les élèves ne sont admis à exécuter cet exercice et à s'élever à un mètre de haut que lorsqu'ils savent bien appliquer les deux exercices précédents.

Il doit être défendu aux élèves de se laisser glisser en descendant, d'abord parce que c'est contraire à tous les principes, et ensuite parce qu'ils s'exposent à se brûler l'intérieur des mains.

> Art. 5. *Exécution à la corde des exercices prescrits aux perches.*

1° Grimper à la corde, une jambe devant et l'autre derrière.

2° Monter à l'aide des pieds et des mains, et descendre à l'aide des mains seules, les bras fléchis.

3° Monter et descendre à l'aide des mains seules, les bras fléchis.

Pour se reposer sur la corde, on la place sous les pieds, sous les cuisses ou sous l'une des cuisses; on fléchit fortement le corps pour relever l'extrémité inférieure de la corde que l'on réunit à l'autre extrémité.

MAT.

★★ Art. 1. *Monter au mât en croisant les bras et les jambes.* S'élever sur la pointe des pieds, étendre les bras et saisir le mât aussi haut que possible, le serrer fortement des bras contre la poitrine, enlever le corps, ployer les jambes et les croiser de manière à pouvoir soutenir le corps ; détacher les mains, les élever le plus haut possible en allongeant le corps et saisir le mât comme il vient d'être dit ; les mains étant fixées de manière à maintenir le corps, ouvrir les jambes, les enlever en les ployant, et les croiser pour continuer le mouvement ascensionnel.

La descente s'effectuera par les mouvements inverses : étendre les jambes, les croiser en les fixant fortement au mât, puis raccourcir le corps, descendre les bras, les croiser fortement en serrant l'arbre contre la poitrine, allonger de nouveau les jambes et continuer ces mouvements en évitant de se laisser glisser.

On pourra varier la position et le mouvement des jambes comme suit :

** Art. 2. *Placer le mollet d'une jambe devant l'arbre et le cou-de-pied de l'autre derrière.*

*** Art. 3. *Placer une jambe de chaque côté du mât et le serrer par une forte pression des pieds et des genoux.*

*** Art. 4. *Ployer fortement les jambes en écartant les genoux et serrer le mât entre les plantes des pieds.* Cette dernière manière est souvent employée par les bateliers ou les marins ; nous ne faisons que l'indiquer, sans la recommander, attendu qu'elle exige que l'élève n'ait pas de chaussure.

On descend du mât dans les diverses positions prescrites pour les perches.

★★★ Art. 1. *Marche ascendante.* Pour cette marche les élèves sont déployés à trois pas et placés à quelque distance du pied d'un talus ou de toute autre pente peu rapide; le professeur commande : *Marche ascendante.* — MARCHE.

Les élèves se dirigent vers le plan en marchant sur la pointe des pieds; arrivés au pied du talus, ils donnent une extension à la jambe qui est en arrière, élèvent l'autre en ployant le genou, la pointe du pied baissée, prennent appui en fixant fortement les orteils sur le plan et continuent à monter à petits pas, en penchant le haut du corps en avant et en lui donnant une grande flexibilité.

★★★ Art. 2. *Marche descendante.* Pour descendre, le pied est posé à plat, le poids du corps reposant sur les talons, les jambes sont légèrement fléchies, le haut du corps est porté en arrière, sans l'incliner ni à droite ni à gauche. Lorsque les élèves sont habitués à ces exercices, il leur est permis de marcher obliquement, de côté, ou bien de décrire des zigzags ou des courbes paraboliques allongées, en présentant toujours un côté au plan.

* * * Art. 3. *Course ascendante.*

* * * Art. 4. *Course descendante.*

Ces deux articles sont une répétition de la marche ascendante et de la marche descendante, excepté que les élèves sont formés par groupes que l'on fait concourir ensemble.

Dans la course descendante, le corps a une tendance à se porter en avant; si, au lieu de détruire cette tendance en portant le corps en arrière, l'élève avait commis la maladresse de l'augmenter par un élan, il ne pourrait plus arrêter l'impétuosité de sa course; dans ce cas, il devrait tourner insensiblement à droite ou à gauche, en évitant de toucher le sol des mains, au lieu de suivre aveuglément l'impulsion qu'il aurait reçue.

EXERCICES D'ÉQUILIBRE SUR ÉCHELLE COUCHÉE.

Lorsqu'on dispose d'une échelle oblique ou horizontale mobile, on la couche sur le sol pour y exécuter des exercices d'équilibre; on peut aussi utiliser pour ces exercices un tronc d'arbre ou une poutre horizontale placée à quelques centimètres du sol (voir à l'Appendice les exercices tolérés). L'utilité pratique de ces exercices suffit pour les recommander d'une manière toute particulière.

* * * Art. 1. L'échelle étant placée horizontalement sur le sol, les élèves sont appelés à tour de rôle.

L'élève appelé, fixe le milieu de la plante du pied gauche sur le premier échelon, étend les bras légèrement ployés pour maintenir l'équilibre et continue à marcher du pied droit sans courir, en ne franchissant qu'un échelon à la fois.

Lorsque les élèves ont acquis l'habitude de marcher lentement et de bien conserver l'équilibre, le professeur leur permet de franchir deux échelons à la fois. Puis, il les autorise à franchir les échelons à la course cadencée. On varie aussi cet exercice en faisant franchir l'échelle les pieds et les mains dans la position quadrupède qui peut être appelée « appui transversal couché. »

> Art. 2. On apprend ensuite à marcher sur deux, puis sur un montant, sur lesquels on exécute les mouvements suivants :

marcher en avant, — s'arrêter, — prendre une position latérale, — marcher de côté, — changer le pas, — se tenir en équilibre sur une jambe. — exécuter les flexions et les extensions des extrémités supérieures, — les luttes libres.

ÉCHELLE OBLIQUE.

** Art. 1. *Monter par devant face à l'échelle, les pieds sur les échelons, les mains aux montants ; descendre de même.* L'échelle est bien appuyée sur le sol, elle forme un angle de 32 à 36 degrés avec le mur.

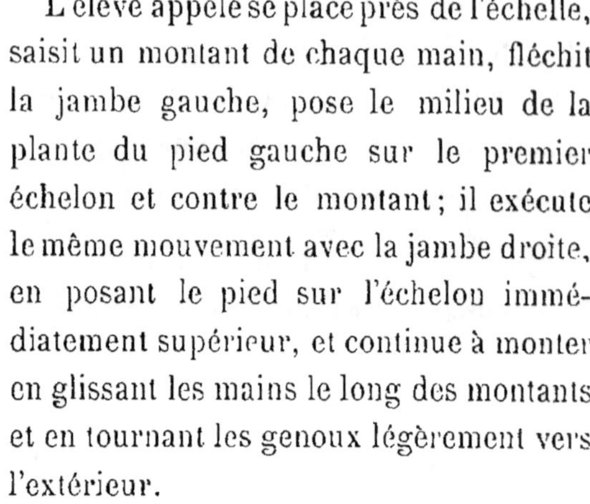

L'élève appelé se place près de l'échelle, saisit un montant de chaque main, fléchit la jambe gauche, pose le milieu de la plante du pied gauche sur le premier échelon et contre le montant ; il exécute le même mouvement avec la jambe droite, en posant le pied sur l'échelon immédiatement supérieur, et continue à monter en glissant les mains le long des montants et en tournant les genoux légèrement vers l'extérieur.

Descendre de même.

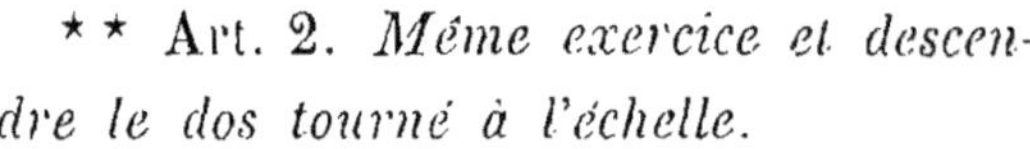

** Art. 2. *Même exercice et descendre le dos tourné à l'échelle.*

Lorsque l'élève est arrivé à la partie supérieure de l'échelle, il se tourne pour descendre la face en avant. Cette descente s'effectue le corps porté légèrement en arrière, les jambes fortement fléchies, les mains et les avant-bras glissant le long des montants.

** Art. 3. *Monter et descendre à cheval sur les montants.*

L'élève appelé se place près de l'échelle, saisit, le plus haut possible, un montant de chaque main, soulève le corps par un effort des bras et se place à cheval sur les montants, qu'il serre fortement entre les jambes. Lorsqu'il a bien assuré la position des jambes de manière qu'elles puissent soutenir le corps, il allonge le corps et les bras, fixe fortement les mains pour soulever de nouveau le corps et continue le mouvement ascensionnel. Pour descendre, l'élève se laisse glisser

lentement en exerçant une pression des avant-bras et des jambes et en évitant le frottement des mains. La pression des jambes doit être assez forte pour permettre à l'élève de s'arrêter lorsqu'il le désire.

** Art. 4. *Se suspendre aux montants et soulever le corps.* Se suspendre, les bras allongés, puis soulever le corps en fléchissant les bras jusqu'à ce que le menton vienne à hauteur des mains; allonger lentement les bras pour recommencer le même mouvement. Les jambes sont pendantes et légèrement fléchies, la pointe des pieds dirigée vers le sol, la tête portée en arrière.

*** Art. 5. *Se suspendre d'une main à un échelon.* Saisir des deux mains et près des montants, l'échelon le plus élevé qu'on peut atteindre, les bras allongés; lâcher une main et la porter à la hanche; rester un instant dans cette position, ressaisir l'échelon pour lâcher ensuite l'autre main qui se place de la même manière à la hanche.

*** Art. 6. *Monter par les montants, sans le secours des pieds et en déplaçant les mains successivement.* Saisir les montants en allongeant les bras, fléchir les bras et soulever le corps; ouvrir légèrement une main, la glisser le long du montant en allongeant le bras, la fixer au montant et continuer à monter sans balancer les jambes. Descendre de même.

*** Art. 7. *Monter par les montants en déplaçant les mains simultanément (par saccades).* Mêmes principes que pour les exercices **aux** perches, en conservant les bras fléchis, les jambes pendant naturellement.

> Art. 8. *Monter par les échelons en déplaçant les mains alternativement.* Mêmes principes que les exercices précédents, en ayant soin de saisir les échelons près des montants.

Il faut observer une sage progression dans ces exercices, et ne pas laisser franchir à un élève un nombre d'échelons qui ne serait pas en rapport avec sa force ou son degré de développement. Dès que l'élève cesse de mettre de la grâce et de l'aisance dans ses mouvements, on doit l'empêcher de s'élever davantage.

Dans tous les mouvements qui s'exécutent par derrière l'échelle, l'élève, arrivé au haut de celle-ci, se repose, en plaçant les pieds sur un échelon, avant de prendre la position indiquée pour la descente.

On peut encore exécuter aux échelles les exercices suivants, qu'il suffira d'indiquer.

> Art. 9. *Monter par derrière les pieds et les mains aux échelons.*

> Art. 10. *Monter en plaçant une main à un échelon, l'autre au montant.*

> Art. 11. *Monter à l'échelle par derrière, les bras en supination, la paume de la main tournée vers la figure.*

> Art. 12. *Monter en plaçant les deux mains à un seul montant.*

> Art. 13. *Monter par devant au moyen de la sustentation des mains sur les échelons; les jambes le long des montants; descendre à cheval sur les montants.*

PLANCHE D'ASSAUT.

★★★ Art. 1. *S'accrocher par les phalanges à l'échelon le plus élevé qu'on pourra atteindre en étendant les bras.* Contracter les muscles des mains et des bras et soulever le corps jusqu'à ce que la tête soit à hauteur des mains. Rester un instant suspendu; descendre en allongeant les bras et en ployant les extrémités inférieures, dès que la pointe des pieds touche le sol.

★★★ Art. 2. *Monter deux, trois ou quatre échelons sans se servir des pieds.* Saisir l'échelon le plus élevé qu'on pourra atteindre, enlever le corps en ployant les bras; saisir d'une main l'échelon immédiatement au-dessus, s'y attacher fortement, placer l'autre main sur le même échelon, enlever de nouveau le corps et continuer à monter ainsi quatre ou cinq échelons sans se servir des pieds. — Descendre de même.

★★★ Art. 3. *Monter en se servant des mains et des pieds.* Lorsque les élèves auront acquis quelque habileté dans les exercices précédents, ils pourront s'élever de la manière suivante en se servant des mains et des pieds : Saisir des deux mains un échelon élevé, soulever le corps en le ployant et placer la pointe du pied sur un échelon, rapporter l'autre pied à côté de ce dernier, redresser le corps pour saisir d'une main un nouvel échelon, rapporter l'autre main à côté de cette dernière et continuer à monter ainsi, en ayant soin de placer toujours les mains, ainsi que les pieds, sur un même échelon.

La descente s'effectue comme la montée, en ayant soin de ne jamais déplacer l'une des mains en même temps que l'un des pieds.

VIEUX MURS I.

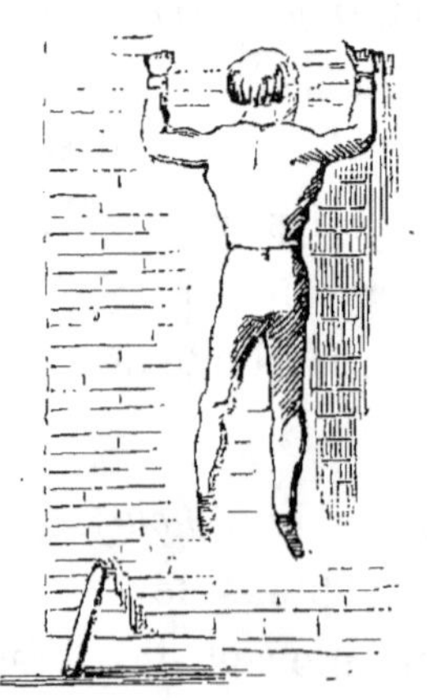

★★★ Art. 1. *Assaut au mur.* Les élèves sont disposés devant un vieux mur dans lequel on aura taillé des interstices ou degrés, espacés de 18 à 25 centimètres, et assez profonds pour permettre à la pointe du pied de s'y introduire au moins de 4 centimètres. Cet exercice est exécuté par un élève à la fois; le numéro appelé vient se placer près du mur, saisit des deux mains le degré le plus élevé qu'il peut

----

I Le programme comprend cet exercice parce qu'il peut trouver son application dans une circonstance critique de la vie; toutefois, si l'on ne dispose pas d'un vieux mur, on pourra se borner aux exercices de la planche d'assaut.

atteindre, enlève le corps en ployant les bras et en appuyant les coudes au mur; puis il saisit d'une main le degré immédiatement au-dessus, s'y attache fortement, place l'autre main dans la même rainure, enlève de nouveau le corps et continue à monter ainsi trois ou quatre degrés sans se servir des pieds.

Après quelques jours de cet exercice, le professeur permettra aux élèves qui s'y seront le plus distingués, de gravir huit à dix degrés.

Les élèves qui y seront parvenus, pourront se reposer un instant en s'aidant des pieds.

La descente s'effectue d'après les principes de la montée, c'est-à-dire en s'accrochant des deux mains successivement au même degré.

Le professeur défendra aux élèves de s'entr'aider pour monter ou descendre.

Lorsque cet exercice sera bien exécuté, on formera une classe des élèves qui seront parvenus au sommet sans se servir des pieds; cette classe sera seule admise à l'assaut à volonté.

> Art. 2. *Assaut au mur à volonté.* On laisse aux élèves toute liberté de se servir des pieds et des mains; ils ne seront plus astreints à poser les deux mains au même degré; toutefois, il leur est recommandé de ne jamais déplacer la main posée la première, avant que l'autre soit bien fixée au nouveau point d'appui; il en est de même des pieds, qu'on posera dans les rainures en évitant de les déplacer en même temps que les

mains, par la raison que le pied, se plaçant plus difficilement, n'offre pas un point d'appui assez sûr.

La descente s'effectuera d'après les principes de la montée.

Le professeur permettra aux meilleurs sauteurs de descendre au moyen du saut en profondeur, lorsque celui-ci n'excèdera pas *deux mètres*.

Dans l'application de cet assaut, les élèves seront prêts à exécuter le saut en profondeur, afin de ne pas être surpris si les mains venaient à lâcher prise.

> Art. 3. *Saut en profondeur en s'aidant des mains.* Les jeunes gens de 16 ans et au-delà qui appliqueront dans la perfection les principes des différents sauts, seront seuls admis à exécuter celui-ci.

Si la hauteur du mur excède deux mètres, le sauteur s'accroche fortement d'une main au mur ou à l'interstice, les jambes pendantes, descend l'autre main et s'en fait un appui pour s'éloigner du mur au moment du saut; il observe en tombant tous les principes du saut en profondeur et évite de faire un trop grand effort pour s'éloigner du mur, afin de ne pas imprimer au corps une fausse direction qui pourrait occasionner une chute.

> ÉCHELLE HORIZONTALE.

Art. 1. *Suspension transversale.* S'élancer en suspension transversale, en saisissant un montant de chaque main ; les bras et les jambes allongés, la pointe des pieds dirigée vers le sol ; fléchir les bras pour soulever le corps, en portant la tête en arrière. Allonger lentement les bras pour se soulever de nouveau, sans toucher le sol.

Art. 2. *Avancer et reculer en suspension transversale.* L'élève occupant la position qui précède, déplace alternativement les mains pour se diriger en avant ou en arrière, en conservant les bras fléchis, la tête un peu en arrière, les jambes réunies et pendant naturellement.

Art. 3. *Avancer et reculer par saccades en position transversale.* Étant dans la suspension transversale, imprimer une extension aux muscles des bras et des jambes et s'élancer en avant en déplaçant les mains simultanément.

Art. 4. *Suspension latérale.* Se placer à l'une des extrémités de l'échelle et face au montant ; saisir le montant des deux mains, la paume en avant, les bras légèrement écartés. Dans cette

position, appuyer à droite ou à gauche en glissant les mains sur le montant, d'abord en tenant les jambes immobiles et ensuite en les balançant.

Art. 5. *Suspension latérale et élever la tête au-dessus du montant.* Étant dans la position indiquée à l'article précédent, faire effort des poignets et des bras pour soulever le corps jusqu'à ce que la tête dépasse le montant. Revenir lentement à la suspension tendue en allongeant les bras pour recommencer le mouvement.

Art. 6. *Suspension latérale par les échelons.* Se placer à l'une des extrémités de l'échelle, s'élancer à deux échelons, en laissant un échelon libre au centre, les paumes des mains se faisant face, les jambes pendant naturellement, la pointe des pieds dirigée vers le sol.

Art. 7. *Appuyer étant dans la suspension latérale aux échelons.* L'élève ayant pris la position qui précède, lâche l'une des mains pour saisir l'échelon laissé libre au centre, puis, de l'autre main, saisit un échelon plus éloigné et continue ainsi à avancer jusqu'à l'autre extrémité de l'échelle.

Art. 8. *Aller en avant par les échelons dans la suspension transversale.* Placé à l'extrémité de l'échelle et faisant face aux échelons, l'élève s'élance à un échelon qu'il saisit des deux mains, les ongles en avant, les bras fléchis, les jambes réunies. Dans cette position, lâcher l'échelon d'une main pour aller saisir l'échelon suivant, déplacer l'autre main pour la porter au même échelon, et continuer à avancer. On revient à reculons d'après les mêmes principes.

Le même exercice peut s'exécuter avec les bras tournés en supination.

Art. 9. *Suspension latérale aux échelons et se diriger par brasses vers l'autre extrémité de l'échelle.* Placé sous l'échelle et de manière à présenter la droite à l'extrémité la plus rapprochée, l'élève saisit deux échelons en laissant au centre autant d'échelons libres que le permet la longueur des bras, il lâche la main droite, se balance en faisant face à gauche et va saisir de la main droite l'échelon le plus éloigné qu'il peut atteindre, il lâche ensuite la main gauche, fait face à droite en se balançant et va saisir de la main gauche un autre échelon, puis il continue en faisant alternativement face à droite et à gauche.

Art. 10. *Suspension par les phalanges.* Allonger les jambes et les bras, et saisir les rainures par les phalanges; se suspendre et avancer ou reculer comme il vient d'être prescrit.

FARDEAUX.

> « Il n'y a pas de fardeau si lourd qu'on ne puisse rendre plus léger en le chargeant avec adresse. »

Différentes manières de placer un enfant qu'il s'agirait de sauver d'un danger.

★ ★ ★ Art. 1. *Transport de différents fardeaux.* On doit habituer les élèves à traîner, à pousser, à soulever et à porter avec adresse toute espèce de fardeaux; des pierres arrondies, des morceaux de bois, des sacs remplis de sable de différentes dimensions et de différents poids, en rapport avec la force des élèves, servent à cet usage. Les élèves exécutent les marches, les courses et les sauts. L'objet à transporter est placé de manière à ne pas gêner la rapidité de la course et à ne pas tomber en route.

> Art. 2. Lorsque les élèves seront habitués au transport des fardeaux, on leur apprendra à transporter un ou plusieurs enfants qu'il s'agirait de sauver d'un danger; car il ne faut pas que des jeunes gens, dont les forces et l'adresse sont développées, soient embarrassés d'un pareil fardeau, ou que leur inexpérience soit un obstacle à l'accomplissement d'une bonne action qu'un heureux hasard mettrait à leur portée.

Cet exercice se fait par un élève de 16 ans ou au-delà, et par un ou plusieurs enfants de 7 à 8 ans; les autres font cercle autour de ceux-ci.

Lorsque tous les élèves sont parfaitement initiés aux différentes manières de charger ces fardeaux, le professeur fait exécuter ces exercices à plusieurs élèves à la fois, puis il les fait marcher en ordre au pas cadencé.

Il est recommandé aux élèves d'être très-doux à l'égard des enfants, de chercher à s'en faire aimer et de les considérer, pendant ces exercices, comme de petits malades ou de petits blessés qu'il s'agit de transporter.

1° *Placer l'enfant sous l'un ou l'autre bras.* Saisir un élève par derrière, les mains posées sous les aisselles, le soulever et le placer doucement sous l'un des bras, la face

tournée légèrement vers la terre, la tête levée. Le bras du porteur passe sous le ventre, de manière que l'enfant ait la poitrine bien libre.

2° *Porter l'enfant sur le dos.* Placer l'enfant à califourchon sur le dos, les bras croisés sur la poitrine du porteur, le gras des jambes reposant sur les hanches.

3° *Placer l'enfant à cheval sur les deux épaules*. L'enfant étant placé à califourchon, le soulever par le haut des bras jusqu'à ce qu'il puisse passer les jambes ployées par dessus les épaules, pour les laisser pendre ensuite de chaque côté de la tête et devant la poitrine du porteur.

Tenant l'enfant dans cette position, on le porte de deux manières :

1° En le tenant par les deux mains ;

3° En lui disant de croiser les jambes sur la poitrine et les mains sur le front du porteur ; dans cette position, ce dernier a les bras en liberté pour porter, au besoin, un ou deux autres enfants.

4° *Asseoir l'enfant sur une épaule, les jambes pendantes en avant*. Lorsque l'enfant est déjà à cheval sur les deux épaules du porteur, rien de plus facile que de lui faire passer la jambe droite par-dessus la tête du porteur, qui embrasse ensuite les deux jambes de l'enfant au moyen du bras gauche, et, de la main droite, le bras droit de l'enfant pour le soutenir.

Si l'enfant était à terre, le porteur le saisirait par derrière, les deux mains sous les aiselles et le déplacerait sur une ou l'autre épaule pour prendre la position qui vient d'être indiquée.

5° *Placer un enfant à cheval sur chaque épaule*. Les deux enfants se mettent devant le porteur en se faisant face et en se plaçant mutuellement sur l'épaule le bras qui fait face au

porteur. Celui-ci se baisse ensuite pour passer les épaules entre les jambes des élèves à transporter ; puis il saisit le bras gauche de l'enfant placé sur l'épaule gauche et le bras droit de l'enfant placé sur l'épaule droite, et se redresse pour se tenir prêt à marcher au commandement du professeur.

> Art. 3. *Transport d'un malade ou d'un blessé.* L'utilité pratique de cet exercice suffit pour le recommander.

Les élèves étant placés sur deux rangs et déployés à une dizaine de pas, le mouvement sera exécuté alternativement par le premier et le second rang. Toutefois, dans les débuts, le professeur se bornera à le faire exécuter par deux élèves, les autres faisant cercle.

Le n° 1 se couche sur le dos, donne toute l'élasticité possible aux articulations, évite de faire des efforts ou de contracter les muscles ; en un mot, il conserve un état d'inertie complète.

Le n° 2 saisit le n° 1 par le bras gauche, l'enlève de terre, fléchit et introduit son genou droit sous le dos de son camarade pour le soulever ; en même temps, il se baisse assez pour que le devant de ses épaules vienne toucher la poitrine du n° 1, l'entoure des deux bras à la taille, de manière à faire passer la partie supérieure du corps

sous son bras droit, et, par un effort fait en se redressant, il fait décrire un arc de cercle aux jambes du n° 1, de manière que ce dernier se trouve placé sur son épaule gauche, les jambes pendantes, le haut du corps légèrement incliné en avant.

Il le soutient ainsi, les mains restant à la même place, et marche au commandement du professeur.

Pour déposer l'élève porté, le porteur l'incline en avant, fléchit et ne lâche son camarade que quand il a touché le sol des pieds.

Les élèves qui préfèrent porter sur l'épaule droite, exécutent ce mouvement d'après les mêmes principes, mais par les moyens inverses, c'est-à-dire qu'ils commencent par saisir le bras droit, etc.

> BARRES PARALLÈLES.

Art. 1. *Sustentation ordinaire* (appui transversal). Entrer dans les barres, placer une main sur chaque barre, le pouce à l'intérieur et se soulever lentement en tendant les bras ; le corps droit, les jambes jointes et pendant naturellement, la tête levée.

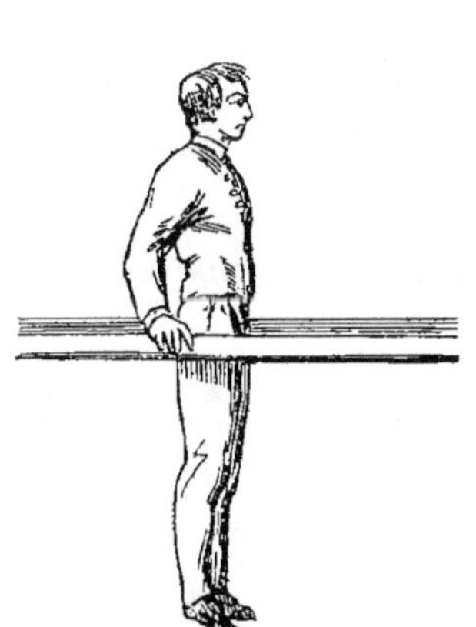

Dans cette position, qui peut être prise par quatre ou cinq élèves à la fois, si la longueur des barres le permet, le professeur peut faire exécuter en cadence : fléchir une jambe en avant, l'autre pendant naturellement, — même mouvement, mais alternatif, — fléchir les deux jambes simultanément.

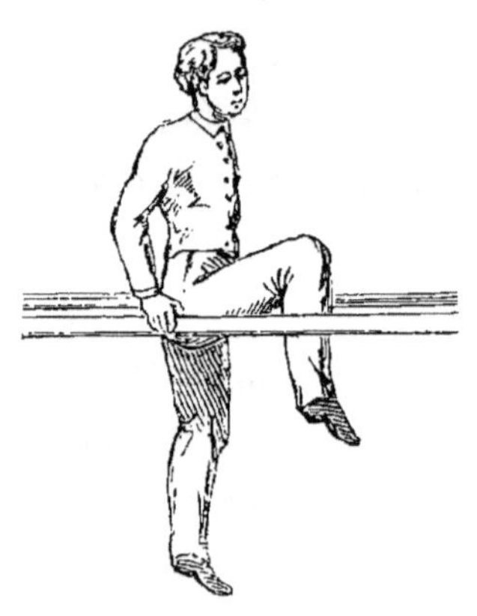

Art. 2. *Aller en avant avec mouvement des jambes.* L'élève étant dans la sustentation transversale, soulève l'une des mains pour la placer à 8 ou 12 centimètres en avant, en même temps qu'il fait une flexion de la jambe du même côté pour faciliter le mouvement, puis il exécute les mêmes mouvements avec l'autre bras et l'autre jambe, et continue à avancer. Arrivé à l'autre extrémité des barres, il fléchit les bras, pose les pointes des pieds réunies sur le sol en penchant le corps en avant et va reprendre sa place.

Art. 3. *Aller en avant par saccades.* Fléchir les bras et les jambes, et par une extension des extrémités supérieures et inférieures, porter simultanément les deux mains en avant ; continuer à avancer ainsi jusqu'à l'extrémité des barres et reprendre sa place comme précédemment.

Les exercices qui précèdent s'exécutent également en allant à reculons.

Art. 4. *Aller en avant par saccades, jambes tendues.* Même mouvement que le précédent excepté que l'on conserve les jambes et les bras tendus.

On peut rendre la marche par saccades plus difficile en la

combinant avec le balancement des jambes et en déplaçant les mains : 1° lorsque les jambes sont en avant; 2° lorsque les jambes sont en arrière et 3° en déplaçant les mains une première fois lorsque les jambes sont en avant, une seconde fois lorsque les jambes sont en arrière, et en continuant ce mouvement alternatif.

Observations. La facile exécution des exercices les plus difficiles aux barres, dépendant de la rigoureuse observation des principes prescrits dans les mouvements élémentaires qui précèdent, le professeur s'efforcera, dès le début, à bien les faire appliquer aux élèves. Il leur recommandera particulièrement de n'aller en avant ou en arrière que par de petits mouvements, de tenir la tête bien dégagée, de creuser les reins en arrière en portant la poitrine et le ventre en avant, de diriger la pointe des pieds vers le sol et de toujours descendre des barres les jambes dirigées en arrière et le tronc penché légèrement en avant.

Art. 5. *Sauter en appui transversal et fléchir les extrémités.* Prendre un petit élan et sauter en appui transversal, bras tendus, fléchir la tête et les jambes en arrière de manière que la partie postérieure du corps affecte la forme concave.

Même mouvement en fléchissant la tête en avant et en rapprochant les genoux de la poitrine.

Art. 6. *De l'appui transversal, bras tendus, passer à l'appui latéral.* Étant dans l'appui transversal, déplacer une main en tournant le bras en supination et aller saisir l'autre barre; changer la position de la main qui n'a pas bougé, en la tournant la paume en avant. Se replacer en appui transversal de l'autre côté pour continuer le mouvement.

Art. 7. *Passer de l'appui bras tendus, à l'appui fléchi et réciproquement.* Sauter en sustentation transversale, fléchir légèrement et lentement les bras, en descendant le corps, les jambes ployées ; faire effort pour redresser le corps et reprendre l'appui tendu.

Cette flexion des bras doit être très-légère au début.

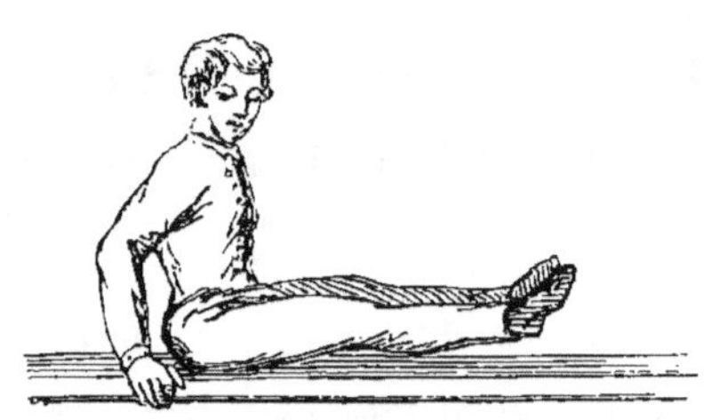

Art. 8. *Mouvements des jambes étant dans l'appui transversal, bras tendus.* On exécute dans cette position : simuler le pas gymnastique sur place, — extension d'une jambe en avant ou en arrière, — balancer une jambe en avant et en arrière, — soulever horizontalement une jambe, — soulever alternativement une jambe, — même mouvement des deux jambes simultanément.

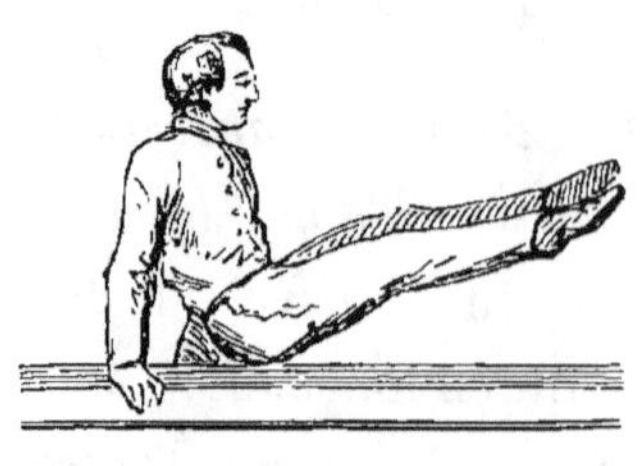

Art. 9. *Balancement dans l'appui transversal, bras tendus.* Placé en appui transversal, les bras tendus, l'élève imprime aux jambes réunies un mouvement d'oscillation d'avant en arrière, qu'il augmente insensiblement pour arriver à les placer

dans une position horizontale, qu'elles ne doivent jamais dépasser. Il diminue ensuite insensiblement le balancement jusqu'à ce qu'il ait complètement cessé, et sort des barres par un petit saut en arrière.

Art. 10. *Prendre le siége transversal.* Étant en sustentation transversale, balancer les jambes, les ouvrir lorsqu'elles sont en avant et prendre le siége transversal à cheval sur les deux barres; balancer les jambes, le corps penché un peu en arrière, et les porter en avant pour les rentrer dans les barres en reprenant la sustentation transversale.

On exécute ensuite cet exercice par les moyens inverses : balancer les jambes et les ouvrir en tournant les genoux en dehors pour prendre le siége transversal, lorsqu'elles sont en arrière; balancer les jambes, le corps penché en avant et les étendre en arrière pour rentrer dans les barres.

Art. 11. *Avancer dans la position de siége transversal.* Prendre le siége transversal en ouvrant les jambes en avant, porter les mains sur les barres en avant des jambes, reprendre la sustentation ordinaire en rentrant dans les barres par derrière, reporter les jambes en avant dans la position de siége transversal, déplacer de nouveau les mains et continuer à avancer.

On exécute ce mouvement à reculons par les moyens inverses.

Art. 12. *Appui fléchi sur les coudes.* Prendre la position de sustentation transversale, bras fléchis, descendre les avant-

bras lentement, sans choc, l'un avant et l'autre après, jusqu'à ce qu'ils reposent sur les barres. Faire effort pour redresser les bras, l'un avant et l'autre après et revenir à l'appui bras tendus en passant par l'appui fléchi.

Art. 13. *Avancer en appui fléchi.* Exécuter dans la position de l'article 7 : aller en avant en déplaçant les mains alternativement, — aller en avant par saccades.

On peut encore aller en avant par saccades et avec balancement des deux jambes, mais ce mouvement est plus ou moins dangereux.

Art. 14. *Appui couché face aux barres.* Prendre l'appui ordinaire, bras tendus, porter la partie intérieure des pieds en

arrière sur les barres et prendre la sustentation couchée, les jambes et les bras bien tendus. Dans cette position, fléchir et étendre les bras, sans ployer les jambes.

Art. 15. *Siéges latéraux.* Étant dans la sustentation ordinaire, balancer les jambes réunies, les enlever en avant au-dessus de la barre de droite et s'asseoir sur cette barre, en

conservant aux mains leurs positions sur les deux barres.

Par les mêmes principes, on prend : le siége latéral en avant à gauche, en arrière à droite, en arrière à gauche; ou bien on passe d'un siége latéral à l'autre.

Art. 16. *Franchir la barre en avant à droite*. Sauter en sustentation transversale, balancer les jambes, les élancer en avant au-dessus de la barre de droite, lâcher

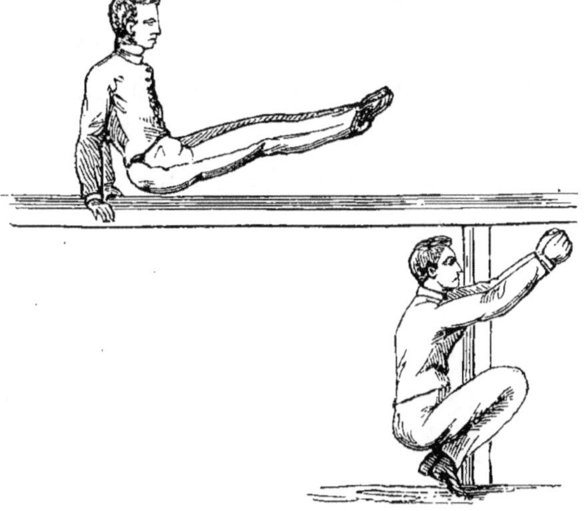

en même temps cette barre, redresser le corps, les jambes légèrement fléchies, la pointe des pieds dirigée vers le sol, et sauter à terre, d'après les principes du saut en hauteur, pendant que la main gauche saisit la barre de droite à l'endroit où était placée la main droite.

On franchit la barre en avant à gauche, en arrière à droite, ou en arrière à gauche d'après les mêmes principes.

Observations. Tout autre exercice qui n'expose à aucun danger et qui ne rentre pas dans la catégorie des exercices *cubistiques*, pourra également être enseigné. Il faut comprendre dans les exercices cubistiques tous les mouvements où, par un balancement outré, l'élève pourrait arriver dans une position qui dirigerait la tête vers le sol et les jambes en l'air.

Outre les appareils qui précèdent, les écoles primaires pour garçons, les athénées, les colléges et les écoles moyennes pourront faire usage de tous les appareils mentionnés dans le programme de gymnastique qui a été publié en 1862, sur les ordres du Gouvernement, par le docteur Theis. Toutefois, il y a exception pour la barre fixe (voir l'Appendice).

L'acquisition des appareils et engins mentionnés dans le programme actuel est seule obligatoire pour ces écoles.

L'Appendice au présent ouvrage contient la théorie de tous les exercices aux instruments et aux appareils dont l'usage est toléré dans les écoles précitées.

NATATION.

> « Apprendre à nager aux enfants c'est
> non-seulement leur donner des bains
> frais très-salutaires, mais fortifier
> leur corps et leur procurer un moyen
> de salut dans certains dangers. »
> (Dr Sovet.)

THÉORIE, —— BASSINS, — MOUVEMENTS PRÉPARATOIRES,
—— DISPOSITIONS GÉNÉRALES & PRÉCAUTIONS A PRENDRE, ——
APPLICATION, — DIFFÉRENTES MANIÈRES DE NAGER,
——APPAREILS NATATOIRES,——OBSERVATIONS,——
SECOURS A PORTER AUX NOYÉS.

Que nous sommes loin de ces temps où l'art de nager consti-
tuait, à Rome, une partie si importante de l'éducation que l'on
y considérait comme un ignorant celui qui n'avait pas appris
cet exercice; où, pour caractériser un personnage grossier, un
jeune homme sans éducation, un ancien proverbe disait *qu'il
ne savait ni lire ni nager!*

La natation est un exercice qui active toutes les forces vitales, favorise le jeu régulier des muscles et des divers organes,
développe considérablement l'appareil de la respiration, a une
grande influence sur la résistance à la fatigue, rend l'homme
plus hardi et, partant, le dispose à accomplir ces actes de
dévouement qui honorent tant leurs auteurs.

La natation est donc un exercice tonique et gymnastique par
excellence, et il devient humanitaire par la facilité qu'il donne
à l'homme de se tirer d'un danger ou de porter secours à son
semblable.

« La natation, » dit le docteur Sovet, « est un exercice si
» bienfaisant pour les adolescents des deux sexes, qu'à nos

» yeux c'est un véritable bienfait d'être élevé dans une localité
» située près d'une rivière ou, mieux encore, sur les bords de
» la mer; aussi ne saurions-nous trop recommander cet
» exercice aux parents et aux directeurs des pensionnats. »

Quand on considère le chiffre de noyés qui est enregistré chaque année — effrayant tribut payé à l'ignorance, — quand on réfléchit au nombre considérable d'enfants et de personnes de tout âge qui sont exposés au même danger, on est étonné de voir que l'on prenne si peu de précautions pour s'en garantir.

Nous n'avons, pour notre part, jamais compris qu'un père pût ne pas exiger que ses fils connussent un exercice aussi simple que facile, et dont l'ignorance a parfois de si terribles conséquences. Sans doute, les parents redoutent souvent les accidents; mais il suffit de quelques précautions à prendre pour éloigner tout danger que pourrait offrir cet exercice.

Il est temps que cette branche de l'éducation physique sorte de l'oubli où elle est reléguée et qu'elle soit rendue *obligatoire* dans tous les établissements d'instruction, afin de familiariser au plus vite les enfants avec un élément qui peut compromettre aussi souvent leur existence.

Pour convaincre MM. les professeurs de la facilité avec laquelle l'homme apprend à nager, il suffira de leur dire que, pendant l'été de 1861, à Anvers, nous avons réuni vingt-huit jeunes gens, sous-officiers du 10e régiment de ligne et âgés de 24 à 30 ans; nous leur avons enseigné dans une chambre de la caserne les mouvements préparatoires pendant quinze jours, une heure par jour; puis, nous avons tenté l'application de cet exercice bienfaisant; à la troisième leçon, quatre élèves déjà traversaient le bassin qui a au-delà de 40 mètres de largeur, et à la douzième application, vingt autres élèves faisaient cette traversée. Donc, quinze leçons préparatoires et douze applications avaient suffi pour apprendre à nager à vingt-quatre élèves sur vingt-huit.

Du reste, la théorie de cet exercice est facile, simple à démontrer ; son application ne demande ni force ni intelligence, car la bonne volonté et la persévérance suffisent pour faire de bons nageurs.

Le pays offre d'ailleurs toutes les ressources désirables pour l'enseignement de la natation ; quelques villes seulement sont dans des conditions difficiles, mais non insurmontables, pour l'établissement de bassins.

Espérons que les autorités communales comprendront l'importance de cet objet et qu'elles se feront bientôt un devoir de créer ces indispensables bassins de natation, dont l'absence est la cause du grand nombre d'accidents que la statistique enregistre chaque année.

Combien de jeunes gens n'eussent pas péri s'ils avaient eu, une fois par semaine seulement, l'occasion d'aller s'exercer au bassin de natation !

THÉORIE DE LA NATATION.

Le corps humain est généralement d'un poids à peu près égal à celui du volume d'eau qu'il déplace. Si, proportionnellement, la tête n'était pas d'un plus grand poids que les extrémités des membres inférieurs, l'homme, aussi facilement que le quadrupède, nagerait naturellement. Tenir la tête hors de l'eau pour pouvoir respirer à l'aise, est donc ce qui fait que la natation est pour l'homme une difficulté, par la raison que, pour y parvenir, il diminue le volume d'eau déplacée et augmente relativement le poids du corps.

Cette difficulté sera surmontée par quelques mouvements simples, réguliers et modérés des bras et des jambes, effectués sans efforts.

La locomotion en ligne directe étant une conséquence de l'harmonie des mouvements, il suffit, pour se diriger d'un côté quelconque, de ralentir ou de suspendre les fonctions des membres de ce côté.

BASSINS DE NATATION.

Les bassins de natation sont très-rares dans le pays, quoique leur établissement soit d'une grande simplicité.

Nous donnons les moyens de les établir dans les deux cas qui se présentent le plus souvent :

Si la rivière offre un endroit convenable à la construction d'un bassin, on la fera sonder en différents endroits, pour arriver, par quelques travaux, à établir une gradation variant la hauteur d'eau d'après les données suivantes :

0^m64, *pour les enfants de cinq à sept ans;*

0^m80, *pour les enfants de sept à dix ans;*

0^m92, *pour les enfants de dix à seize ans;*

1^m10, *pour les jeunes gens de taille ordinaire;*

1^m30, *pour les jeunes gens de taille plus élevée.*

La taille pouvant considérablement varier chez les enfants d'un même âge, le professeur réunira ceux de la même grandeur et leur assignera le bassin où le niveau d'eau arrivera jusqu'au dessous de leur bras.

Les cinq niveaux, que l'on désignera : bassins n°s 1, 2, 3, 4 et 5, seront séparés au moyen de pieux reliés par des cordes ou, mieux encore, par des planches.

Si la rivière n'offre pas d'endroit convenable, on établira les cinq bassins prescrits en les creusant à proximité d'un cours d'eau ou d'une source propres à les alimenter.

La natation ordinaire ou naturelle ne se compose que de deux mouvements; mais, afin d'en faire mieux comprendre le mécanisme, il est nécessaire de la diviser en trois mouvements; lorsque l'élève commencera à se soutenir sur l'eau, le troisième mouvement se joindra naturellement au premier.

La perfection dans la manière de nager dépendant de la lenteur, de l'ensemble et de la corrélation de ces mouvements, le professeur exigera que les élèves les exécutent d'une manière très-satisfaisante avant de leur permettre de les appliquer dans l'eau.

§ 1. — *Mouvements de chaque jambe alternativement.* Les élèves, placés sur deux rangs, sont déployés comme pour les exercices de pied ferme, mais à six pas de distance; le professeur commande :

1. *En position sur la jambe droite pour nager,* — UN.
2. DEUX.
3. TROIS, — HALTE.

1. Avancer le haut du corps en portant tout son poids sur la pointe du pied droit; réunir les mains par les pouces, en avant de la poitrine, les autres doigts joints, les extrémités des index se touchant, les coudes près du corps; élever en même temps le genou gauche, de manière que la cuisse forme un angle droit avec le corps, la jambe ployée, le haut du mollet touchant

légèrement la partie inférieure de la cuisse, le genou écarté, la pointe du pied tournée en dehors.

2. Allonger vivement les bras en avant sans disjoindre les mains; étendre, en même temps, la jambe en l'écartant à gauche et en baissant le talon; rester un instant dans cette position.

3. Écarter les bras lentement, sans aucune roideur, en se gardant de les ployer, leur faire décrire, de chaque côté, un tiers de cercle, en suivant le mouvement naturel qui force les bras à se baisser lorsqu'ils dépassent la ligne des épaules, la paume des mains tournée légèrement en dehors; ramener en même temps la jambe avec lenteur dans la direction du corps. — Ployer les bras et reporter les mains à leur position primitive, en ployant la jambe gauche, compter : UN, pour ce mouvement; puis continuer en comptant DEUX, — TROIS.

Le premier et le troisième mouvement doivent être faits lentement; le deuxième s'exécute avec vigueur; ce mouvement terminé, on marque un temps d'arrêt avant de passer au suivant.

Ce temps d'arrêt doit être exagéré dans les débuts, afin de

mieux en faire sentir la nécessité aux élèves. Cet exercice, après avoir été exécuté très-exactement sur la jambe droite, sera répété sur la jambe gauche, puis sur chaque jambe alternativement.

Lorsque les élèves feront ces exercices avec la régularité et la lenteur voulues, le professeur les réunira à l'effet de leur expliquer, de la manière suivante, la raison de chaque mouvement :

1° Étendre simultanément et avec force les bras et les jambes : *pour fendre l'eau et obtenir le plus de force de locomotion possible;*

2° Les jambes écartées, les talons baissés : *pour donner au corps une impulsion de bas en haut et empêcher ainsi la tête de s'immerger;*

3° Ramener les jambes, après leur extension, dans la direction du corps : *afin qu'elles offrent moins de résistance au fluide;*

4° Rester le plus longtemps possible dans cette position : *parce que c'est le moment où le nageur se repose;*

5° Écarter les bras très-lentement : *afin de se fatiguer le moins possible;*

6° La paume des mains tournée légèrement en dehors : *pour se maintenir sur l'eau en la refoulant.*

★★ § 2. — *Mouvements des deux jambes simultanément.* Les élèves ayant compris l'utilité de chaque mouvement, le professeur les fera s'appuyer sur un objet quelconque pour faire exécuter le mouvement des deux jambes à la fois.

On pourra utiliser pour cet usage, un tréteau, un banc, une table, des chaises pliantes munies de fortes sangles, sur lesquels l'élève se place, les jambes légèrement inclinées vers le sol, la tête relevée.

DISPOSITIONS GÉNÉRALES ET PRÉCAUTIONS A PRENDRE.

1° Les bains se prennent avant les repas ou au moins trois heures après;

2° L'heure la plus convenable est celle qui précède le coucher du soleil. Cette heure convient également parce que c'est le moment où les classes se terminent et, partant, celle où les élèves pourront retourner chez eux satisfaire l'appétit que cet exercice tonique et gymnastique aura fortement aiguisé;

3° Il est bon de se livrer à un exercice avant le bain; mais il faut éviter de le pousser jusqu'à la transpiration; dans ce cas, on attendrait que le corps fût rafraîchi et que la transpiration eût entièrement cessé;

4° Avant d'entrer dans l'eau, il faut se placer sur le bord du bassin, se rafraîchir la tête, la poitrine et le ventre, puis s'élancer franchement, de manière à mouiller tout le corps à la fois;

5° Il faut que les élèves entrent dans l'eau tous à la fois, mais ils doivent pouvoir en sortir quand bon leur semble;

6° Un bain peut durer quinze minutes; il faut en sortir plus tôt, si le froid ou le frisson éprouvé en entrant au bain ne se dissipe pas après cinq minutes ou se reproduit. Au sortir du bain, on s'essuie parfaitement le corps, puis on favorise la réaction par une marche précipitée ou par un autre exercice;

7° Les élèves faibles et délicats ne doivent rester que quelques minutes dans le bain, afin de s'y habituer graduellement; en un mot, ils y restent d'autant moins longtemps qu'ils sont d'une nature plus sensible et plus irritable.

8° Si le soleil était trop ardent, il faudrait engager les élèves à ne laisser que la tête hors de l'eau et à l'immerger de temps en temps; dans ce cas aussi, ils devront s'habiller de suite en sortant du bain.

9° Si, la plupart du temps, les mouvements de natation n'étaient paralysés par la peur, tous les jeunes gens sauraient bientôt nager. Le professeur doit donc s'efforcer de rassurer les élèves craintifs et les convaincre que, s'ils font *lentement* et *régulièrement* les mouvements préparatoires, tous sauront nager en peu de temps.

10° Il y a des enfants qui éprouvent quelque frayeur lorsqu'ils vont au bain pour la première fois ; on ne doit jamais les faire entrer dans l'eau de force : il faut qu'ils accompagnent leurs camarades jusqu'au bassin, et là ils doivent être laissés libres d'entrer au bain ou de rester impassibles spectateurs des ébats de leurs petits amis. Au bain suivant, ils descendront au bassin sans qu'on s'occupe d'eux.

11° Les mœurs doivent toujours être soigneusement respectées pendant l'application de cet exercice ; les élèves doivent avoir un caleçon de bain.

APPLICATION.

Les élèves ne seront conduits au bassin que lorsqu'ils connaîtront parfaitement les exercices prescrits aux *mouvements préparatoires*.

Avant de quitter l'école, on leur dit encore que ceux qui

appliqueront le plus lentement et le plus régulièrement les principes, seront ceux qui apprendront le mieux et le plus promptement à nager.

Arrivés au bassin, les élèves sont classés par groupes de trois, et restent ainsi réunis pendant toute la période des bains.

Au signal donné, ils entrent dans l'eau par groupes, à dix pas de distance.

Chaque élève, à tour de rôle, fait exécuter aux camarades de son groupe les mouvements prescrits au § 2 des *mouvements préparatoires*; à cet effet, il en prend un à la fois, lui passe la main sous le corps et le lâche insensiblement dès que les mouvements du nageur sont assez lents et assez réguliers pour lui permettre de se tenir sur l'eau.

Cette manière de grouper les élèves a pour avantage :

1° D'imprimer à cet exercice une marche régulière et uniforme ;

2° D'obtenir en peu de temps des résultats marquants ;

3° D'écarter toute apparence de danger, attendu que, si un élève était indisposé, les deux autres s'en apercevraient et le transporteraient immédiatement sur le bord du bassin ;

4° Enfin, de permettre à un seul professeur d'exercer avec beaucoup de facilité une surveillance complète et active.

Nous ne saurions trop engager les professeurs à tenir la main à ce que ces groupes ne se désunissent pas, et à infliger des punitions très-sévères aux élèves qui seraient trouvés en défaut, en les privant, en outre, des bains pendant un certain temps.

DIFFÉRENTES AUTRES MANIÈRES DE NAGER.

Il est inutile de prescrire les différentes autres manières de nager; l'élève qui sait bien appliquer les principes de la natation ordinaire n'a, en effet, plus besoin de guide; l'habitude et la franchise seront ses professeurs, et bientôt il aura appris de lui-même à nager : sur le dos; sur le côté; comme les quadrupèdes; les mains jointes; sur le ventre sans le secours des bras; à se retourner de différentes manières; à pirouetter; à croiser les bras; à tenir le pied en main; à battre l'eau; à montrer les pieds; à élever les mains; à s'asseoir dans l'eau; à se tenir droit; à nager entre deux eaux; à faire la planche; la coupe; à plonger; à ramper sous l'eau, etc.

APPAREILS NATATOIRES.

Nous ne parlerons pas des corsets de liége, des ceintures remplies d'air, des vessies, des ballons en toile cirée, des cerceaux couverts de toile et garnis de liége et d'autres scaphandres encore employés pour se maintenir sur l'eau. Ces objets sont, en effet, plutôt nuisibles qu'utiles à ceux qui apprennent à nager et ils ne peuvent guère convenir qu'aux marins, auxquels ils offrent un moyen de salut, dans le cas où ils auraient un long trajet à faire à la nage. La ceinture gymnastique, peu serrée, est le seul objet à recommander lorsqu'on se baigne dans une eau profonde : on attache une corde à l'anneau dont elle est munie et le professeur ou une personne quelconque tient l'autre extrémité de la corde pour soutenir le baigneur à fleur d'eau; lorsqu'on remarque que l'élève commence à se soutenir sur l'eau, on donne plus de longueur à la corde.

OBSERVATIONS.

DES SAUTS. — Les sauts exposent le nageur à se rompre les tendons du *périnée,* s'il saute les jambes écartées ou à se briser un membre contre les pierres qui se trouvent au fond de l'eau.

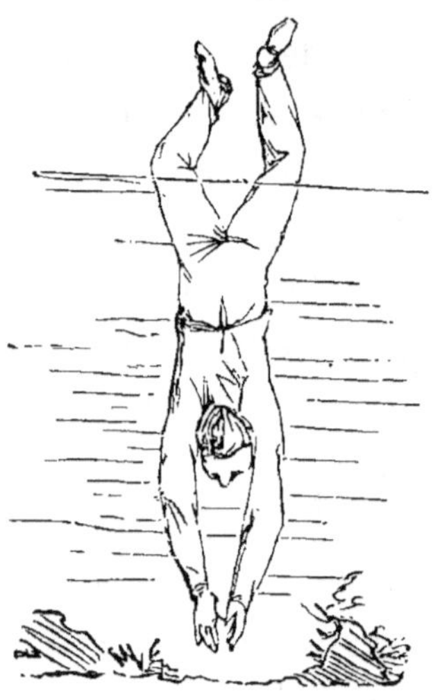

Il est donc prudent de ne sauter qu'en cas de nécessité, et, dans cette hypothèse, il vaut mieux encore plonger.

Le plongeon s'effectue la tête en avant, les bras étendus pour la garer ou pour rompre les lacets de roseaux, si souvent funestes aux nageurs qui sautent les pieds en avant.

Il ne faut jamais se jeter à l'eau à plat ventre; car, si le ventre frappe le liquide avec violence, il peut se produire des blessures abdominales.

DE LA CRAMPE. — La crampe est définie par Spring, feu l'éminent professeur de Liége, *une douleur paroxystique* (c'est-à-dire se représentant par accès) *d'un ou de plusieurs muscles, accompagnée de roideur et d'immobilité de la partie affectée.*

Le docteur Spring considère la crampe comme le résultat d'une diminution dans l'afflux sanguin vers les muscles affectés, ou anémie partielle, locale, accompagnée d'intoxication carbonique et d'altération de la substance musculaire.

Dans l'exercice de la natation, deux choses sont de natur

à préparer la crampe, ou cet état local du muscle, qui se caractérise par une diminution dans l'apport sanguin et une augmentation dans la formation d'acide carbonique; ce sont :

1° Le refroidissement du corps, et notamment des extrémités, qui fait affluer le sang vers les organes internes;

2° L'exercice exagéré amenant la fatigue musculaire, soit qu'il ait été trop prolongé, soit que les mouvements aient été exécutés *trop rapidement, dans une position gênante, ou d'une manière forcée.*

Ainsi, le nageur provoque la crampe dans les jambes en se tenant sur les orteils, au lieu de poser le pied à plat, lorsqu'il se trouve sur le bord de la rivière, et dans tous les mouvements où il retire le talon en allongeant outre mesure les jambes et les orteils; il la provoque dans les bras en les écartant trop en arrière et en roidissant les doigts.

La crampe se fait rarement sentir simultanément dans les bras et les jambes.

Si la crampe se produit dans les jambes, le nageur se mettra sur le dos et contractera insensiblement les muscles *extenseurs des orteils,* en allongeant le talon et en roidissant la jambe, pour obliger les muscles du mollet à se relâcher ou à s'étendre.

Si la crampe se produit dans les bras, le nageur les élèvera de côté en les roidissant, contractera fortement les muscles extenseurs des doigts en avançant la paume de la main, et parviendra ainsi à faire disparaître la douleur.

Pour garantir les jambes de la crampe, on porte au-dessus du genou des jarretières très-serrées.

Du tourbillon. — Le tourbillon est un endroit où l'eau reçoit une impulsion opposée à celle de son courant; cette impulsion produit un mouvement circulaire en forme de spirale, d'autant plus précipité qu'il se rapproche du centre.

Le sang-froid seul peut sauver le nageur de ce péril; dès qu'il y est entraîné, il maintient un instant la tête hors de l'eau pour aspirer le plus d'air possible, puis il s'abandonne au courant sans faire aucun mouvement. Le corps, par suite de l'impulsion qu'il a reçue, pivotera une ou deux fois, puis sera englouti; mais le cercle ou la spire qu'il décrit, allant toujours en s'élargissant, il sera bientôt ramené à la surface dans la partie calme du courant, et sera rejeté comme tout objet inerte et léger qui serait précipité dans cette espèce d'entonnoir.

SECOURS A PORTER AUX NOYÉS.

En cas d'accident il faut s'empresser d'aller chercher un médecin; toutefois, comme, en pareille circonstance, une minute de retard peut causer la mort, il est de toute nécessité que ceux qui surveillent les baigneurs, ou qui donnent des leçons de natation, que les élèves eux-mêmes sachent donner de prompts secours aux noyés.

La roideur des extrémités n'étant pas toujours un signe que le principe vital est éteint, on ne devra jamais rien conclure avant que tous les moyens que nous allons décrire, aient été employés d'une manière aussi prompte que sérieuse et avec l'intime conviction que, si tel remède n'a produit aucun effet, tel autre peut encore ranimer le noyé.

Transporter le noyé, le plus vite qu'on pourra, dans un endroit sec, de préférence dans un lit fortement chauffé; le frictionner vivement avec de la flanelle, du linge sec et chaud, des couvertures, ou le premier vêtement sec qu'on a sous la main, voire même avec de la paille ou du foin. Ces frictions doivent se faire particulièrement le long de l'épine dorsale et sur la poitrine.

Pendant qu'une personne continue ces frictions, une autre exerce sur la partie inférieure de la poitrine de douces compressions pour rétablir les mouvements d'inspiration et d'expiration. Une troisième personne s'occupe à chauffer fortement des serviettes et des linges avec lesquels on continue les frictions et qu'on place sous les aisselles du noyé, sous le dos et sur le devant de la poitrine. Les linges doivent être brûlants.

S'il se peut, on trempe la flanelle ou les linges dans de l'eau-de-vie ou de l'alcool camphré, du rhum ou du cognac fort.

A défaut d'un lit bien chauffé, on exerce, s'il se peut, les moyens que nous venons d'indiquer, devant un feu modéré.

S'il est possible, on couvre le corps du noyé de sable fortement chauffé, ou bien, si l'on se trouve dans les environs d'une étable, on couvre le corps de fumier bien chaud.

On cite des exemples de noyés que l'on a rappelés à la vie en les frictionnant fortement avec de la neige.

Le corps ne doit pas être couché sur le dos : il le sera tantôt sur un côté, tantôt sur l'autre, afin de faciliter l'écoulement, par la bouche, de l'eau et des glaires; il ne restera jamais immobile; de temps à autre, on soulèvera la tête, en la tournant légèrement à droite ou à gauche.

On aura aussi recours aux moyens suivants :

Frapper dans les mains, sur la plante des pieds; mais surtout chatouiller l'intérieur du nez et de la gorge avec la barbe d'une plume, un morceau de papier ou un fétu de paille, le doigt même au besoin,

On insufflera de l'air ou de la fumée de tabac dans le nez

au moyen d'une pipe, d'une plume ou de tout autre tube ; en introduisant l'air dans l'une des narines, on a soin de tenir l'autre fermée. On peut aussi faire ces insufflations par la bouche, en fermant le nez ; mais alors il faut avoir soin de tirer la langue, ou du moins de l'abaisser, car elle est le plus souvent gonflée, tuméfiée de manière à obstruer la bouche.

Un autre moyen d'introduire l'air dans les poumons est de souffler directement avec la bouche dans celle du noyé, en collant les lèvres sur les siennes. Tout le monde n'est pas disposé à faire cette opération ; mais, dans un pareil moment, on doit songer avant tout, qu'il s'agit de rappeler un de ses semblables à la vie. Une grande responsabilité pèse sur nous ; car dans ce cas, ce n'est pas un service que l'humanité demande, mais un impérieux devoir qu'elle impose.

Dès que le noyé donne signe de vie, on lui fait respirer de l'ammoniac et avaler un verre de liqueur (de préférence du rhum), tout en continuant les frictions.

Tout ce que nous venons de décrire, doit être pratiqué vigoureusement et sans interruption, sans aucun retard. On ne doit jamais écouter ces spectateurs indifférents, qui assurent qu'il n'y a plus d'espoir ; il faut renvoyer ces gens qui ne savent pas ce que c'est que l'amour du prochain, et n'oublier jamais que l'expérience a prouvé que, lorsqu'il n'y avait en apparence, plus rien à espérer, trois heures, et parfois davantage encore, de tentatives opiniâtres et soutenues avaient été couronnées d'un plein succès.

* PROMENADES.

> Le grand air est aussi nécessaire
> à l'enfant qu'une bonne alimen-
> tation.

La marche met en mouvement tout l'organisme : les jambes, les bras, la poitrine et même les muscles du tronc sont mis en action.

Le sang, ce stimulant fonctionnel des organes, ce générateur incessant des tissus, circule plus vite et avec plus d'énergie. Il se porte en quantité plus grande vers les diverses parties du corps, et, dans chacune de celles-ci, l'échange des matériaux nutritifs se fait plus rapide et plus complet. La poitrine se dilate; la respiration s'accélère; un air pur, modificateur par excellence du sang et de la nutrition, pénètre dans des proportions plus grandes dans les poumons, sollicités à accroître leur vigueur. Une plus grande quantité d'oxigène, introduite dans la circulation, se fixe sur les globules sanguins, et la combustion rendue plus facile devient plus intense et augmente en quelque sorte le mouvement de la vie. Toutes les fonctions en ressentent une bienfaisante influence, l'économie tout entière reçoit comme une impulsion qui lui communique une activité plus grande, une vigueur nouvelle. La machine vivante, fournissant plus de travail, augmente ses dépenses et réclame de nouvelles recettes; l'alimentation croît avec la puissance du mouvement nutritif; l'appétit se développe et les digestions se se font avec cette aisance, cette facilité indispensable à la santé.

Ces considérations nous feront comprendre l'importance si grande que, d'un commun accord, tous les hygiénistes reconnaissent aux promenades et à l'air pur des champs. Il ne suffit pas de faire de la gymnastique, de mêler aux exercices de l'intelligence les exercices du corps; il faut encore à ce dernier le grand air, qui lui est aussi nécessaire qu'une bonne alimentation.

Nous venons de voir, en effet, qu'il active toutes les fonctions et que son influence vivifiante se fait tout d'abord sentir sur les fonctions de premier ordre : la circulation, la respiration et la nutrition. Le lecteur ne s'étonnera donc pas si de funestes conséquences peuvent résulter de l'oubli ou de la négligence de ces premières règles de l'hygiène. Qu'il le sache bien, la plupart des maladies de l'adolescence reconnaissent pour cause la privation d'un air pur. Combien de jeunes gens, trop enfermés chez eux ou dans les salles d'études qui, pâles et défaits, se plaignent de maux tête, de dyspepsies, de gastralgies et d'autres troubles disgestifs !

L'anémie, la chlorose ou le lymphatisme outré, ces trois ennemis également acharnés et également dangereux de l'adolescence, qui sourdement minent la constitution, lui enlèvent toute vigueur et, plus tard, la livrent sans défense aux ravages de l'implacable phthisie, voilà le résultat d'une éducation mal entendue, où l'on a méconnu l'importance capitale des promenades au grand air.

Et qu'on ne croie pas que j'exagère : il est prouvé aujourd'hui que la phthisie acquise n'est pas moins fréquente que la phthisie héréditaire, et tous les auteurs sont d'accord pour reconnaître que la privation d'air pur en est une des causes les plus ordinaires.

Il faut que les jeunes gens sortent le plus possible, et pour cela, il est nécessaire de les aguerrir contre les intempéries de l'atmosphère. C'est une grande erreur que de croire qu'on s'enrhume en sortant par des temps de pluie ou de gelée. C'est dans les salles de concerts, de spectacle, dans les bals ou dans des chambres démesurément chauffées que l'on va chercher des maux de gorge, des laryngites, des bronchites. L'air trop chaud et vicié, voilà ce qui est à craindre ; car il opère une congestion nuisible de la muqueuse respiratoire et des poumons. N'est-ce pas après des nuits de bal que surviennent la plupart des hémorragies pulmonaires des jeunes gens ? Ne craignez donc pas le froid ! Le mouvement entretiendra toujours suffisamment la chaleur du corps ; car, vous le savez, le mouvement se transforme en chaleur. Habituer, au contraire, vos élèves à sortir *par tous les temps*, c'est leur rendre un éminent service, c'est sauvegarder leur santé.

Les promenades devraient avoir lieu deux fois par semaine : le dimanche matin et le jeudi après-midi. Elles devront être soutenues, tout en proportionnant leur étendue à la force et aux allures des élèves les moins âgés.

Pour mettre les garçons à l'abri des indispositions provenant des refroidissements, il ne faut pas interrompre les promenades : elles doivent être continuées même pendant les rigueurs de l'hiver. Les temps secs sont toujours favorables aux marches.

Si une promenade avait produit des transpirations, il faudrait ralentir insensiblement l'allure de la marche, défendre aux élèves de se découvrir et ne les arrêter que lorsque la transpiration aurait complétement cessé.

DISPOSITIONS A PRENDRE POUR LES MARCHES.

Les petits garçons et les jeunes gens marcheront en colonne et feront par le flanc droit et par file à gauche, lorsqu'ils rencontreront des obstacles dans les rues.

On marchera en ordre jusqu'à l'endroit désigné comme but de la promenade. Pendant le trajet, on peut exécuter les mouvements suivants : rompre et former les pelotons ou les divisions, faire par le flanc droit et par file à gauche; étant par le flanc, dédoubler les files et les doubler de nouveau; reformer les pelotons en colonne, et, de temps à autre, faire marquer le pas, changer le pas et passer du pas accéléré au pas gymnastique, et réciproquement.

Arrivé à l'endroit désigné, le professeur fait serrer en masse ou il forme les jeunes gens en ligne; il leur dit de ne pas trop s'éloigner, indique le temps du repos et ajoute les autres recommandations qu'il croit nécessaires; puis il commande :

Rompez vos rangs. — Marche.

Au signal convenu (un coup de sifflet, par exemple) pour faire cesser le repos, les *élèves-officiers* se placeront dans l'ordre où ils se trouvaient avant de rompre les rangs; les les autres élèves viennent se réunir derrière eux, si c'est en colonne qu'on se réunit; à leur gauche si la réunion doit avoir lieu en ligne.

Pour que la réunion puisse s'opérer en peu d'instants, il faut que les élèves tiennent note du numéro qu'ils occupaient dans les rangs avant de rompre.

Pour le retour, les élèves ne doivent pas être tenus à marcher en ordre; on leur permet de courir au plus vite, de sauter au plus loin, de gravir une montagne, de former le brancard improvisé, de porter un élève sur les épaules, de sauter à califourchon, de lancer des boulets de neige mollement pressés; on peut aussi organiser une course libre, ou cadencée, etc, etc.

Avant de rentrer en ville, on s'arrête pour reformer les rangs et pour laisser les élèves remettre l'ordre dans leur tenue.

La vitesse ordinaire de la marche sera de 110 pas à la minute; en hiver, cette vitesse pourra être portée à 125 ou 130 pas.

On doit recommander aux élèves de tenir pendant la marche la tête et le corps bien droits et sans roideur, les épaules en arrière, la poitrine un peu en avant, les bras balançant avec aisance et légèreté.

EXERCICES D'ORDRE TACTIQUE.

La garde civique, dont tous les jeunes gens, riches ou pauvres, peuvent être appelés à faire partie, est, de concert avec l'armée, le rempart de notre nationalité. C'est sur vous autres, petits écoliers, et sur ceux qui vous suivront que le pays doit pouvoir compter en toute circonstance pour former ce corps protecteur de l'ordre et du progrès, ce garant de la sécurité et cet auxiliaire indispensable de l'armée.

Il n'entre pas dans notre pensée, nous l'avons dit souvent, de transformer les classes en salles de caserne ; mais nous voudrions voir les heures de récréation, de temps à autre, consacrées à des exercices d'ordre tactique aussi attrayants qu'utiles. Ces exercices auraient pour résultat d'initier les jeunes gens à des manœuvres qui, à leur âge, ne sont qu'un jeu et auxquelles, lorsqu'ils sont appelés plus tard à faire partie de la garde civique, ils ont tant de peine à s'habituer[1].

Alors peut-être la garde civique, cette institution éminemment nationale, finirait par jouir de la confiance qu'on ne semble accorder aujourd'hui qu'aux troupes permanentes.

---

[1] « L'institution de la garde civique entre de plus en plus dans nos
» mœurs ; elle constitue une des plus fermes garanties de l'ordre et des
» libertés constitutionnelles ; pourquoi attendre, pour exercer les ci-
» toyens au maniement des armes et aux évolutions nécessaires au
» service, le temps où cet apprentissage devient un devoir ennuyeux à
» remplir? Mieux vaudrait qu'il se fît dans les colléges et dans les uni-
» versités, à l'âge où les membres ont toute leur souplesse et où tout ce
» qui a trait à l'art militaire sourit et amuse. Ces exercices sont d'ail-
» leurs excellents pour la santé et offriraient à cet époque l'utilité jointe
» à l'agréable. (Dr Sovet.)

Outre l'avantage dont nous venons de parler, il en est d'autres que nous pourrions espérer obtenir de cette heureuse innovation, lorsqu'elle aurait pris racine et produit des résultats constatés : ce serait de permettre à M. le Ministre de la Guerre de diminuer encore le temps de service de nos miliciens.

Et qu'on n'aille pas croire qu'on aura quelque difficulté à astreindre les jeunes gens à ces exercices ; au contraire, les instincts guerriers sont dans la nature des enfants : ils chercheront donc à se distinguer, ils attendront avec impatience leur tour d'être *sergents, sous-lieutenants, lieutenants, capitaines*. Chacun occupant ces emplois à tour de rôle, ils comprendront que, pour être digne de commander aux autres et d'être obéi, il faut commencer par exécuter et obéir soi-même et que, sans bonne entente, sans ordre, sans calme, il n'y a pas d'unité possible.

Appelés à *tour de rôle et sans distinction* à exercer des fonctions ou des commandements, ils comprendront qu'ils sont tous égaux. C'est là un grand point qu'on ne saurait assez faire ressortir, car il y a des jeunes gens, des enfants même, qui ont de leur petite personne une idée tellement avantageuse, que, si on ne détruit à temps cette vanité naissante, on leur prépare un avenir plein de déceptions. Nous ne saurions assez insister sur ce point, attendu que si on ne désignait pas les élèves à tour de rôle, le défaut dont nous parlons pourrait ici même prendre naissance. Voyez, en effet, quel événement pour celui de ces enfants appelé, par son tour, à marcher devant les autres, à commander, à être chef ! Il en parlera la veille à ses parents, qui se feront une fête de la joie de leur fils.

Ce n'est pas chez les jeunes gens de seize à vingt ans seulement que ces exercices sont goûtés, mais même chez les bambins ; écoutons le Dr Biver qui dit, en parlant des petits garçons de 5 à 6 ans :

« Son plus grand bonheur est de jouer avec des armes, il
veut toujours commander, à moins que son inexpérience ait
subi la supériorité d'un camarade plus âgé, plus fort, plus
adroit ou plus rusé ; et alors, il suit avec docilité, les commandements du chef qu'il s'est donné, et comme pour se faire par
donner son infériorité, il vante le courage, l'adresse de celui
sous les ordres duquel il s'est rangé ; parfois néanmoins il
tâche de ressaisir le commandement ; il se pavane alors avec
une risible fierté, et fait gorge chaude de ses prouesses ; partout il proclame sa supériorité ; il est d'autant plus vain qu'il a
plus souvent obéi ou qu'il est plus faible. »

PROGRAMME DES EXERCICES TACTIQUES.

Si, pour les débuts, MM. les professeurs désirent se borner
à n'enseigner que les exercices qui trouvent leur application
dans les promenades, ils ne consulteront que les mouvements précédés d'un seul astérisque.

ÉCOLE DE COMPAGNIE.

  ★ Art. 1. Formation d'une compagnie.
  ★   » 2. Formation en ligne.
  ★   » 3. Place des élèves remplissant des fonctions.
  ★   » 4. Formation en colonne.
★★   » 5. Ouvrir les rangs.
★★   » 6. Serrer les rangs.
★★   » 7. Marche en ligne.
★★   » 8. Marche oblique.
★★   » 9. Arrêter.
★★   » 10. Faire demi-tour en arrêtant la compagnie.

* Art. 1. *Formation d'une compagnie* [1].

La compagnie est une réunion d'un certain nombre d'élèves placés sur deux rangs, elle forme trois pelotons ou six sections.

Pour cette formation, les élèves se placent sur deux rangs ; les deux plus grands à la droite, au premier et au 2e rang ; les deux suivants à la gauche des deux premiers ; et ainsi de suite, par gradation descendante, pour avoir les deux plus petits placés les derniers, dans chaque rang.

Les élèves placés les uns derrière les autres forment une file. Le *chef de file* est l'élève placé au premier rang. Les files sont numérotées dans chaque peloton de la droite à la gauche. La distance d'un rang à l'autre est de 40 centimètres.

On appelle *serre-files*, les élèves placés à 2 pas du second rang et qui attendent là le moment d'entrer en fonctions.

Toute fraction de compagnie ou de bataillon, telles que la section, le peloton ou la compagnie, peut être désignée sous la dénomination de : *subdivision*.

---

[1] Il ne faut pas toujours former une compagnie entière, plusieurs exercices peuvent s'exécuter par un seul peloton et même par une section qui est la plus petite fraction de la compagnie.

Une section doit comprendre au minimum, 8 files, ou 16 élèves formés sur deux rangs, plus deux guides et un chef de section.

Un peloton, ou deux sections, 32 élèves ou 16 files, 4 guides, 2 chefs de section et 1 chef de peloton.

Une compagnie ou trois pelotons (six sections), 96 élèves ou 48 files, 12 guides, 2 jalonneurs, 5 chefs de section, 5 chefs de peloton et 1 capitaine.

Un bataillon ou quatre compagnies (douze pelotons) 384 élèves ou 192 files, 48 guides, 2 jalonneurs, 1 porte-drapeau et un élève pour le remplacer, 12 chefs de section, 12 chefs de peloton, 4 capitaines, un adjudant, un adjudant-major et un major ou chef de bataillon.

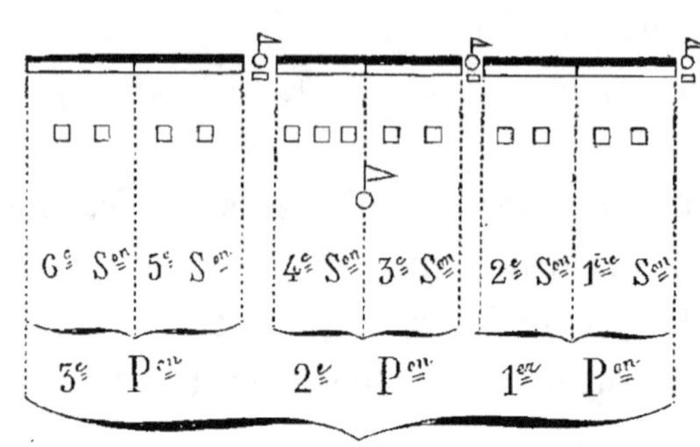

Une compagnie est formée en ligne lorsque ses différentes sub-divisions sont placées les unes à côté des autres. Dans cette formation les pelotons et les sections sont numérotés de la droite à la gauche. Le premier peloton forme la 1ʳᵉ et la 2ᵉ section; le deuxième peloton la 3ᵉ et la 4ᵉ section; le troisième peloton la 5ᵉ et la 6ᵉ section.

★ Art. 3. — *Place des élèves remplissant des fonctions.*

L'élève *capitaine* se place à trois pas des serre-files, derrière le centre de la compagnie.

L'élève *lieutenant* à la droite du premier peloton, au premier rang; il est chef de ce peloton, il a derrière lui, au second rang, un élève sergent qui est guide de droite de la compagnie.

Un autre élève lieutenant ou sous-lieutenant, est placé à la droite du 2ᵉ peloton, dont il est le chef. Il a derrière lui un élève *sergent* qui est guide de droite de ce peloton.

Un second élève sous-lieutenant se tient à la droite du 3ᵉ peloton; il a également derrière lui, un autre élève, sergent, qui est guide de droite de ce peloton.

Les élèves qui remplissent les fonctions de sergent-major, de premier sergent et de sergent-fourrier se placent respectivement en serre-files derrière le centre de la 2e, de la 4e et de 6e section et commandent ces sections. Deux élèves faisant les fonctions de sergent se placent en serre-files, l'un derrière la gauche du premier peloton et l'autre derrière la gauche du deuxième peloton, ils sont guides de gauche de ces pelotons.

A la gauche du troisième peloton, se place également un élève *sergent;* il est guide de gauche de la compagnie. Si la compagnie est isolée, il se place à la gauche du premier rang.

Trois élèves *caporaux* se placent en serre-files derrière la droite des sections paires; ils sont guides de droite de ces sections; trois autres, derrière la gauche des sections impaires, ils sont guides de gauche de ces sections.

Enfin, on désigne *deux jalonneurs,* qui se tiennent en serre-files derrière la subdivision qui marche en tête de la colonne.

Lorsque, pour les promenades ou pour les manœuvres d'ensemble, on réunit plusieurs compagnies, on substitue le commandement de *bataillon* à celui de *compagnie.* S'il y avait plus de quatre compagnies, on formerait deux bataillons.

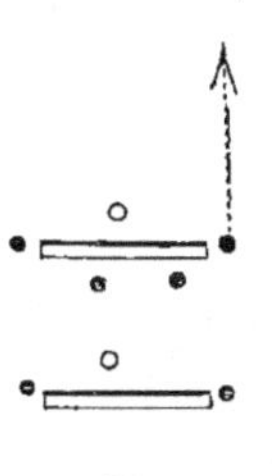
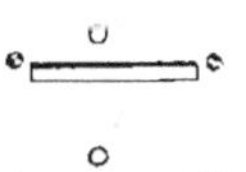
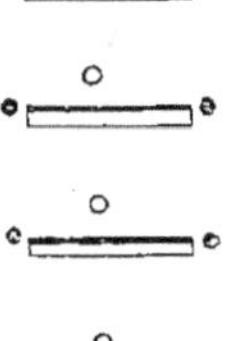

Il suffit de placer les élèves une ou deux fois dans l'ordre que nous venons d'indiquer, en les faisant alterner d'emplois, pour qu'ils sachent bientôt prendre sans hésitation les différentes places qu'ils doivent occuper.

* ART. 4. — *Formation en colonne.*

Le bataillon ou la compagnie est en colonne lorsque ses diverses subdivisions sont placées les unes derrière les autres, soit par compagnie, soit par peloton, soit par section.

Dans une colonne, qu'elle soit par section, par peloton ou par compagnie, le chef de chaque subdivision se place au centre et à deux pas en avant du premier rang ; les élèves capitaines se placent à trois pas devant le front ou devant la première subdivision de leurs compagnies, et les élèves faisant fonctions de guides se rangent aux extrémités du premier rang des subdivisions auxquelles ils sont attachés.

Les différentes subdivisions sont numérotées de la tête à la queue ; elles ont entre elles d'un guide à l'autre, une distance égale à l'étendue de la subdivision.

★★ 5. — Ouvrir les rangs.

La compagnie est formée en ligne, le capitaine commande :

1. *Garde à vous,* — Compagnie.

2. *Ouvrez vos rangs,* — Marche.

1. Prendre la position ordinaire et conserver l'immobilité.

Au commandement de : *Ouvrez vos rangs,* les trois guides de droite des pelotons et le guide de gauche du dernier peloton se portent, par la marche en arrière, à quatre pas du second rang, vis-à-vis de leurs créneaux et s'alignent à droite.

Le capitaine s'assure s'ils sont placés parallèlement au premier rang.

Au commandement de *marche,* les élèves du premier rang ne bougent pas ; ceux du second se portent, par la marche en arrière, sur la ligne déterminée par les guides et s'alignent à droite. Les guides de droite dirigent cet alignement et dès que le rang est aligné, le guide de gauche reprend sa place au premier rang.

★★ 6. — *Serrer les rangs.*

Le capitaine commande :

Serrez vos rangs, — MARCHE.

Au commandement : *Marche,* les élèves du second rang marchent [1] en avant, se dirigent sur leurs chefs de file et s'arrêtent à 40 centimètres de ces derniers.

★★ ART. 7. — *Marche en ligne en avant.*

Le capitaine aligne toujours sa compagnie avant de la mettre en marche; il indique au chef du premier peloton un point de direction perpendiculaire au front de la compagnie, et commande :

En avant, — MARCHE.

Toute la compagnie se met en marche, les élèves sentent légèrement le coude de leur voisin de droite; ils cèdent à la pression qui vient du côté de la direction, et résistent à celle qui vient du côté opposé pour éviter de pousser le chef du premier peloton qui donne la direction de la marche.

Si les élèves perdent le pas, le capitaine commande :

AU PAS.

★★ ART. 8. — *Marche oblique.*

Le capitaine commande .

Oblique à droite (ou à gauche), — MARCHE.

Au commandement : *Marche,* qui se fait à l'instant où le pied gauche pose à terre, les élèves font 1/8 de tour, portent le pied droit dans la nouvelle direction, qui forme avec la

---

[1] Dans les exercices gymnastiques, il a été dit que, pour les marches ou pour les courses, on part toujours du pied gauche.

direction primitive, un angle de 45 degrés ; ils continuent à marcher dans cette direction, en maintenant leur épaule droite derrière l'épaule gauche de l'élève qui marche à leur droite.

Pour reprendre la marche directe, le capitaine commande :
En avant, — MARCHE.

La compagnie reprend la marche en avant et le capitaine assure la direction.

★★ ART. 9. — *Arrêter.*

Le capitaine commande :
Compagnie, — HALTE.

Les élèves s'arrêtent en rapportant le pied qui est en arrière à côté de l'autre.

★★ ART. 10. — *Faire demi-tour en arrêtant la compagnie.*

Le capitaine commande :
Compagnie, demi-tour à droite, — HALTE.

Poser le pied gauche à terre, faire face en arrière et porter le pied droit à côté du pied gauche.

★ ART. 11. — *Marcher par le flanc.*

Les élèves étant en ligne, le capitaine commande :
1. *Par le flanc droit* (ou gauche), — DROITE (ou gauche).
2. *En avant*, — MARCHE.

1. Le mouvement s'exécute comme il a été prescrit aux exercices gymnastiques. Les files doublent en faisant à droite.

Les chefs de peloton se portent à la gauche de leurs guides de droite, qui se sont placés devant l'élève n° 1 de leur peloton.

Lorsqu'on fait par le flanc gauche, les chefs de peloton se portent à la gauche de leurs pelotons, celui du troisième à la droite de son guide de gauche, et les deux autres à la droite du guide de droite du peloton qui est à leur gauche.

2. La compagnie se met en marche, les élèves ont soin de bien conserver la distance qui les sépare.

* Art. 12. — *Arrêter la compagnie marchant par le flanc et la mettre face en avant.*

Le capitaine commande :

1. *Compagnie,* — Halte.

2. Front.

1. Les élèves s'arrêtent.

2. Ils se remettent face en avant et reprennent leur place en dédoublant.

* Art. 13. — *Dédoubler les files en marchant par le flanc.*

Le capitaine commande :

Dédoublez les files, — Marche.

Les files paires, si l'on marche par le flanc droit (les files impaires, si l'on marche par le flanc gauche), raccourcissent le pas et se replacent derrière les files qui les précédaient avant d'avoir doublé.

* Art. 14. — *Doubler les files en marchant par le flanc.*

Le capitaine commande :

Doublez les files, — Marche.

Les élèves du second rang appuient à droite, les numéros pairs se portent à la droite et à hauteur des numéros impairs qui les précèdent.

Si l'on marche par le flanc gauche, le second rang appuie à gauche et les numéros impairs se placent à la gauche des numéros pairs.

* Art. 15. — *Changer de direction par file.*

Le capitaine commande :

Par file à gauche (ou droite), — Marche.

Les quatre premiers élèves exécutent un changement de direction à gauche; à cet effet, l'élève n° 1 qui est au pivot, raccourcit les 5 ou 6 premiers pas, celui de droite fait le pas ordinaire, et avance un peu l'épaule droite dès le premier pas, les deux autres élèves se conforment à son mouvement en tenant le coude à gauche.

Lorsque l'aile marchante a ainsi parcouru un quart de cercle, les quatre élèves reprennent la marche directe.

Les autres élèves viennent changer de direction à la même place.

* Art. 16. — *Conversions et changements de direction.*

Les conversions ont lieu de pied ferme et les changements de direction se font en marchant.

La compagnie étant de pied ferme, le capitaine commande :

1. *Par compagnie (par peloton ou par section) à droite* (ou à gauche) — Marche.

Au commandement d'avertissement, le chef de chaque fraction indiquée dans le commandement, se porte devant le centre de sa subdivision et prévient les élèves qu'ils doivent converser à droite; les chefs de subdivision sont remplacés au premier rang par leur guide de droite (règle générale).

Au commandement de *marche,* l'élève de droite de chaque fraction indiquée, fait par le flanc droit sur place ; celui qui est à l'aile marchante, marche le pas ordinaire en avançant l'épaule gauche. Tous les autres élèves touchent du coude, le coude de leur voisin de droite, tournent la tête à gauche pour voir l'aile marchante et font les pas d'autant plus petits qu'ils sont plus rapprochés du pivot. Lorsque l'aile ou les ailes marchantes arrivent sur la perpendiculaire, le capitaine commande :

Compagnie, — HALTE.

La compagnie s'arrête, les élèves s'alignent à droite et le capitaine, si c'est toute la compagnie qui a conversé, ou les chefs de peloton si l'on a fait par peloton à droite, ou enfin, les chefs de section si le mouvement s'était fait par section, se portent à deux pas en dehors du flanc droit, rectifient l'alignement et vont reprendre leur place à deux pas devant leur subdivision. Les figures des art. 19 et 34 indiquent le même mouvement.

Pour changer de direction lorsqu'on est en marche, le capitaine commande :

Tournez à droite (ou à gauche), — MARCHE.

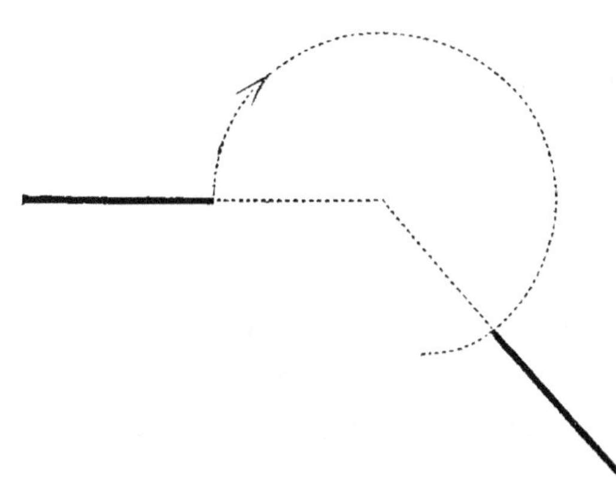

La compagnie change de direction lorsqu'elle est en marche comme il est prescrit aux conversions, excepté que l'élève qui est au pivot, au lieu de faire par le flanc sur place, marche le pas raccourci en décrivant un arc de cercle d'un rayon égal à l'étendue du front de la compagnie (ou de la subdivision qui converse). Lorsque la compagnie a assez conversé, le capitaine commande :

En avant, — Marche.

Tous les élèves reprennent la marche directe.

Si la compagnie était en colonne par peloton ou par section, le capitaine enverrait un élève-jalonneur au point où le changement de direction doit s'exécuter ; ce jalonneur s'y place de manière à présenter la poitrine au flanc de la colonne du côté du guide. Le capitaine commande ensuite :

Tête de la colonne à droite.

Le chef de chaque subdivision, au moment où son guide côtoie le jalonneur, commande, en faisant face à sa subdivision :

Tournez à droite, — Marche ; et,

En avant, — Marche, lorsque le changement de direction est achevé.

Dans les conversions comme dans les changements de direction, il faut engager les élèves à tourner la tête du côté de l'aile marchante et à tenir le coude du côté opposé.

★★ Art. 17. — *Face par le second rang.*

Le capitaine commande :

1. *Face par le second rang.*
2. *Compagnie*, — Demi-tour.
3. Droite.

1. Les chefs de peloton se placent devant la file de droite de leurs pelotons à laquelle ils font face ; les guides de droite et les serre-files traversent les créneaux de leurs chefs de peloton, font face en arrière, et se portent à deux pas du premier rang, vis-à-vis de leur ancienne place.

2. Les élèves font demi-tour, les chefs de peloton se portent à la gauche de leurs pelotons, (la nouvelle droite), en passant par leurs anciens créneaux; lés guides de gauche deviennent guides de droite et se placent derrière leurs chefs de peloton; le guide de droite du premier peloton se range à la gauche de la compagnie.

On remet la compagnie face par le premier rang par les mêmes commandements et les mêmes moyens.

** Art. 18. — *Marche en ligne en retraite.*

Le capitaine commande :

Face en arrière, — *Compagnie,* — Demi-tour, — Droite.

Les élèves font demi-tour; les chefs de pelotons et le guide de gauche de la compagnie se placent au second rang; les guides de droite passent au rang des serre-files.

Le capitaine donne un point de direction au guide de gauche et commande :

En avant, — *guide à gauche,* — Marche.

Le mouvement s'exécute comme il a été prescrit à la marche en ligne en avant.

Lorsque, après avoir arrêté, le capitaine veut mettre la compagnie face en avant, il commande :

Face en avant, — *compagnie,* — demi-tour, — Droite.

** Art. 19. — *La compagnie étant en ligne, rompre en colonne de pied ferme ou en marchant.*

Le mouvement de pied ferme a été décrit aux conversions; pour l'exécuter en marchant, c'est-à-dire, pour l'exécuter sans s'arrêter lorsque les subdivisions sont arrivées sur la perpendiculaire, le capitaine commande :

Sections (ou pelotons), à droite (ou à gauche), — Marche.

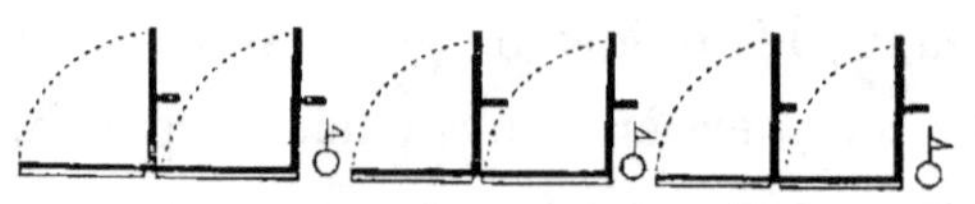

Le mouvement s'exécute comme il a été dit précédemment, excepté que les guides de droite marquent le pas sur place et que les chefs de section, au lieu de se porter à la droite de leurs guides de droite, restent devant leurs sections.

A l'instant où les guides de gauche arrivent sur la perpendiculaire, le capitaine, au lieu d'arrêter, commande :

En avant, — Marche.

Les sections ou les pelotons se portent en avant.

Si la compagnie était en marche, elle se formerait en colonne de la même manière et par les mêmes commandements.

★★★ Art. 20. — *Ployer la compagnie en colonne.*

Les ploiements se font par peloton ou par section, sur les subdivisions de droite ou sur les subdivisions de gauche.

La compagnie étant en ligne et de pied ferme, pour la ployer en colonne par section, le capitaine commande :

1. *Sur la section de droite* (ou de gauche) *en colonne.*

2. *Par le flanc droit* (ou gauche), — Droite, (ou gauche).

3. Marche.

1. Les chefs de section se placent à deux pas devant le centre de leurs sections.

2. La section de droite ne bouge pas. Les autres sections font par le flanc droit, leurs chefs font déboîter les deux premières files en arrière par un léger changement de direction et se placent à côté de leurs guides de droite.

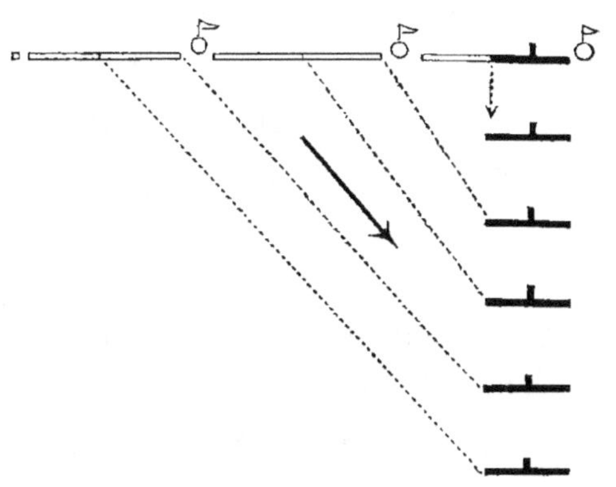

3. Les cinq dernières sections se mettent en marche; la deuxième fait par file à droite, puis par file à gauche lorsqu'elle a marché une distance de section en arrière, arrivée parallèlement derrière la première section, son chef l'arrête par les commandements de : *Section*, — HALTE, — FRONT. Au commandement de *Halte*, le guide de droite se place exactement à distance de section derrière celui de la première section, et, au commandement de *Front*, les élèves s'alignent à droite. Les autres sections se dirigent diagonalement dans la colonne; les chefs de section, après avoir dirigé l'alignement, se reportent devant le centre de leur subdivision.

Si la compagnie était en marche et qu'elle dût exécuter ce mouvement, le capitaine commanderait :

1. *Sur la section de droite* (ou de gauche), *en colonne*, — *par le flanc droit* (ou gauche).

2. MARCHE.

1. Le chef de la section de droite se porte devant la première file et commande : *Section*.

2. Au commandement : *Marche*, le chef de cette section commande : *Halte* et aligne sa subdivision à droite; les autres sections font par le flanc droit et exécutent ce qui vient d'être prescrit. On peut encore faire ce ploiement en laissant la première section continuer sa marche, et les autres sections la

suivant en colonne. Pour exécuter ce mouvement, le capitaine commande :

Pour marcher en avant, — sur la section de droite (ou de gauche) *en colonne, — par le flanc droit* (ou gauche), — Marche.

La section de droite continue à marcher, les autres sections font par le flanc droit et se portent en colonne en allongeant le pas. Chaque chef de section, à mesure que son guide de droit arrive à hauteur du guide qui le précède, commande :

1. *Par le flanc gauche (ou droit),* — 2. Marche.

Les ploiements par peloton se font d'après les mêmes principes, on remplace, dans les commandements, l'indication de *peloton* par celui de *section.*

★ Art. 21. — *Étant en marche par le flanc, former la compagnie en colonne.*

Le capitaine commande :
Par peloton (ou par section) en colonne, — Marche.

Les guides de droite (ou de gauche) se portent à la droite (ou à la gauche) de l'élève qui marche en tête de chaque peloton (ou de chaque section) et prennent le pas raccourci ; les autres élèves avancent l'épaule droite (ou gauche), dédoublent, se portent successivement sur la ligne de leurs voisins de droite (ou de gauche) et prennent le pas raccourci.

Aussitôt que le dernier élève arrive en ligne, le capitaine commande :
Pas ordinaire, — Marche.

Lorsque la compagnie marche par le flanc gauche, les chefs de peloton s'arrêtent au premier commandement jusqu'à ce que la tête de leur section soit arrivée à leur hauteur.

★ Art. 22. — *La colonne étant en marche, la faire marcher par le flanc dans la même direction.*

Le capitaine commande :

Par le flanc droit (ou gauche), *par file à gauche* (ou droite), — Marche.

Tous les élèves font par le flanc droit (ou par le flanc gauche); chaque section converse par file à gauche (ou à droite), pour marcher à la suite les unes des autres. Les chefs et les guides de section se retirent en serre-files; les chefs de peloton vont se placer à la droite de leur peloton.

★ Art. 23. — *Marcher en colonne.*

On marche en colonne par compagnie, par peloton ou par section.

Dans toute colonne, le guide est à droite, à moins que le chef ne commande : *Guide à gauche.*

Pour mettre la colonne en marche, le capitaine donne un point de direction au guide de la tête, et commande :

En avant, — Marche.

Tous les élèves partent vivement; le guide de la tête marche sur le point de direction qui lui a été donné, fait des pas égaux en longueur et en vitesse; tous les autres guides marchent dans ses traces, ils ont soin de maintenir la distance qui sépare les sections et de conserver le pas.

Les élèves touchent légèrement le coude à droite et évitent de pousser le guide hors de la direction. Les chefs de subdivision maintiennent l'ordre dans leurs subdivisions.

★★ Art. 24. — *Demi-tour en marchant.*

Le capitaine commande :

1. *Demi-tour à droite,* — Marche.

2. *Guide à gauche.*

1. Les élèves font demi-tour en marchant, les chefs de subdivision restent à deux pas derrière leurs subdivisions, les guides se placent au second rang et les serre-files marchent devant ce rang.

Pour reprendre la marche en avant, le capitaine commande :

Demi-tour à droite, — MARCHE.

Après le demi-tour, chacun reprend sa place primitive.

★ Art. 25. — Arrêter la colonne.

Le capitaine commande :

Compagnie, — HALTE.

La colonne s'arrête et tout le monde observe l'immobilité.

Pour rectifier la position des guides, le capitaine se porte en avant du guide de la tête, corrige la position des guides qui ne se trouvent pas sur la direction, ou place les deux premiers guides sur une nouvelle direction et commande :

Guides de droite (ou de gauche), *à vos chefs de file.*

A ce commandement, les autres guides se placent sur la direction en prenant leurs distances ; ils sont assurés sur la direction des deux premiers par le capitaine qui commande ensuite :

A droite (ou à gauche), — ALIGNEMENT.

Chaque chef de subdivision se porte à deux pas en dehors de son guide et dirige l'alignement perpendiculairement à la direction de la colonne.

★★★ Art. 26. — Contre-marche.

La contre-marche ne s'exécute qu'en colonne ; on l'emploie lorsqu'on veut faire face en arrière en conservant le premier rang en avant. Ce mouvement s'exécute par peloton ou par section, il est d'un très-joli coup d'œil.

Le capitaine commande :

1. *Contre-marche, — par le flanc droit et le flanc gauche, — droite, —* Gauche.

2. Marche.

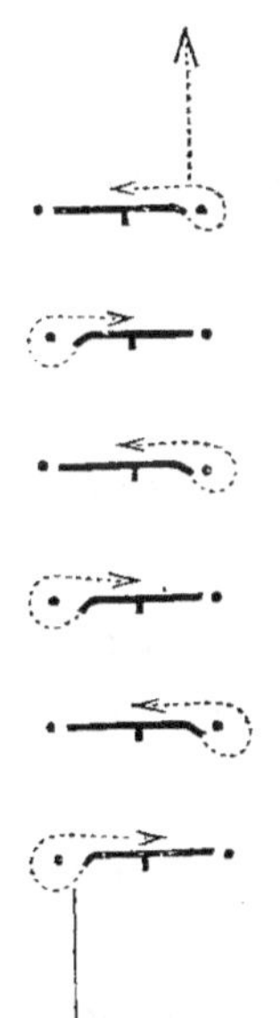

1. Tous les guides font demi-tour, les subdivisions impaires font par le flanc droit et les subdivisions paires font par le flanc gauche, les chefs se portent à côté de l'élève qui est en tête de leurs subdivisions pour le conduire, et font appuyer les deux premières files en arrière.

2. Les guides ne bougent pas; les subdivisions impaires font deux fois par file à gauche autour de leurs guides de droite, et les subdivisions paires deux fois par file à droite autour de leur guide de gauche; toutes marchent parallèlement et un peu en arrière de la ligne tracée par les deux guides, et, lorsqu'elles sont arrivées à hauteur du guide vers lequel elles se dirigent, leurs chefs les arrêtent en commandant :

1. *Peloton* (ou section), — Halte.

2. Front.

1. Les sections s'arrêtent, les chefs se portent à deux pas en dehors du guide de droite.

2. Les sections se remettent de front et s'alignent à droite, les chefs en dirigent l'alignement sur le guide opposé et se replacent ensuite devant le centre de leurs subdivisions. En même temps que les chefs de subdivision se reportent devant

leurs sections, les deux guides reprennent leur place en passant devant le premier rang.

★★ Art. 27. — *Rompre les pelotons.*

La compagnie est en marche en colonne par peloton, le capitaine commande :

1. *Par la gauche rompez les pelotons.*
2. MARCHE.

1. Les chefs de section se portent devant le centre de leurs sections ; ceux des sections paires commandent : *marquez le pas.*

2. Les sections impaires continuent à marcher en avant, les guides de section se portent aux extrémités de leurs subdivisions ; les sections paires simulent le pas et leurs chefs commandent : *Oblique à droite,* — MARCHE, de manière à leur faire prendre la marche oblique aussitôt que la section qui est à leur droite les dépasse ; lorsque les guides de droite de ces sections arrivent derrière les guides de droite des sections impaires, leurs chefs commandent : *En avant,* — MARCHE.

Pour rompre les pelotons par la droite, les sections paires continuent à marcher en avant, et les sections impaires se portent derrière les sections paires en obliquant à gauche.

★★ Art. 28. — *Former les pelotons en marchant.*

La colonne étant en marche par section, le capitaine commande :

1. *Vers la gauche formez les pelotons.*
2. MARCHE.

1. Les chefs des sections impaires commandent : *pas raccourci,* et ceux des sections paires : *oblique à gauche,* —
2. Les sections impaires raccourcissent le pas ; les sections

paires obliquent à gauche et, lorsque leur droite arrive à hauteur de la gauche des sections précédentes, leurs chefs commandent : *En avant,* — MARCHE et se retirent en serre-files en même temps que les guides de section. Les sections paires étant arrivées sur l'alignement, le capitaine commande :

Pas ordinaire, — MARCHE.

Les sections reprennent le pas ordinaire et les chefs de peloton se portent devant le centre de leurs subdivisions.

Les pelotons se forment vers la droite, d'après les mêmes principes.

Pour former ou pour rompre les pelotons successivement, le capitaine se borne à prévenir le chef du premier peloton qui fait les commandements prescrits ci-dessus; tous les pelotons exécutent le mouvement à la même place que le premier.

★★★ Art. 29. — *Former les pelotons de pied ferme.*

La colonne étant par section de pied ferme, le capitaine commande :

1. *Vers la gauche formez les pelotons,* — *sections paires par le flanc gauche,* — GAUCHE.

2. MARCHE.

1. Les sections impaires ne bougent pas; les guides de ces sections font face à droite et jalonnent la ligne en présentant le flanc droit à l'élève qui est à côté d'eux; les sections paires font par le flanc gauche.

2. Les guides de gauche des sections paires se portent sur le prolongement des guides qui jalonnent; les sections paires se mettent en marche, et, lorsque leur droite arrive à hauteur de leurs chefs qui sont restés en place, ces derniers

commandent : *Par le flanc droit,* — MARCHE. Dès que les sections paires sont arrivées sur le nouvel alignement, les guides de droite de ces sections se retirent en serre-files et les chefs de section commandent : *Section,* HALTE. A ce commandement les sections s'arrêtent, s'alignent à droite, les chefs de peloton dirigent l'alignement, se portent ensuite devant le centre de leurs pelotons, et les jalonneurs reprennent leurs places.

Les pelotons se forment vers la droite d'après les mêmes principes, les chefs des sections paires, après avoir commandé par le flanc gauche, commandent : *Guide à gauche.*

⋆⋆⋆ Art. 30. — *Serrer la colonne en masse.*

La colonne étant de pied ferme à distance entière, le capitaine commande :

1. *En masse serrez la colonne.*
2. MARCHE.

1. Les chefs de subdivision, sauf celui de la première, se portent devant leur file de droite.

2. La première subdivision ne bouge pas, les autres se portent en avant et sont successivement arrêtées par le commandement de : *Section* (ou peloton), — HALTE, à mesure qu'elles arrivent à six pas de celle qui la précède. La subdivision arrêtée, le guide de droite se place sur la direction des autres guides ; le chef, placé à deux pas en dehors de ce guide, dirige l'alignement et se reporte à sa place de colonne. Les serre-files serrent à un pas du second rang.

Lorsque la colonne est en marche, ce mouvement s'exécute par les mêmes commandements et d'après les mêmes principes. Le chef de la première subdivision arrête sa subdivision au commandement de *marche* et l'aligne à droite.

*** Art. 31. — *Prendre les distances.*

Le capitaine commande :

Par la tête de la colonne prenez les distances.

Le chef de la première subdivision commande : *En avant,*
— MARCHE. La deuxième subdivision se porte en avant par le
même commandement lorsqu'une distance de subdivision la
sépare de la première ; il en est de même successivement de
toutes les autres. Les serre-files reprennent deux pas de
distance.

*** Art. 32. — *Changer de direction par le flanc.*

Lorsqu'une colonne est de pied ferme et qu'il faut changer
sa direction en lui faisant faire face à gauche (ou à droite),
le capitaine place deux jalonneurs, l'un à un pas devant le
guide de droite de la première subdivision et l'autre à distance de subdivision en arrière du premier dans la direction
désirée, tous deux faisant face au nouveau point d'appui,
puis il commande :

1. *Changement de direction à gauche,* — *par le flanc droit,*
— DROITE.

2. MARCHE.

1. La colonne fait par le flanc droit.

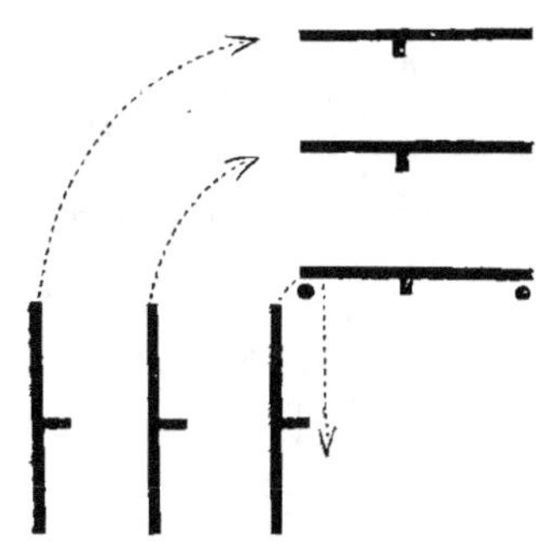

2. Toutes les subdivisions
se mettent en marche : la première fait *par file à gauche* et
marche parallèlement aux jalonneurs ; lorsqu'elle arrive à
hauteur du second jalonneur,
son chef commande : *Section*
(ou peloton), — HALTE, —

Front. La subdivision s'arrête, se remet face en avant, s'aligne à droite, et son chef, après avoir dirigé l'alignement, se porte devant le centre de sa subdivision.

Les autres subdivisions entrent dans la colonne parallèlement à celle qui les précèdent.

La colonne change de direction à droite par les mêmes moyens ; les jalonneurs se placent devant le guide de gauche et les chefs, arrivés à l'endroit que devra occuper leur guide de droite, s'arrêtent, laissent aller leurs subdivisions, qu'ils arrêtent et alignent lorsqu'elles sont dans une direction parallèle à la première.

★★★ Art. 33. — Colonne de route.

Si la colonne est en marche, le capitaine se borne à commander :

Pas de route, — MARCHE.

Si la colonne est de pied ferme, le capitaine commande :

En avant, — pas de route, — MARCHE.

La colonne se met en marche, le second rang prend 80 centimètres de distance du premier, les élèves ne sont plus tenus d'observer le silence ni de marcher au pas.

Lorsque des obstacles se présentent, le capitaine fait rompre successivement les pelotons, et, s'il doit encore diminuer le front des sections, il commande :

Par le flanc droit, par file à gauche, — MARCHE.

Toutes les sections font par le flanc droit et par file à gauche en même temps et comme il a été prescrit précédemment.

Lorsque le passage devient trop étroit pour contenir six élèves de front, on fait dédoubler. Dès que le défilé s'élargit on fait doubler, puis on reforme les sections en colonne.

Dans tous ces mouvements, le capitaine veille à ce que les distances se maintiennent.

★★ Art. 34. — *Former la colonne à gauche ou à droite en ligne.*

La colonne étant à distance entière et de pied ferme, le capitaine assure la direction des guides et commande :

1. *A gauche en ligne.*

2. MARCHE.

1. Le guide de droite de la première subdivision se porte à distance de subdivision en avant et se place sur la direction de gauche en leur faisant face.

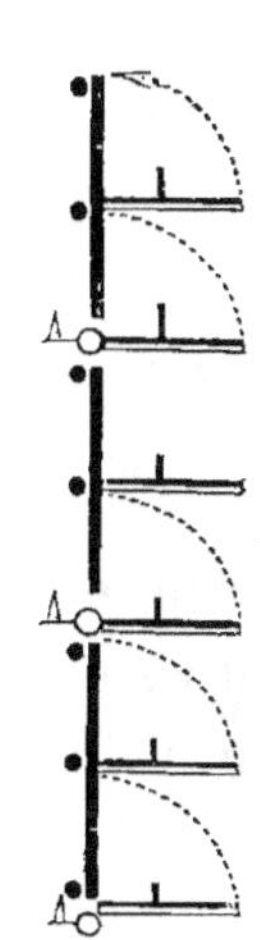

2. Les guides de gauche ne bougent pas; les subdivisions conversent à gauche et l'élève placé au point d'appui, fait par le flanc et rapproche sa poitrine du bras du guide. Les chefs de peloton se portent à la gauche et au premier rang de leurs pelotons pour diriger l'alignement. Si la colonne est par section, les chefs et les guides de droite des sections se retirent en serre-files.

Lorsque la droite des subdivisions arrive sur la ligne, le capitaine commande :

1. *Compagnie,* — HALTE.

2. *Guides à vos places.*

1. Les subdivisions s'arrêtent et s'alignent à gauche, les chefs de peloton dirigent l'alignement sur l'homme de droite.

2. Les chefs de peloton et les guides reprennent leurs places.

La colonne est formée à droite en ligne par les moyens inverses.

Une colonne en marche est formée à gauche ou à droite en ligne par les mêmes commandements et par les mêmes moyens; les guides s'arrêtent au commandement *marche*.

Lorsque le capitaine veut exécuter ce mouvement sans suspendre la marche, il commande :

Sections (ou pelotons) *à gauche* (ou à droite), — Marche.

Toutes les subdivisions conversent, les chefs de peloton se portent à la droite de leur peloton; les chefs des sections paires, ainsi que les guides de section se retirent en serre-files. Lorsque la droite des subdivisions arrive sur la ligne, le capitaine commande : *En avant*, — Marche et assure la direction,

★★★ Art. 35. — *Former la colonne sur la droite ou sur la gauche en ligne.*

La colonne étant en marche, le capitaine commande :

1. *Sur la droite en ligne.*

Il se porte au point où il veut appuyer la droite de la compagnie, et y place deux jalonneurs : le premier au point où doit appuyer la droite et le second à distance de subdivision en arrière du premier; tous deux faisant face au point d'appui.

La subdivision de la tête étant arrivée à distance de subdivision du premier jalonneur, son chef commande : *Tournez à droite,* — Marche, et, lorsqu'après avoir conversé, cette subdivision est arrivée dans une direction parallèle à la ligne indiquée par les jalonneurs, ce chef commande : *En avant,* — Marche, se porte alors devant son élève de droite, et son guide de droite se dirige sur le premier jalonneur; arrivée sur la ligne, la subdivision est arrêtée et alignée. Le guide de

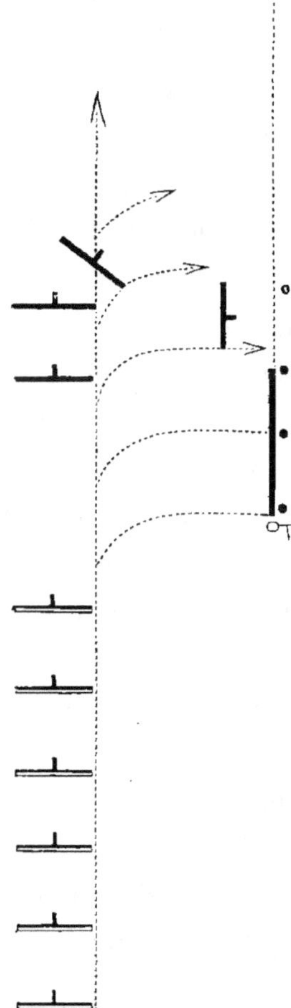

gauche de la 2e subdivision, se porte sur la ligne, lorsque la première change de direction à droite.

Toutes les autres subdivisions exécutent ce qui est prescrit pour la première, en tournant à droite pour se porter sur la ligne lorsqu'elles arrivent à gauche de l'élève de droite de la subdivision qui les précède.

Le mouvement terminé, le capitaine commande : *Guides à vos places.* Les jalonneurs et les guides reprennent leur place en passant par le créneau de leur chef de peloton, lequel se place devant son premier élève pour les laisser passer.

La colonne se forme sur la gauche en ligne par les moyens inverses ; le capitaine ajoute à son commandement celui de : *Guide à gauche.*

★ ★ ★ Art. 36. — *Déployer la colonne.*

Une compagnie se déploie vers la droite ou vers la gauche, le capitaine place, devant la subdivision de la tête, deux jalonneurs faisant face au point d'appui ; puis il commande :

1. *Vers la gauche déployez,* — *par le flanc gauche,* — GAUCHE.

2. MARCHE.

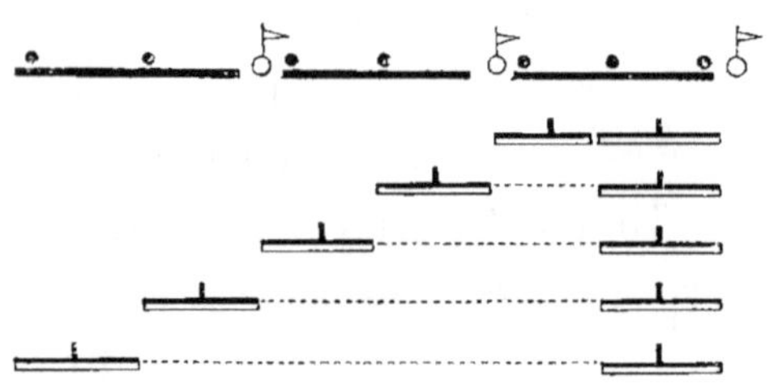

1. Toutes les subdivisions, à l'exception de la première, font par le flanc gauche.

2. Le chef de la première subdivision l'aligne à droite, le guide de gauche de la deuxième se porte sur la ligne, le chef de cette subdivision la laisse marcher jusqu'à ce que la droite soit arrivée à sa hauteur; il commande alors : *par le flanc droit,* — Marche. La subdivision se porte sur la ligne, son chef marchant à deux pas devant l'élève de droite, et son guide de droite se dirigeant vers la gauche de la subdivision précédente. La subdivision est arrêtée et alignée comme il a été prescrit précédemment. Si les subdivisions sont des sections, les chefs de section se portent en serre-files lorsqu'elles s'arrêtent et l'alignement est dirigé par les chefs de peloton.

Le mouvement terminé, le capitaine commande :

Guides à vos places.

Dans les déploiements vers la droite, les chefs de subdivision après avoir fait faire par le flanc gauche, commandent :

Guide à gauche.

Lorsque la colonne est en marche, le capitaine commande :

Vers la gauche (ou droite) *déployez,* — *par le flanc gauche* (ou droit), — Marche.

Le chef de la première subdivision arrête la subdivision et l'aligne à droite; les autres exécutent ce qui est prescrit pour le déploiement de pied ferme.

Si l'on voulait déployer la colonne et continuer à marcher, le capitaine commanderait :

Pour marcher en avant, — vers la gauche (ou droite), *dé-ployez, — Par le flanc gauche* (ou droit), — *Pas gymnastique,* — Marche.

La première subdivision continue à marcher, son chef se porte à sa droite, et, si le déploiement avait lieu vers la droite, il commanderait : *Guide à gauche,* les autres subdivisions prennent le pas gymnastique et exécutent ce qui est prescrit pour les autres déploiements. A mesure qu'elles arrivent sur la ligne, leurs chefs commandent :

Pas ordinaire, — Marche.

★★★ Art. 37. — Former le carré.

La compagnie étant en colonne par section à distance entière, le capitaine commande :

1. *Formez le carré.*

2. Marche.

1. Les serre-files de la dernière section se portent devant le premier rang.

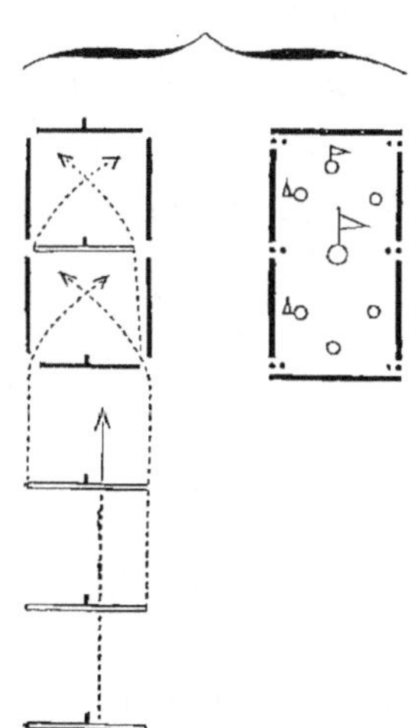

2. La première section ne bouge pas ; la deuxième se forme à droite en ligne ; la troisième marche une distance de section en avant et se forme à gauche en ligne ; la 4e et la 5e section marchent en avant et se forment respectivement à droite et à gauche en ligne lors-qu'elles arrivent à distance de la droite ou de la gauche des sections établies ; la sixième section serre contre les faces latérales du carré et fait demi-tour en s'arrêtant. Les

chefs de section entrent dans le carré et se placent derrière le centre de leurs subdivisions ; tous les guides forment par deux, une file à l'extrémité la plus rapprochée et au centre de chaque face latérale.

Dans tous les carrés, les faces se désignent comme suit : la subdivision de la tête forme la *première face*, les sections qui se sont formées à droite en ligne, la *deuxième face* ; celles qui se sont formées à gauche en ligne, la *troisième face* et la dernière subdivision forme la *quatrième face*.

★★★ Art. 38. — *Rompre le carré.*

L'élève capitaine commande :

1. *Rompez le carré.*

2. MARCHE.

·1. Le chef de la première face commande : En avant ; celui de la deuxième face commande : *Sans doubler les files par le flanc gauche,* — GAUCHE, et celui de la troisième face commande : *Sans doubler les files par le flanc droit,* — DROITE.

2. La section de la tête marche une distance de subdivision en avant et est arrêtée par son chef ; la 2e et la 4e marchent une demi-distance de subdivision en avant et font *par file à gauche ;* la 3e et la 5e font *par file à droite* et la dernière subdivision fait demi-tour. Les guides reprennent leurs places et toutes les sections s'alignent à droite.

> ÉCOLE DE BATAILLON 1.

Art. 1. — *Formation d'un bataillon en ligne.*

Un bataillon est composé de quatre compagnies placées

----

1 Lorsqu'un établissement d'instruction parviendra à réunir un assez grand nombre d'élèves pour en former un bataillon, la personne qui en

les unes à côté des autres et numérotées de la droite à la gauche ; les pelotons sont numérotés de un à trois dans chaque compagnie.

Le porte-drapeau ou le porte-fanion est placé à la gauche de la deuxième compagnie, derrière lui au second rang, se tient un sergent pour le remplacer au premier rang.

L'adjudant-major et l'adjudant se tiennent respectivement à dix pas derrière le premier peloton de la deuxième compagnie et le troisième peloton de la troisième compagnie.

Le major ou chef de bataillon à trente pas derrière le centre du bataillon.

Art. 2. — Alignement.

Le professeur avant d'aligner le bataillon, se porte un peu en dehors de l'aile droite, établit les deux premiers chefs de peloton sur la direction qu'il choisit et commande :

1. *Chefs de peloton sur la ligne.*

2. *A droite,* — ALIGNEMENT.

1. Tous les chefs de peloton et le guide de gauche du dernier peloton, se portent sur la nouvelle direction ; le professeur les aligne.

2. Les élèves s'alignent à droite et les chefs de peloton dirigent l'alignement sur le chef de peloton ou le guide placé à leur gauche.

Art. 3. — Ouvrir les rangs.

Le bataillon étant aligné, le professeur commande :

1. *Garde à vous pour ouvrir vos rangs.*

prendra le commandement, sera souvent le professeur, nous nous permettrons donc de substituer dans cette partie, la dénomination de *professeur* ou de chef de bataillon à celle de *major*.

2. *Ouvrez vos rangs,* —

3. MARCHE.

1. L'adjudant-major et l'adjudant se portent respectivement à quatre pas en arrière de la droite et de la gauche du premier rang.

2. Comme à l'école de compagnie, — l'adjudant-major aligne les guides de droite sur le dernier guide de gauche.

3. Même mouvement qu'à l'école de compagnie; l'adjudant-major aligne le rang des serre-files.

Art. 4. — *Marche en ligne.*

Le chef de bataillon après avoir indiqué le point de direction au porte-drapeau qui, par des points intermédiaires, doit se diriger sur une ligne perpendiculaire à la direction du bataillon, commande :

1. *En avant,* —

2. MARCHE.

1. Le porte-drapeau se porte à six pas en avant; il est remplacé, au premier rang, par le sergent qui se trouve derrière lui. L'adjudant-major se porte à six pas en avant et sur la droite du chef du premier des deux pelotons qui forment le centre; l'adjudant à six pas sur la gauche du porte-drapeau. Les capitaines à trois pas devant le centre de leur compagnie.

2. Exécuter la marche en ligne comme il a été prescrit à l'école de compagnie, excepté que la direction se prend au centre et que les élèves résistent à la pression qui vient des ailes.

Art. 5. — *Passages d'obstacles.*

Lorsqu'un obstacle se présente devant une subdivision, elle prend la marche de flanc, le contourne et se reporte en

ligne après l'avoir franchi. Si toute une compagnie doit franchir un obstacle, le capitaine peut, au lieu de la faire marcher
par le flanc, la rompre ou la ployer en colonne.

Le porte-drapeau se porte en serre-file lorsque le peloton,
près duquel il se trouve placé, franchit un obstacle; il est
remplacé par l'adjudant qui se porte à six pas en avant de la
droite de la fraction du demi-bataillon de gauche qui a con-
tinué à marcher en ligne.

Pour arrêter le bataillon, le professeur commande :

Bataillon, — HALTE.

S'il ne veut pas prendre un alignement, il ajoute :

Drapeau en place. L'adjudant-major, l'adjudant et le porte-
drapeau reprennent leurs places.

Pour prendre la marche oblique, le chef de bataillon commande :

1. *Oblique à droite* (ou à gauche).

2. MARCHE.

1. L'adjudant se porte à trente pas en avant du porte-
drapeau pour le maintenir au centre du bataillon.

2. Exécuter la marche oblique.

L'adjudant-major maintient les chefs de peloton du centre
sur l'alignement.

On reprend la marche directe comme il est prescrit à l'école
de compagnie; le professeur donne un nouveau point de
direction.

S'il fallait changer de direction en marchant en ligne, le
professeur commanderait :

1. *Tournez à droite* (ou à gauche).

2. MARCHE.

1. L'adjudant se porte à trente pas en avant du drapeau.

2. Converser comme il a été prescrit à l'école de compagnie; l'adjudant maintient le drapeau à hauteur du centre du bataillon, l'adjudant-major règle la marche des pelotons du centre et les capitaines ont soin de ne pas se laisser dépasser par les élèves.

On reprend la marche directe comme à l'article précédent.

La marche en retraite, s'exécute comme il est prescrit à l'école de compagnie : les serre-files restent devant le second rang.

Étant en marche en retraite, on exécute, comme dans la marche en avant : la marche oblique, les changements de direction, passer de la marche en retraite à la marche en avant, sans suspendre la marche du bataillon, etc.

Art. 6. — Marche de flanc.

Le bataillon marche par le flanc comme il a été prescrit à l'école de compagnie; les capitaines se portent à un pas du chef de peloton placé en tête de leur compagnie, l'adjudant-major à un pas du commandant de la compagnie de la tête, l'adjudant à hauteur et à deux pas du porte-drapeau.

Art. 7. — Formations en colonne.

Un bataillon se forme en colonne : 1° par la conversion de ses subdivisions, et 2° par les ploiements.

Le bataillon se rompt en colonne par les mêmes moyens que ceux prescrits pour rompre une compagnie. Le professeur peut aussi faire rompre en colonne par compagnie; dans ce cas, il remplace le commandement de *peloton* par celui de *compagnie*.

Les ploiements d'un bataillon en colonne simple se font

toujours en masse, par compagnie ou par peloton, sur la subdivision de droite, de gauche ou sur une subdivision intérieure.
Dans ce dernier cas, et lorsque le ploiement se fait par
peloton, il doit toujours se faire sur le peloton de droite de la
compagnie désignée.

Les ploiements en colonne double se font à distance
entière ou en masse sur les pelotons ou sur les sections du
centre.

Les ploiements sur le peloton de droite ou de gauche se
font comme il a été prescrit pour une compagnie.

Pour ployer un bataillon en colonne simple sur un peloton
intérieur, le professeur commande :

1. *Sur le peloton de droite de la deuxième* (ou troisième)
compagnie, en masse en colonne.

2. *Par le flanc gauche et le flanc droit, — Gauche, —* Droite.

3. Marche.

1. L'adjudant-major se porte devant le guide de droite de
la compagnie désignée pour assurer la direction des guides;
les capitaines et les chefs de peloton se portent devant le
centre de leurs subdivisions.

La compagnie désignée se ploie sur son peloton de droite;
les compagnies placées à la droite de cette compagnie font
par le flanc gauche, et celles placées à la gauche par le flanc

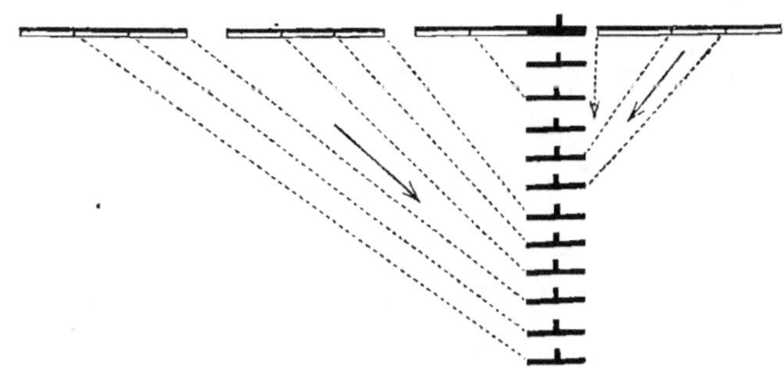

droit et se portent alternativement dans la colonne, par pe-loton, derrière la compagnie de base, en commençant par celle qui est la plus rapprochée.

Les ploiements par compagnie se font d'après les mêmes principes, le chef de bataillon commande :

Sur la compagnie de droite (ou de gauche, ou bien, sur la deuxième ou troisième compagnie) *en masse en colonne*, — *Par le flanc droit* (ou gauche ou par le flanc gauche et le flanc droit), — DROITE (ou gauche, — DROITE).

2. MARCHE.

Pour ployer le bataillon en colonne double par peloton. le professeur commande :

1. *Sur les pelotons du centre en colonne* (ou en masse en colonne).

2. *Par le flanc gauche et le flanc droit*, — *Gauche*, — DROITE.

3. MARCHE.

1. Comme pour les autres ploiements.

2. Le peloton de gauche de la deuxième compagnie et le peloton de droite de la troisième compagnie ne bougent pas ; les pelotons placés à la droite de cette base font par le flanc gauche, ceux placés à la gauche font par le flanc droit.

3. Tous les pelotons se portent derrière les pelotons du centre ; les guides de gauche des pelotons de droite se retirent

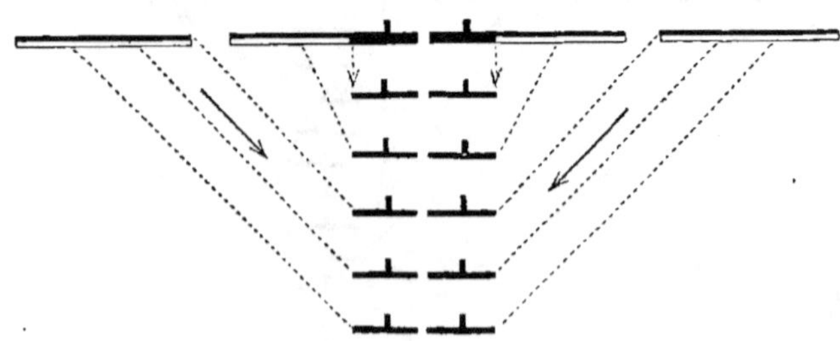

en serre-files avant la jonction des pelotons. Lorsque les deux pelotons sont réunis, le plus ancien chef de peloton prend le commandement de la subdivision et l'aligne à droite; chaque chef de peloton se place devant le centre de sa subdivision.

Art. 8. — *Formations en ligne et déploiements.*

Un bataillon ployé en colonne à distance entière se forme à droite ou à gauche en ligne, et sur la droite et sur la gauche en ligne d'après les principes donnés pour une compagnie.

Les guides sont assurés par l'adjudant-major.

Lorsque le bataillon est en colonne par compagnie, les guides de gauche du premier et du deuxième peloton de chaque compagnie se portent sur la ligne au commandement de : *à gauche en ligne.* Dans la formation de *à droite en ligne*, ce sont les guides de droite du deuxième et du troisième peloton qui se portent sur la ligne; ils sont remplacés dans le créneau par les guides de gauche du premier et du deuxième peloton.

Pour former une colonne double, à distance entière, face à droite en ligne, le professeur commande :

1. *A droite et sur la droite en ligne.*

2. MARCHE.

1. Le guide de gauche de la première subdivision du demi-bataillon de droite se porte sur la ligne.

2. Les subdivisions du demi-bataillon de droite se forment à droite en ligne et sont arrêtées par leurs chefs, celles du demi-bataillon de gauche se forment sur la droite en ligne.

La colonne double se forme face à gauche en ligne par les moyens inverses; le professeur ajoute à son premier commandement, celui de : *guide à gauche.*

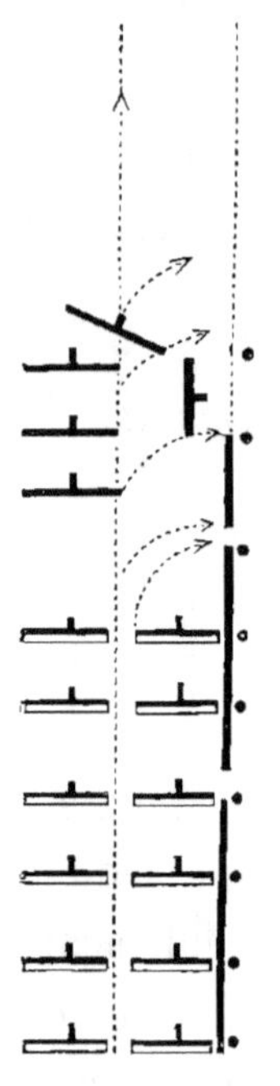

Un bataillon en colonne simple se déploie : 1° vers la gauche; 2° vers la droite et 3° vers la droite et vers la gauche.

Les déploiements vers la droite et vers la gauche se font comme il est indiqué précédemment.

Pour déployer deux compagnies vers la gauche et une vers la droite de la compagnie qui est en tête, le professeur commande :

1. *Vers la gauche déployez, telle compagnie à la droite; par le flanc gauche et le flanc droit,* —

2. *Gauche,* — DROITE.

3. MARCHE.

Toutes les compagnies déploient vers la gauche, à l'exception de la compagnie désignée qui déploie vers la droite.

Pour déployer deux compagnies vers la droite et une vers la gauche, le chef de bataillon commande :

1. *Vers la droite déployez; telle compagnie à la gauche,* —

2. *Par le flanc droit et le flanc gauche,* — *Droite,* — GAUCHE.

3. MARCHE.

Lorsque le bataillon est en colonne double, le major commande :

1. *Déployez,* — *par le flanc droit et le flanc gauche,* —

2. *Droite,* — GAUCHE.

3. MARCHE.

Le demi-bataillon de droite se déploie vers la droite et le demi-bataillon de gauche vers la gauche.

Dans les formations successives en ligne, ainsi que dans les déploiements, l'adjudant-major assure la position des guides, en se plaçant successivement en arrière du guide de chaque subdivision, ou derrière le dernier guide de chaque compagnie lorsque le déploiement se fait par compagnie. Dans tout mouvement central, l'adjudant-major assure la position des guides placés à la droite de la subdivision de base, et l'adjudant, la position de ceux placés à la gauche.

Art. 9. — *Formations du bataillon en ligne de colonnes de compagnie.*

Chaque fois que le bataillon est ployé en colonnes de compagnie, c'est-à-dire en autant de petites colonnes séparées qu'il y a de compagnies, les élèves capitaines répètent tous les commandements généraux faits par le professeur, ils font exécuter tous les mouvements indiqués ou les mouvements préparatoires, et font les commandements d'avertissement qui doivent précéder les commandements de *Marche* et de *Halte.*

Le bataillon étant en ligne, si le professeur veut le former en colonnes de compagnie, sur les pelotons de droite ou sur les pelotons de gauche, il commande :

1. *Colonne de compagnie.*
2. *Sur les pelotons de droite* (ou de gauche) *en colonne.*
3. Marche.

1. Les capitaines se portent devant le centre de leurs compagnies.

2. Les capitaines répètent le commandement du chef de

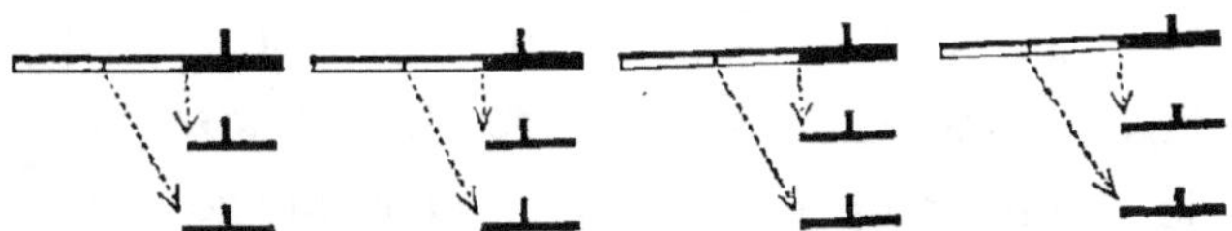

bataillon, ils font faire par le flanc droit et par le flanc gauche à leurs subdivisions.

3. Chaque compagnie ploie en colonne sur son peloton de droite ou de gauche, d'après les principes prescrits ; les capitaines surveillent le mouvement et se portent ensuite à hauteur et à trois pas du guide de droite de la première subdivision ; l'adjudant-major et l'adjudant se portent respectivement à deux pas et à la droite de la dernière subdivision de la deuxième et de la troisième compagnie.

Pour déployer les colonnes de compagnie, le chef de bataillon commande :

1. *Vers la gauche* (ou vers la droite) *déployez*.

2. MARCHE.

Ce mouvement s'exécute de la même manière qu'il est prescrit aux déploiements, sauf que la ligne n'est pas jalonnée.

Lorsque le bataillon est en colonne par peloton et que le professeur veut le former en une ligne de colonnes de compagnie, il place deux jalonneurs devant la subdivision de la tête, face au point d'appui, et commande :

1. *Colonnes de compagnie, — vers la gauche* (ou vers la droite) *déployez*.

2. MARCHE.

1. Chaque capitaine, à l'exception de celui de la compagnie de base, fait faire par le flanc gauche à sa compagnie.

2. Les jalonneurs de la deuxième compagnie se portent sur la ligne, le premier au point où doit appuyer la droite et le second

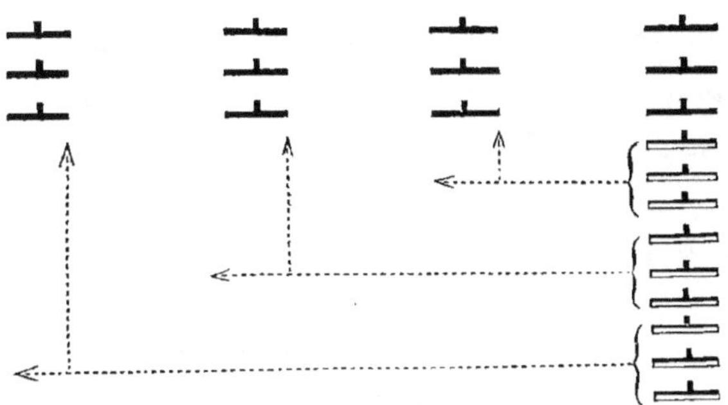

à distance de subdivision du premier. Les guides-jalonneurs des autres compagnies se portent sur la ligne au moment où la colonne qui précède la leur, fait par le flanc en marchant. La compagnie arrivant à hauteur des jalonneurs, le capitaine commande : *par le flanc droit,* MARCHE, et l'arrête à trois pas de la ligne jalonnée ; il assure ensuite la direction des jalonneurs, aligne sa compagnie et se replace à la droite de la première subdivision.

Si le professeur veut reformer les colonnes de compagnie en une colonne de bataillon, il commande :

1. *Sur la compagnie de droite* (ou *de gauche*) *en colonne.*

2 MARCHE.

Les compagnies se portent carrément dans la colonne ; à cet effet les capitaines commandent : *face en arrière, — compagnie demi-tour. —* DROITE. *En avant, guide à gauche.*

Au commandement de *marche* du professeur, répété par les capitaines, les compagnies se mettent en marche ; arrivées à hauteur du point où elles doivent se trouver dans la colonne, les capitaines commandent : *Par le flanc gauche, —* MARCHE ; ils les arrêtent en leur faisant faire face en avant, lorsque les guides sont dans la direction des autres.

Un bataillon étant disposé en ligne de colonnes de

compagnie, peut se remettre en colonne de bataillon par la conversion de ses pelotons ; le professeur commande :

1. *Pelotons* (ou sections) *à droite,* — Marche.

2. *En avant,* — Marche.

Par le mouvement inverse on formerait de nouveau les colonnes de compagnie.

Art. 10. — *Marcher en avant et en retraite étant en ligne de colonnes de compagnie.*

La colonne de base prend le guide à droite, si elle est à l'aile droite ou au centre ; elle prend le guide à gauche si elle est à l'aile gauche.

Le bataillon étant en colonnes de compagnie, le professeur commande .

1. *Compagnie de droite* (ou *de gauche*)

Deuxième (ou *troisième*) *compagnie*   *de direction*

En avant, — Marche.

1. Le capitaine de la compagnie désignée, donne un point de direction au guide de la tête.

2. Les compagnies restent à hauteur de la compagnie de direction et prennent leurs intervalles sur cette compagnie.

Pour arrêter, le professeur commande :

Compagnies, — Halte.

Pour faire marcher les colonnes en retraite, le professeur commande :

1. *Pour marcher en retraite.*

Les capitaines mettent leurs colonnes face en arrière et le professeur les met en marche, par les commandements précités.

Pour arrêter les colonnes marchant en retraite, il commande :

Compagnie, demi-tour à droite, — Halte.

Art. 11. — *Changements de front.*

Pour faire changer de front en avant, le professeur place deux jalonneurs dans la nouvelle direction devant la colonne de droite ou de gauche et commande :

1. *Changement de front en avant sur la droite* (ou sur la gauche).

2. MARCHE.

1. Le commandant de la compagnie de base lui fait exécuter un changement de direction en marchant, l'arrête à trois pas des jalonneurs, et l'aligne du côté du point d'appui.

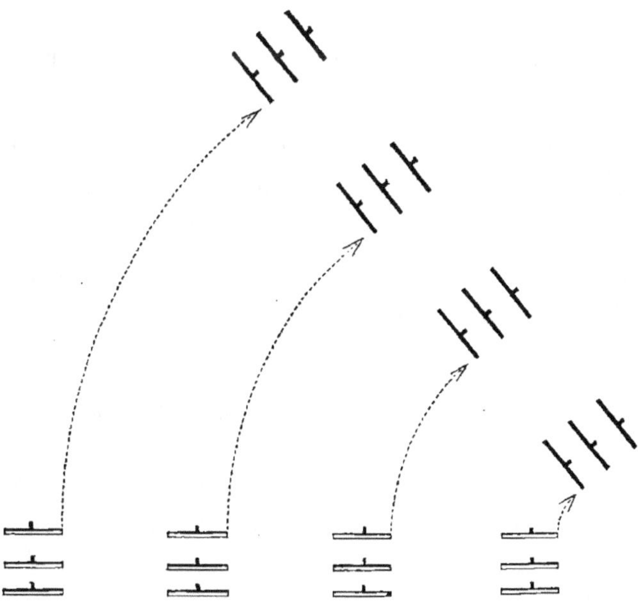

2. Les colonnes se mettent en marche, les capitaines les font changer de direction pour les porter carrément sur la ligne tracée par les jalonneurs, qui doivent précéder leurs compagnies de vingt pas sur la ligne.

Chaque colonne est arrêtée et alignée au commandement de son chef.

Pour faire changer de front en arrière, le professeur prévient le commandant de la compagnie de droite (ou de gauche) ; celui-ci fait exécuter un demi-tour à sa colonne, la fait changer de direction à gauche (ou à droite) et la remet face en avant en l'arrêtant ; il l'aligne ensuite contre les deux jalonneurs que le professeur a fait établir sur la direction choisie. Puis le chef de bataillon, commande :

1. *Changement de front en arrière sur la droite* (ou sur la gauche).

2. MARCHE.

1. Tous les capitaines font faire demi-tour à leurs compagnies.

2. Le mouvement s'exécute comme il vient d'être prescrit, excepté que toutes les colonnes traversent la ligne entre les deux jalonneurs, et que les commandants des compagnies les arrêtent, en les remettant face en avant, lorsque la dernière de leurs subdivisions aura dépassé la ligne de trois pas.

Art. 12. — Changements de direction.

Les changements de direction s'exécutent de la même manière que les changements de front ; on ne jalonne point la ligne.

Les colonnes de compagnie étant en marche, le professeur commande :

Changement de direction à droite (ou à gauche), — MARCHE.

La colonne de droite (ou de gauche) exécute un changement de direction, et lorsqu'elle se trouve dans la direction donnée par le professeur, son capitaine l'arrête. Au fur et à mesure que les autres compagnies arrivent à hauteur de la colonne de base, leurs chefs les arrêtent et lorsque la dernière colonne est à leur hauteur, le chef de bataillon les remet en marche en désignant la compagnie de direction.

Si le bataillon marchait en retraite, les colonnes feraient face en avant en s'arrêtant et le chef de bataillon les remettrait face en arrière, pour reprendre la marche.

Art. 13. — Formations en échelons.

Le bataillon étant en colonnes de compagnie, le professeur pour former les échelons en avant par une des ailes, commande :

Échelons à ..... pas, — *En avant par la gauche* (ou la droite) *formez les échelons.*

La colonne de droite ou de gauche se porte en avant; toutes les autres compagnies se mettent successivement en marche à mesure que la plus rapprochée du côté de la direction a parcouru le nombre de pas indiqué.

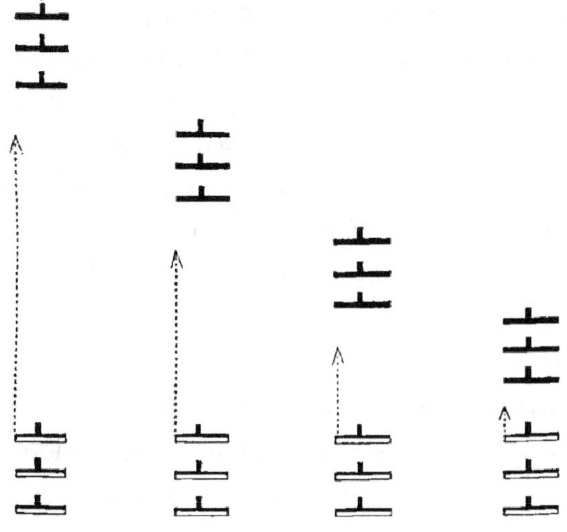

Pour arrêter la marche, le chef de bataillon commande :
Compagnies, — Halte.

Art. 14. — *Reformer la ligne.*

Pour reformer la ligne lorsque les échelons sont en marche, le professeur fait arrêter la colonne qui est en tête, et placer deux jalonneurs devant sa première subdivision; cette compagnie s'aligne au commandement de son chef. Toutes les autres colonnes continuent à marcher, les guides de la tête de chacune d'elles se détachent à vingt pas de la nouvelle ligne pour se porter sur la direction des jalonneurs. Les capitaines dirigent leurs compagnies sur ces jalonneurs et lorsqu'elles arrivent à trois pas de ces derniers, elles sont arrêtées et alignées du côté de la compagnie de direction.

Lorsque les échelons sont de pied ferme, le professeur fait jalonner la compagnie qu'il choisit pour servir de base à la direction et commande :

1. *Pour reformer la ligne.*
2. *Telle compagnie de direction.*

1. La colonne de base s'aligne contre les jalonneurs.

2. Les compagnies qui se trouvent en avant de la colonne de direction font face en arrière et se portent sur l'alignement en traversant la ligne entre les jalonneurs. Les compagnies qui se trouvent en arrière se portent en avant et le mouvement s'exécute comme il a été dit précédemment.

Pour former les échelons en retraite, le professeur commande :

1. Échelons à ..... pas.

2. *En retraite par la droite* (ou la gauche) *formez les échelons.*

Les colonnes font successivement face en arrière et se conforment à ce qui est indiqué à la formation des échelons en avant.

Pour les arrêter, le chef de bataillon commande :

Compagnies, demi-tour à droite, — HALTE.

Lorsque les échelons marchent en retraite, le chef de bataillon, pour reformer la ligne, fait faire demi-tour en s'arrêtant à l'échelon de la tête et placer deux jalonneurs. Les autres colonnes continuent à marcher, traversent la ligne entre leurs jalonneurs, puis elles sont arrêtées en faisant face en avant.

Art. 15. — Former le carré.

Le bataillon étant ployé en colonne double par peloton, à distance entière, le professeur commande :

1. *Formez le carré.*

2. MARCHE.

1. L'adjudant-major se porte devant les guides de droite et l'adjudant devant les guides de gauche pour les diriger sur les guides de la dernière subdivision.

Les capitaines du demi-bataillon de gauche se portent devant leurs troisièmes pelotons ; celui de la dernière subdivision commande : *En avant,* et les serre-files de cet échelon se portent devant le premier rang. La musique se place à six pas derrière la cinquième subdivision.

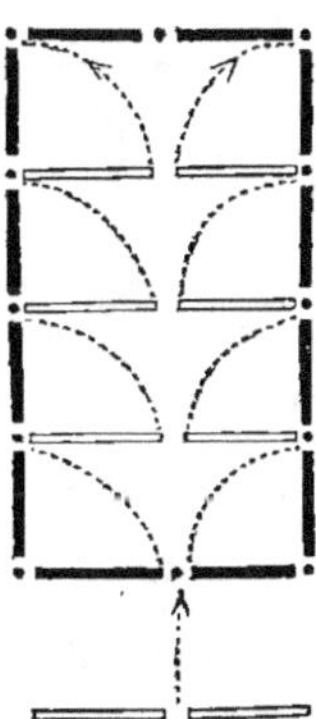

2. La première subdivision ne bouge pas ; les pelotons de droite des subdivisions intérieures font à droite en ligne, et ceux de gauche à gauche en ligne ; ils sont arrêtés par leurs chefs. La musique marche une distance de peloton en avant. La dernière subdivision serre contre les faces latérales du carré, fait demi-tour en s'arrêtant et s'aligne à gauche.

Le carré formé, le chef de bataillon commande :

Guides à vos places.

A ce commandement, les chefs de subdivision, l'adjudant-major et l'adjudant entrent dans le carré. Les capitaines se placent à trois pas derrière le centre de leurs faces, l'adjudant-major à trois pas derrière la droite et l'adjudant à trois pas derrière la gauche de la subdivision de la tête. Les chefs de peloton se placent derrière le centre de leurs pelotons et les guides forment, par deux, une file à l'extrémité de chaque face ainsi qu'à la droite des pelotons intérieurs.

Art. 16. — *Rompre le carré.*

Le professeur commande :

1. *Rompez le carré.*

2. Marche.

1. Le chef de la première face commande : *En avant,* celui de la deuxième face commande : *Par le flanc gauche,*

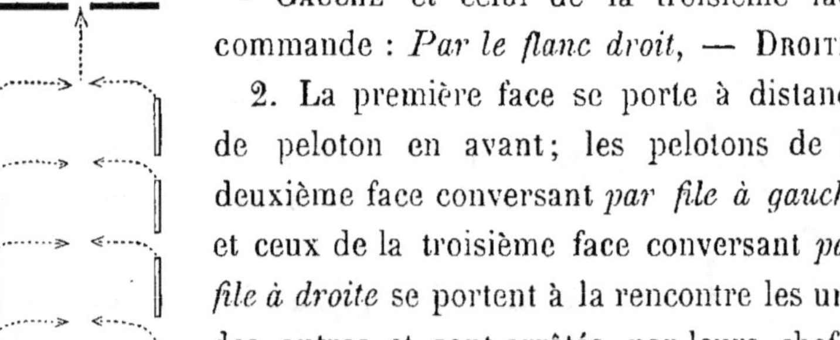

— Gauche et celui de la troisième face commande : *Par le flanc droit,* — Droite.

2. La première face se porte à distance de peloton en avant ; les pelotons de la deuxième face conversant *par file à gauche* et ceux de la troisième face conversant *par file à droite* se portent à la rencontre les uns des autres et sont arrêtés par leurs chefs. Les serre-files de la quatrième face se portent derrière le second rang, et le chef de cette face lui fait faire demi-tour.

Toutes les subdivisions s'alignent à droite. La musique se porte en colonne sur le flanc gauche et à vingt pas du centre du bataillon.

EXERCICES LIBRES AVEC CHANT ET MUSIQUE.

Les paroles auxquelles on veut adapter un chant caractériseront, autant que possible, la nature des exercices gymnastiques auxquels il servira d'accompagnement et expliqueront quelques-uns des effets physiologiques qu'ils produisent. Toutefois, il ne faut pas s'en tenir exclusivement à cet objet : pour les marches, par exemple, il est bon d'avoir recours à des morceaux choisis de poëtes belges, à des chants patriotiques et surtout à ceux qui ont pour but d'inspirer aux élèves de nobles sentiments.

** *Leçon type d'exercices libres avec chant.* Les mouvements de cette leçon qui s'exécute sur place ou en marchant, sont : Étendre les bras en avant, — étendre les bras latéralement, — élever les bras en avant, — élever les bras latéralement, — balancer les bras latéralement, — flexion et extension des avant-bras sur les bras, — extension verticale des bras, — marche gymnastique.

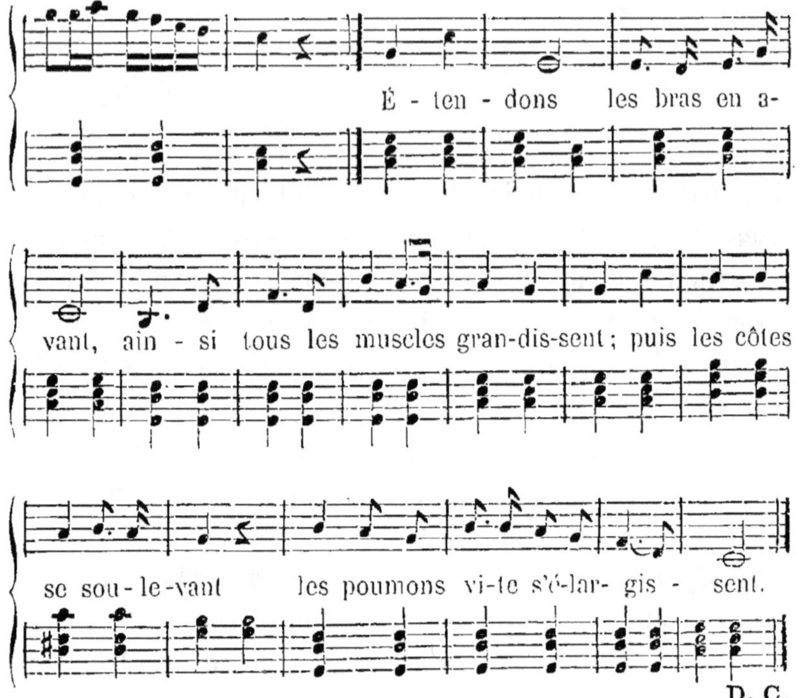

II.

De côté quand ils sont tendus
Plus important est leur office,
Mais aussitôt redescendus
Il faut reprendre l'exercice.

III.

Élevons les bras en avant
L'air pénétrera nos poitrines,
Et les muscles en s'étendant
Nourriront les fibres voisines.

IV.

Secondant l'inspiration
Que le bras de côté se dresse,
Il aide à l'expiration
En retombant avec justesse.

V.

Balançons les bras de côté
D'un mouvement plein de souplesse,
Le corps doucement incliné
Doit favoriser leur adresse.

VI.

Travaillons avec plus d'ardeur
Afin que le bras s'assouplisse,
En ployant l'un avec vigueur
Que l'autre tendu se raidisse.

VII.

Près des épaules s'arrêtant
Les poings alors bientôt s'élèvent,
Puis ployé, le bras redescend
Lorsque les coudes se soulèvent.

VIII.

Ayons un zèle continu,
Sur les hanches les mains placées,
Jarret ployé, l'autre tendu,
Les pointes des pieds abaissées.

LEÇON TYPE D'EXERCICES D'ORDRE AVEC CHANT POUR FÊTES OU DISTRIBUTION DE PRIX [1].

Les élèves sont au nombre de seize, trente-deux ou d'un multiple quelconque de seize et rangés sur quatre rangs. Les élèves de chaque rang sont numérotés de 1 à 4 ; les n°s 1 et les n°s 3 prennent le nom de *files impaires,* les n°s 2 et 4, celui de *files paires.* Les n°s 1 et 2 prennent aussi la dénomination

[1] Le professeur adopte, pour les figures, une musique à son choix; après chaque figure, le piano exécute quatre mesures pour rien.

de groupes impairs, les n⁰ˢ 3 et 4, celle de groupes pairs.
On prend la petite distance entre les files et entre les
rangs.

Figure première : Les numéros impairs marchent six pas
en avant et font demi-tour, en
deux temps et à la même cadence
que celle du pas, puis ils se
portent en arrière pour reprendre
leur place en faisant de nouveau
demi-tour ; ils comptent deux fois jusque huit pour l'exécution de ces mouvements. En même temps que les numéros
impairs se portent en avant, les numéros pairs se portent
en arrière à reculons, comptent huit pas et se reportent en
avant pour reprendre leur place [1].

Répéter les mêmes mouvements, les numéros impairs en
arrière et les numéros pairs en avant.

> *Paroles :* Marchons gaîment, élançons-nous,
> Avec ardeur, marquons le pas.
> Après travail, repos bien doux
> A nos efforts succédera.

Figure deuxième : Pendant que le piano marque les quatre
mesures pour rien, les numéros impairs
font par le flanc gauche et les numéros
pairs par le flanc droit.

Les numéros impairs et les numéros
pairs changent de place en faisant la chaîne de la main
droite et en comptant quatre pas, puis ils font la chaîne
de la main gauche en comptant également quatre pas pour

---

[1] Dans le nombre de pas le demi-tour est compris pour deux
temps.

reprendre leur place ; on répète ensuite ces deux chaînes en comptant de nouveau huit pas. Le mouvement terminé et sans interrompre la marche, on exécute les quatre mêmes chaînes mains levées (seize pas) ; le nombre total de pas est de trente-deux.

> *Paroles :* Chaîne légère et gracieuse,
> Nous te formons avec plaisir ;
> Levons, levons ces mains joyeuses
> Qu'un doux entrain vient réunir.

Figure troisième : Cette figure consiste à exécuter par groupes de deux, ce qui est prescrit par files à la figure première.

Les groupes impairs se portent six pas en avant, font demi-tour et retournent à leur place où ils font de nouveau demi-tour ; en même temps que les groupes impairs se portent en avant, les groupes pairs se portent huit pas en arrière à reculons, puis ils reprennent leur place par huit pas en avant. Répéter ces mêmes mouvements en faisant marcher les numéros impairs en arrière et les numéros pairs en avant.

> *Paroles :* Groupes riants, ébranlez-vous,
> L'un en avant, l'autre en arrière ;
> Tout en marchant, animons-nous,
> Puis reformons la file entière.

Figure quatrième : Les numéros impairs du premier rang donnent la main droite aux numéros pairs du deuxième rang, les numéros impairs du deuxième rang donnent la main droite aux numéros pairs du premier rang ; dans cette

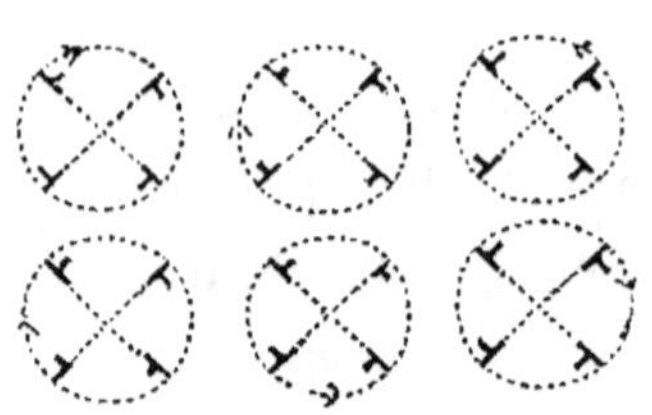

position les élèves se présentent mutuellement la droite, les
quatre bras droits formés en
croix au centre. Ainsi placés,
les élèves marchent huit pas
en cercle, s'arrêtent, font demi-
tour, croisent les bras gauches pour remplacer les bras
droits et retournent à leur place en marchant huit pas dans
le sens opposé. Les élèves répètent ensuite ce moulinet dans
les deux sens, mains levées et en comptant comme précédemment, deux fois huit pas.

Paroles : Tourbillonnons légèrement,
Vite tournons, main dans la main ;
Et sur ses pas docilement,
Il reviendra le beau moulin.

Figure cinquième : Cette figure est simplement une prise de distance pour permettre l'exécution de la figure suivante ;
il s'agit de prendre entre les rangs une
distance double de la grande distance en
conservant la petite distance entre les files.

Les files impaires font par le flanc gauche, tendent les mains aux files paires, ces
dernières font par le flanc droit, donnent la
main gauche à l'une des files impaires, la
main droite à l'autre, marchent sept pas en
avant en obliquant à droite et en tendant
les bras pour prendre la grande distance,
la file impaire qui se trouve au premier
rang ne bouge pas, les autres prennent la
grande distance en appuyant à gauche (en

arrière); la distance prise, les files impaires font face en avant, le files paires font demi-tour (deux temps) et se reportent à leur place en comptant de nouveau sept pas (total seize pas).

Paroles : Écartons-nous pour faire place,
Sachons mêler l'ordre à la grâce.

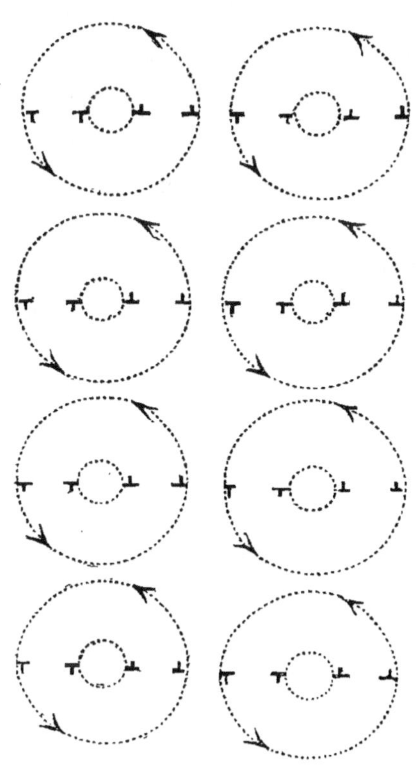

Figure sixième : Pendant les quatre mesures pour rien, les groupes pairs font demi-tour, et les nᵒˢ 1 et 2, 3 et 4 de chaque rang se donnent la main.

Les quatre élèves se donnant la main, tournoient sur leur centre, marchent quinze pas, font demi-tour (compter deux temps pour le demi-tour), et font quinze pas en sens inverse pour reprendre leur place, en faisant de nouveau demi-tour pour répéter les moulinets, mains levées (total soixante-quatre pas).

Paroles : Formons encore le moulinet
Dont le doux jeu vient nous charmer,
Si gracieux et si coquet,
On ne pourrait s'en fatiguer,

> Entrelaçons cercles et chaînes,
> Mais il est temps de terminer.
> Adieu, moulin qui nous entraînes,
> Quatre par quatre, il faut marcher.

Après avoir exécuté ces figures, les élèves marchent par un, se forment par deux en marchant, croisent les bras, reviennent au centre, conversent pour revenir par quatre, puis par huit et enfin par seize. A la dernière conversion, ils lèvent les mains, et, arrivés à une dizaine de pas du professeur ou du public, le premier rang simule le pas sur place pour donner aux autres rangs le temps de se serrer, les rangs réunis, tous les élèves saluent ensemble en s'inclinant.

Cette leçon, avec laquelle on peut fusionner les exercices d'ordre et les chaînes avec le pas en trois temps décrit précédemment, suffira pour permettre aux professeurs de faire un grand nombre de combinaisons nouvelles.

APPENDICE.

ENGINS MENTIONNÉS PAR LE DOCTEUR THEIS, — ENGINS TOLÉRÉS
MAIS DONT L'ACQUISITION N'EST PAS OBLIGATOIRE, — APPAREILS DONT L'EMPLOI
EST INTERDIT, — ÉNUMÉRATION DES AUTRES ENGINS EMPLOYÉS
DANS LES GYMNASES, — THÉORIE ET MANIÈRE DE SE SERVIR DE TOUS
LES INSTRUMENTS ET APPAREILS TOLÉRÉS.

Il faut classer les engins mobiles ou fixes, mentionnés par le docteur Theis, en trois catégories : 1° ceux qui sont compris dans le programme officiel ; 2° ceux tolérés par le programme mais dont les écoles ne sont pas obligées de faire l'acquisition, et 3° ceux dont l'usage est interdit dans les écoles.

Parmi les instruments et les appareils compris dans le programme officiel, nous remarquons : le bâton-mètre, les balles, le petit bâton à lutter, le sautoir mobile, le sautoir à gradins, les barres parallèles, les cordes lisses, les perches, les planches d'assaut, les échelles horizontales, les échelles obliques et les mâts.

Les engins mentionnés par le docteur Theis et tolérés par le programme, sont : l'échelle verticale, les cordes à nœuds et à consoles, les échelles de corde, le mât ou la poutre horizontale, la corde oblique le cheval-sautoir ; et parmi les instruments : les haltères, le mil ou massue, les lacets pour la lutte, les projectiles tels que, le javelot et le disque, les balles, les anneaux à rouler, les sacs de sable, les pierres arrondies, les blocs de bois utilisés comme fardeaux, les chaises pliantes à larges sangles pour les exercices de la natation. Le docteur Theis recommande pour les escrimes, le bâton-mètre et le long bâton employés en guise de sabre, de lance et de fusil.

Les appareils dont l'usage est interdit dans les écoles sont : la barre fixe, les anneaux et le trapèze.

Parmi les engins qui ne sont ni prescrits par le programme

officiel, ni mentionnés par le docteur Theis, mais qui sont employés dans certains gymnases, on compte encore :

Les cannes en fer, au moyen desquelles on fait tous les exercices que nous prescrivons pour la canne en bois. C'est un excellent instrument à employer pour les garçons âgés de 16 ans ; il aurait été compris dans le programme officiel, si l'on n'avait craint d'imposer de trop fortes dépenses aux écoles.

Les barres à sphères, avec lesquelles on exécute les exercices à la canne et particulièrement les exercices d'assistance.

Les tremplins pour les sauts.

Les boules de différents poids.

La bascule brachiale.

La bascule à poulies.

Le pont suspendu pour les exercices d'équilibre.

La marche sur le cercle de piquets ; on remplace parfois les piquets par de grosses pierres peu élevées.

La caisse-sautoire.

Le mât à chevilles.

L'échelle orthopédique.

L'échelle mixte, dont les échelons sont formés alternativement de cordes et de bois.

Le mât horizontal de voltige.

Les barres parallèles hautes, que les échelles horizontales remplacent avec avantage.

L'ascension sur de petits chars qui roulent entre deux cordes lisses obliques.

Les roues pour la circumduction des bras.

Les contre-poids et les dynamomètres à traction et à pulsion pour mesurer le degré de force des élèves ; dans certains gymnases de la Suède et de la France, ces dynamomètres servent à tenir une feuille physiologique pour chaque élève.

EXERCICES AUX INSTRUMENTS ET AUX APPAREILS TOLÉRÉS.

HALTÈRES, — MILS OU MASSUES, — ÉCHASSES, —
ÉCHELLES DE PERROQUET,—CORDES A NOEUDS & A CONSOLES,
—ÉCHELLE DE CORDES,—MAT OU POUTRE
HORIZONTALE,—CORDE OBLIQUE,—PERCHES OBLIQUES,
— ÉCHELLES VERTICALES,
— TABOURET-SAUTOIR, — CHEVAL SAUTOIR.

** HALTÈRES.

Les élèves sont disposés comme pour les autres exercices, ils ont un haltère placé à côté de chaque pied.

En position, — Un.

1. Fléchir les deux jambes, les bras allongés vers le sol et saisir les haltères.

2. Se redresser et prendre la position ordinaire.

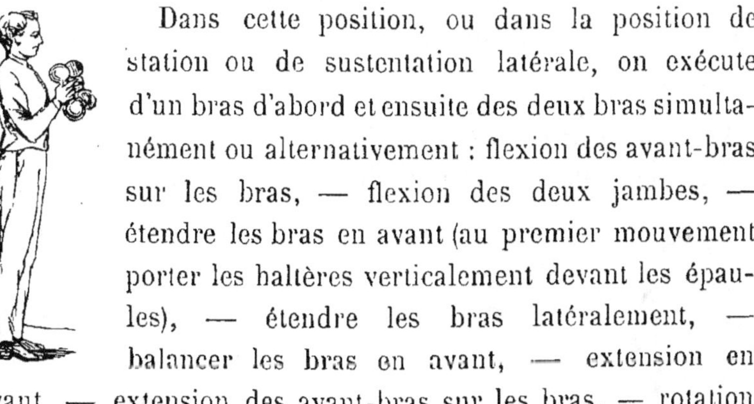

Dans cette position, ou dans la position de station ou de sustentation latérale, on exécute d'un bras d'abord et ensuite des deux bras simultanément ou alternativement : flexion des avant-bras sur les bras, — flexion des deux jambes, — étendre les bras en avant (au premier mouvement porter les haltères verticalement devant les épaules), — étendre les bras latéralement, — balancer les bras en avant, — extension en avant, — extension des avant-bras sur les bras, — rotation des deux bras.

Extension verticale des bras, — Un.

1. Fléchir les avant-bras sur les bras, rapprocher une sphère de chaque épaule, l'autre sphère dirigée en avant et vers le sol.

2. Étendre avec force les bras en l'air.

3. Fléchir les bras et reporter les haltères près des épaules.

4. Reprendre la position.

Lorsque les élèves sont familiarisés avec les exercices précédents, on leur fait exécuter : déposer les haltères et les reprendre (même mouvement que pour la canne), — la grande flexion du corps en avant, — latérale, — extension des bras en l'air avec flexion des deux jambes, — extension des bras avec mouvement « d'à fond », — les marches militaire, pyrrhique et athlétique.

MILS OU MASSUES.

Les élèves vont prendre les massues, se forment sur le nombre de rangs indiqué, s'alignent, puis le professeur fait prendre entre les rangs et entre les files une distance assez grande pour que les massues ne puissent se rencontrer ; au commandement de *Fixe,* les élèves déposent les massues debout près de chaque jambe, ou couchée, une poignée près de chaque pied, selon l'ordre qu'ils ont reçu.

Art. 1. — *En position,* — Un.
Saisir et soulever les massues.

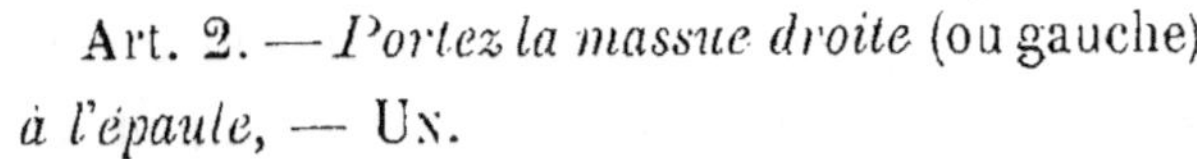

Art. 2. — *Portez la massue droite* (ou gauche) *à l'épaule,* — Un.

1. Tourner le bras en supination, la paume de la main en avant et redresser la massue, en appuyant le gros bout à l'épaule droite.

2. Incliner la massue en avant et reprendre la position.

Les élèves exécutent ensuite le même mouvement de la main gauche.

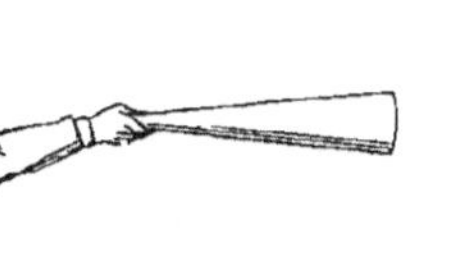

Les élèves ayant les deux massues près des épaules, le professeur commande :

Art. 3. — *Étendez la massue droite* (ou gauche) *en avant,* — Un.

1. Allonger le bras en inclinant le gros bout de la massue en avant, les ongles vers l'intérieur et s'arrêter un instant dans cette position.

2. Laisser descendre lentement la massue en conservant le bras tendu, puis la reporter près de l'épaule.   .

Art. 4. — *Portez les massues derrière l'épaule,* — Un.

1. Étant en position, la massue près de l'épaule, la passer sur l'épaule en soulevant la main et la porter verticalement derrière l'épaule.

2. Descendre le coude, en portant la main en avant, et reprendre la position.

Art. 5. — *Étendez les massues latéralement,* — Un.

1. Étendre les bras latéralement en soulevant lentement les massues, pour s'arrêter à la position horizontale.

2. Abaisser les massues lentement, à bras tendus, et reprendre la position.

Tous les mouvements qui précèdent, se font d'abord

d'une massue, ensuite de chaque massue alternativement, puis des deux massues simultanément.

Après ces mouvements élémentaires, les élèves ne travaillent plus que d'une massue.

Art. 6. — *Approchez la massue de la partie extérieure du bras,* — Un.

1. La massue étant près de l'épaule, l'étendre horizontalement en avant.

2. Soulever l'extrémité de la massue et la renverser en arrière pour la placer dans une direction presque parallèle à l'avant-bras ; la main ouverte, la paume en avant, la poignée de la massue entre le pouce et les deux premiers doigts.

3. Allonger le bras le long de la cuisse et reprendre la position.

Après avoir répété deux ou trois fois cet exercice, on descend la massue et on la passe à gauche pour exécuter le mouvement de ce côté.

Il en est de même pour tous les exercices qui s'exécutent d'une seule massue.

Art. 7. — *Porter la massue verticalement en avant,* — Un.

1. Soulever verticalement la massue, les ongles tournés vers le corps, la main de 10 à 15 centimètres de l'épaule.

2. Allonger horizontalement les bras en avant.

3. Reporter la main près de l'épaule.

4. Reprendre la position.

Cette extension doit se faire avec force et énergie.

Art. 8. — *Faites décrire à la massue 3/4 de cercle vers le bas,*
— Un.

1. Étendre latéralement et horizontalement la massue à gauche.

2. Descendre la massue le bras tendu, et lui faire décrire un mouvement de circumduction, le bras passant près du corps ; s'arrêter lorsque le bras arrive dans une position verticale au-dessus de l'épaule.

3. Fléchir le bras et incliner le gros bout de la massue en arrière pour le rapprocher du bras.

4. Allonger le bras le long de la cuisse pour reprendre la position.

Art. 9. — *Faites décrire à la massue un cercle vers le haut,*
— Un.

Même mouvement que le précédent excepté que la massue décrit un cercle entier et en sens inverse.

Art. 10. *Moulinez la massue en la passant par derrière la tête,* — Un.

1. Élever la massue verticalement au-dessus de l'épaule et prendre la position indiquée à l'art. 6.

2. Mouliner la massue au-dessus de la tête, en la passant devant le corps et terminer le moulinet en la replaçant sur l'avant-bras.

Pour le mouvement qui suit, on reprend les deux massues.

Art. 11. — *Moulinez les massues d'avant en arrière au-dessus de la tête,* — Un.

1. Porter le bras droit à gauche, pour mouliner la massue à gauche, la passer au-dessus de la tête en couronnant cette dernière du bras droit, revenir en position en allongeant le bras droit à droite et en lui imprimant une rotation en pronation.

2. Exécuter le même mouvement au moyen du bras gauche et continuer en alternant.

> EXERCICES AUX ÉCHASSES.

Monter sur les échasses. Se placer sur une pierre, un banc, un escalier ou tout autre objet d'une hauteur égale, ou à peu près, à l'élévation des consoles ; poser les échasses verticalement, les consoles à l'intérieur, le plus près possible du corps, les extrémités supérieures passant sous les bras et appuyées derrière et contre l'épaule, les bras presque allongés le long des cuisses, le montant de l'échasse en pleine main, le pouce dirigé vers la terre.

Monter sur les consoles en appuyant les échasses contre les cuisses, qu'elles ne doivent jamais quitter, et s'efforcer à tenir l'équilibre.

On préviendra les élèves qu'ils conserveront facilement l'équilibre, s'ils changent de place constamment, en faisant de petits pas dans diverses directions et toujours du côté vers lequel le corps tend à pencher.

Autre manière de s'élever sur les échasses. Porter les extrémités supérieures des échasses sous les bras, s'élancer en avant

à la course, prendre un point d'appui et s'élancer sur les consoles au moyen du saut en hauteur.

Un grand nombre d'élèves parviendront à monter de cette
manière; toutefois, la hauteur ne doit pas dépasser 80 centimètres pour les jeunes gens de taille ordinaire.

Marcher. Dès que l'élève parvient à se tenir en équilibre, il se
met lentement en marche, par
de petits pas.

Dans cette marche, le bras
doit rester lié au mouvement de
la jambe du même côté, et le
pied ne doit jamais quitter la
console. Ainsi, à l'instant où
la jambe se lève, le bras du
même côté soulève l'échasse
en portant le coude en arrière, la main ne quittant pas la
cuisse; le bras s'allonge ensuite, en même temps que la jambe
et l'échasse se portent en avant.

Lorsque l'élève sera parvenu à bien se tenir en équilibre, il
pourra augmenter insensiblement la longueur des pas.

On peut varier la marche en sautillant sur une ou deux
échasses.

Descendre des échasses en avant. Assurer la position des
échasses en prenant un bon point d'appui. Porter une échasse
devant et contre l'épaule en tournant la main, le dos au dessus
et sans lâcher complétement l'échasse, le pouce passant entre
le corps et celle-ci ; exécuter le même mouvement avec l'autre
échasse.

Détacher les pieds des consoles en les portant en avant,
soulever en même temps le corps et incliner les échasses en

avant par un léger effort des deux bras, descendre en avant, sans glisser les mains et en fléchissant les deux jambes à l'instant où la pointe des pieds rencontre le sol.

Descendre des échasses en arrière. Assurer la position des échasses, soulever le corps par un effort des bras, tout l'avant-bras restant appuyé sur l'échasse; détacher les pieds des consoles et descendre lentement, en inclinant les échasses en arrière, et en fléchissant les extrémités inférieures à l'instant où elles rencontrent le sol.

Il faut remarquer que, pour descendre en arrière, on ne change pas la position des bras.

Ces deux manières de descendre sont également employées lorsqu'il y a perte d'équilibre; il faut donc que les élèves parviennent à les exécuter avec beaucoup d'aisance et presque machinalement.

Saut à l'aide des échasses. Si l'on est pourvu d'échasses à l'instant de devoir exécuter le saut en profondeur, on les emploiera de la manière suivante :

Fixer les extrémités des échasses au milieu du fossé et s'accroupir ou s'asseoir sur le bord. Saisir une échasse de chaque main à hauteur des épaules, donner une légère impulsion au corps pour franchir l'obstacle en ployant les jambes, que l'on allonge un peu avant la chute, pour les fléchir de nouveau à l'instant où la pointe des pieds touche le sol.

*** *Échelle de perroquet* (ou l'échelle de Bois-Rosé).

Position assise : S'asseoir sur un échelon, la corde entre les jambes, les mains saisissant l'échelon ou la partie de la corde qui leur correspond à la tête.

Monter : Soulever le corps à l'aide des bras, écarter les jambes pour embrasser l'échelon immédiatement au-dessus ; déplacer les mains et continuer à monter. Descendre par les moyens inverses.

Monter debout : Saisir l'échelon le plus élevé possible, enlever le corps, les jambes ployées, les talons réunis et embrasser la corde par les pointes des pieds écartées ; serrer la corde entre les deux pieds qui glissent jusque sur l'échelon ; déplacer les mains et continuer à monter en conservant les talons réunis.

CORDE A NŒUDS ET CORDE A CONSOLES.

Saisir la corde, le plus haut possible, par les deux mains ; faire effort pour soulever le corps en ployant les jambes ; les talons joints, les pointes des pieds légèrement écartées pour embrasser la corde entre les deux consoles et par le milieu des pieds ; serrer la corde et descendre les pieds jusque sur les consoles. Déplacer les mains en allongeant le corps et les bras, et continuer à monter.

La descente s'effectue d'après les moyens contraires.

On monte aussi à ces cordes à l'aide des mains

et des cuisses, en s'asseyant sur la console et en serrant la corde entre les jambes ; nous croyons que ce mouvement ne peut être admis dans la gymnastique scolaire.

> ÉCHELLE DE CORDE.

Premier exercice. Tendre l'échelle en plaçant un pied sur le dernier échelon et contre le montant ; saisir les montants le plus haut possible ; soulever le corps à l'aide des mains, tendre en même temps la jambe dont le pied repose sur l'échelon, ployer l'autre pour poser le milieu du pied sur l'échelon immédiatement supérieur et contre le montant ; con-

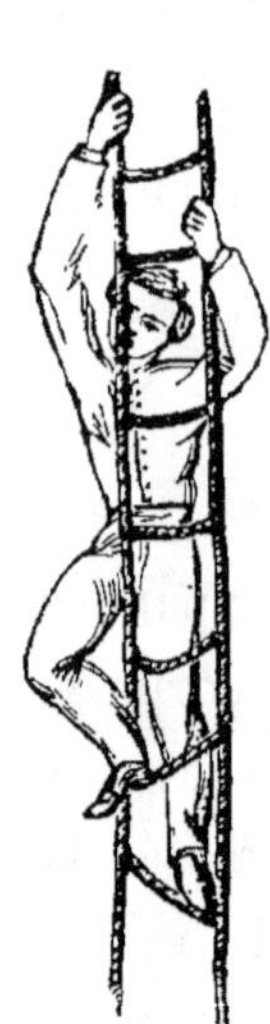

tinuer à monter ainsi, en ayant soin de porter les genoux à l'extérieur et d'incliner les pieds. Descendre par les moyens inverses.

Deuxième exercice. Mêmes principes qu'à l'exercice précédent pour ce qui concerne les bras ; porter la cuisse à l'extérieur des montants et accrocher le talon à l'échelon et contre le montant. Continuer à monter en conservant une jambe devant l'échelle et l'autre derrière.

On peut aussi monter en portant les deux cuisses sur les montants, et en accrochant les deux talons aux échelons.

∗∗∗ MAT OU POUTRE HORIZONTALE.

Marcher les mains en liberté. Pour éviter de vaciller ou de chanceler en marchant sur l'arbre, les élèves doivent donner une grande flexibilité aux extrémités inférieures et ne mettre de la roideur dans aucune partie du corps.

Avant que l'élève se mette en marche, le professeur s'assurera si sa position est conforme aux principes suivants :

Les pieds tournés légèrement en dehors, les jambes peu fléchies, le corps bien droit, les bras à hauteur des épaules et un peu ployés, le regard porté devant soi. Les pas seront très-petits, ils ne dépasseront pas 30 centimètres pour les élèves de grande taille. A l'instant où la jambe gauche, légèrement fléchie, se porte en avant, le corps se redresse un peu, et le jarret de la jambe droite se tend insensiblement; on continue

à marcher ainsi en conservant la position des bras, qui permet de rétablir l'équilibre.

S'il était impossible à l'élève de rétablir l'équilibre perdu, il ferait le saut en avant, en arrière ou de côté.

Cet exercice n'est exécuté que par les élèves qui sont parfaitement initiés aux principes des différents sauts.

Lorsque les élèves sont tout à fait habitués à la marche qui précède, ils varient cet exercice en marchant de côté ou bien en portant toujours le même pied en avant, ou enfin en sautillant.

Marcher les mains sur le dos. Les principes de cette marche sont les mêmes que ceux de l'exercice précédent, mais ils sont d'une difficulté plus grande à cause de la position des bras, qui servaient à régler l'équilibre.

Luttes. Cet exercice se fait à tour de rôle par deux élèves placés sur le mât ou la poutre et se faisant face.

Le professeur leur fait répéter les luttes des doigts croisés, des phalanges, des poignets croisés, des avant-bras, des épaules et à la perche.

Se suspendre des deux mains à la corde, soulever le corps en le raccourcissant et croiser les jambes ployées sur la corde; allonger les bras et le corps, les mains ne se déplaçant que successivement, puis remonter les jambes en les glissant sur la corde sans leur faire changer de position et continuer l'ascension. Descendre par les moyens inverses.

On peut encore gravir la corde oblique :

1° En se balançant et en s'accrochant par le pli de chaque jambe alternativement.

2° En s'accrochant au moyen des talons.

3° A l'aide des mains seules.

PERCHES OBLIQUES.

★ ★ Art. 1. — *Se suspendre et soulever le corps en fléchissant les bras.*

★★ Art. 2. — *Monter et descendre à cheval sur deux perches.*

★★★ Art. 3. — *Monter à l'aide des mains seules et à bras tendus.*

★★★ Art. 4. — *Monter et descendre à bras fléchis.*

★★★ Art. 5. — *Monter et descendre par saccades.*

★★★ Art. 6. — *Monter et descendre à une perche à l'aide des mains seules.*

La théorie des exercices qui précèdent a été décrite à l'article « *échelles obliques.* »

★★ Art. 7. — *Grimper à une perche, jambes croisées.*

Se soulever à la perche en même temps qu'une jambe se porte devant et l'autre derrière la perche, les pieds croisés. Fléchir les jambes en remontant fortement les genoux et serrer la perche entre les cuisses, les jambes et les pieds ; détacher alternativement les mains pour les remonter, allonger les bras et le corps et continuer à monter. Descendre en laissant glisser la perche entre les jambes et en déplaçant les mains alternativement.

★★★ Art. 8. — *Monter par balancement.*

Pour cet exercice qui s'exécute d'abord à bras tendus, puis à bras fléchis, l'élève imprime au corps un mouvement d'oscillation latérale, les jambes réunies et pendant naturellement, les pointes des pieds dirigées vers le sol.

★★★ Art. 9. — *Monter couché sur deux perches, les genoux à l'intérieur.*

Pour grimper de cette manière, l'élève repose le cou-de-pied sur la perche, la pointe du pied vers l'extérieur et appuie ses genoux contre l'intérieur des perches ; le mouvement des bras est le même que pour monter à cheval sur les perches.

> Art. 10. — *Grimper en position couchée sur la perche.*

Prendre la position couchée sur la perche, la saisir en allongeant les bras, croiser les jambes et serrer fortement la perche entre les cuisses, les jambes et les pieds. Exercer une forte traction des deux bras en ployant le corps et les jambes, puis fixer fortement les extrémités inférieures à la perche, avant de déplacer les mains.

La difficulté de conserver l'équilibre, rend cet exercice très-amusant.

Observations. Dans les descentes, les élèves ne doivent pas glisser les mains le long des perches, autant pour éviter de se blesser aux éclats de bois que pour empêcher les chutes.

ÉCHELLE VERTICALE.

★★★ Art. 1. — *Flexion et extension.*

Saisir l'échelon qui se présente à hauteur des mains lorsque les bras sont pendants, placer les deux pieds sur le premier ou le second échelon et contre les montants. Fléchir le corps et les jambes, genoux écartés, en allongeant les bras ; se redresser ensuite en allongeant les jambes, le corps bien droit contre l'échelle et recommencer la flexion.

★★★ Art. 2. — *Monter et descendre, les mains aux montants, les pieds sur les échelons.*

Mêmes principes qu'aux exercices à l'échelle oblique ; avoir

soin d'écarter les genoux et de déplacer ensemble les membres inégaux (bras droit et jambe gauche, bras gauche et jambe droite). Descendre de même.

On varie cet exercice en déplaçant à la fois le bras et la jambe d'un même côté.

★★★ Art. 3. — *Grimper les mains et les jambes aux montants.*

Saisir les montants, fléchir les bras et soulever le corps fortement fléchi, embrasser les montants par les jambes fortement serrées ; allonger de nouveau les bras, en ne déplaçant les mains que successivement, et continuer à monter. Descendre dans la position ordinaire.

Dans les débuts, les élèves saisissent les échelons au lieu des montants.

★★★ Art. 4. — *Monter par flexions et extensions.*

Saisir des deux mains un échelon, les bras fortement allongés, gravir les échelons au moyen des pieds, les mains ne bougeant pas et fléchir fortement le corps pour rapprocher les pieds des mains. Déplacer les mains jusqu'à ce que le corps soit de nouveau fortement allongé, avant de recommencer le mouvement des jambes et continuer à monter.

Descendre par les moyens inverses.

> Art. 5. — *Monter en sautant un échelon à la fois des deux pieds.*

Les mains sont fixées aux montants ou aux échelons, puis, par une légère extension, genoux écartés, on gravit un échelon des deux pieds à la fois ; on déplace ensuite les mains successivement pour sauter sur un échelon plus élevé et l'on continue à monter.

> Art. 6. *Monter et descendre par les montants et à l'aide des mains seules.*

Saisir les montants en allongant l'un des bras, l'autre à demi-fléchi; soulever le corps, les jambes pendantes, déplacer le bras fléchi pour saisir le montant à un pied environ au-dessus de l'autre main, et continuer à monter.

Les autres exercices que l'on peut encore exécuter à l'échelle verticale sont :

> 1° Monter et descendre en tournant autour de l'échelle à l'aide des pieds et des mains.

2° Monter une main aux échelons, l'autre au montant.

3° Monter et descendre par saccades aux montants.

4° Monter et descendre en tournant autour de l'échelle, mais à l'aide des mains seules.

5° Monter et descendre par saccades aux échelons et à l'aide des mains seules.

Ces deux derniers exercices ne sont pas sans danger.

> TABOURET SAUTOIR.

Les élèves sont éloignés de dix à quinze pas du tabouret et se portent successivement en avant; arrivé près du tabouret, l'élève désigné fléchit légèrement les jambes et saute dans l'appui bras tendus, les doigts vers l'extérieur, les pouces écartés.

SAUT A CALIFOURCHON.

Les élèves sont placés en une file et à huit ou dix pas de distance; celui désigné se porte en avant en prenant l'élan, arrivé

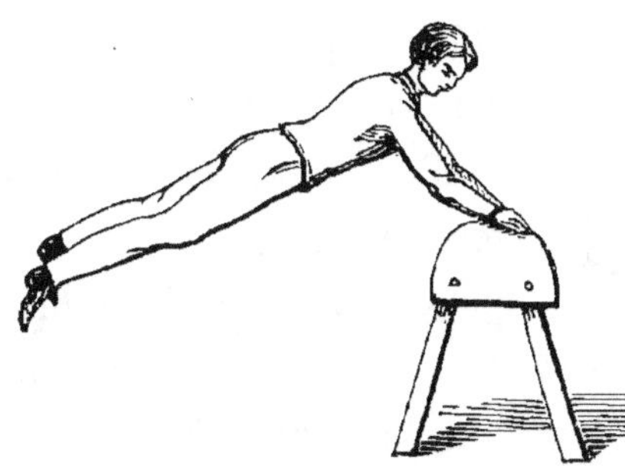

à deux ou trois pas du tabouret, il s'élance en avant en prenant l'appui des deux mains et en écartant les jambes, puis il observe en tombant tous les principes des sauts.

> CHEVAL-SAUTOIR.

A cet appareil, il est permis d'exécuter tous les exercices de voltige; les exercices qui frisent les tours de force doivent être sévèrement exclus.

Parmi les exercices à interdire, il faut comprendre :

1° Franchir latéralement le cheval (dans sa longueur) par le grand écart des jambes et en plaçant les mains sur la selle.

2° Franchir toute la longueur du cheval au moyen du saut à califourchon et en passant à la fois au-dessus de la croupe et de l'encolure.

3° Culbuter en appuyant le dos ou la tête sur la selle et en se jetant de l'autre côté.

4° Franchir le cheval, en plaçant les mains sur la croupe ou sur la selle, l'épaule sur l'encolure et en culbutant en avant.

5° Enfin, tous les autres exercices où l'élève, prenant l'appui sur les mains, aurait les jambes en l'air.

Premier exercice. Sauter sans élan au cheval par le côté gauche et prendre l'appui bras tendus; la main gauche sur le rebord de la selle représentant le pommeau, la main droite sur celui représentant le troussequin, les pouces vers l'intérieur. Fléchir légèrement les bras et leur imprimer

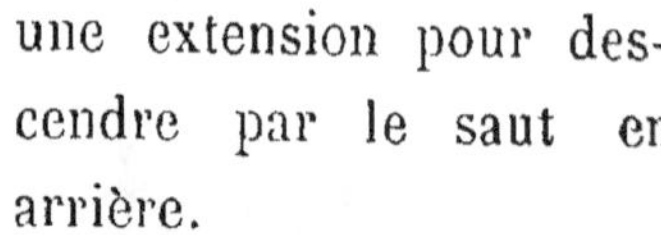

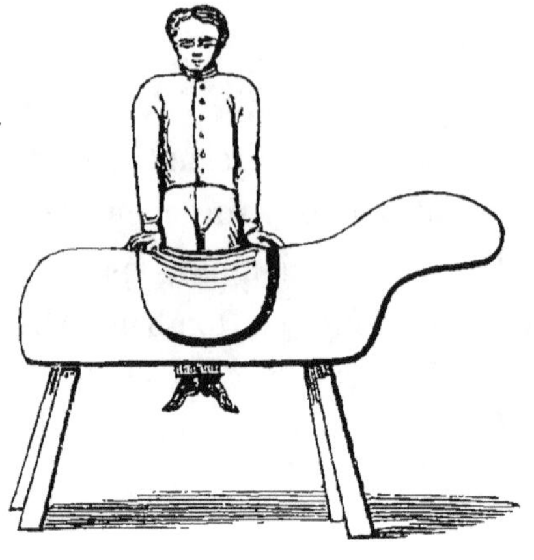

une extension pour descendre par le saut en arrière.

Deuxième exercice. Sauter sans élan par le flanc gauche du cheval en plaçant le genou droit sur la selle ; descendre comme à l'exercice précédent.

Troisième exercice. Sauter par le flanc et sans élan dans l'appui bras tendus ; soulever la jambe droite près de la croupe et jusqu'à ce qu'elle soit dans une direction horizontale. Replacer la jambe à côté de l'autre, et descendre par le saut en arrière.

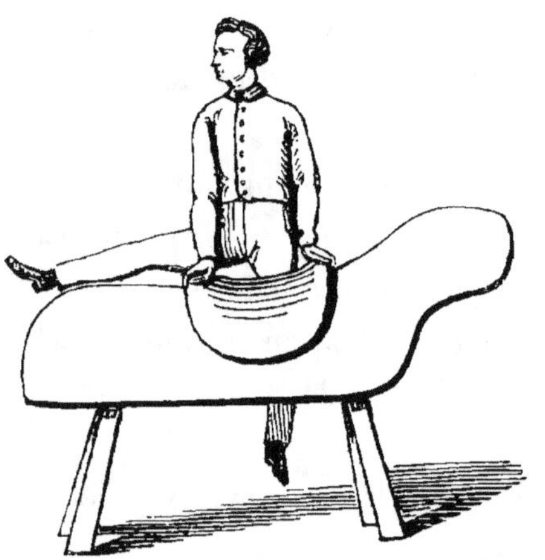

Quatrième exercice. Prendre la position indiquée à l'exercice précédent, passer la jambe droite sur la croupe, lâcher la main droite et prendre le siége transversal face à l'encolure. Porter la jambe gauche au-dessus de l'encolure, saisir le pommeau de la main gauche, le troussequin de la main droite

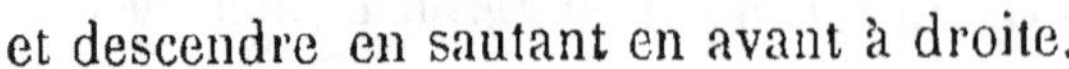

et descendre en sautant en avant à droite.

Cinquième exercice. Même mouvement qu'à l'exercice précédent mais en passant la jambe droite au-dessus de l'encolure pour descendre en avant à gauche.

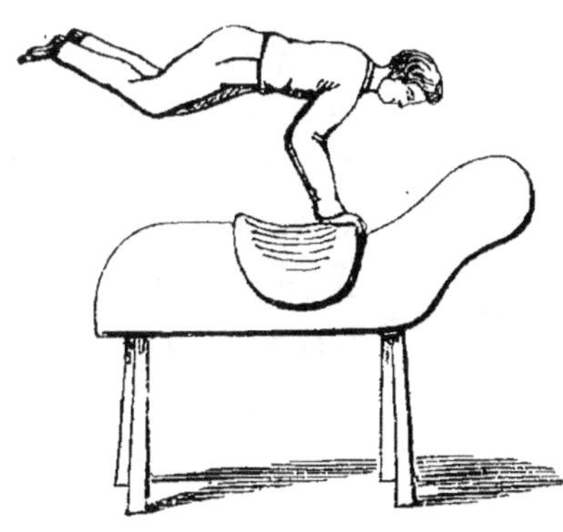

Sixième exercice. Prendre, comme il a été dit précédemment, mais avec élan, le siége transversal face à l'encolure. Placer les deux mains, les pouces se faisant face sur le pommeau, fléchir les bras, puis leur imprimer une extension en lançant les jambes en arrière pour sauter en arrière à gauche ou en arrière à droite.

Septième exercice. Saisir les bords de la selle et, par un bond, prendre le siége latéral gauche (les deux jambes du même côté); dans ce mouvement les mains changent de place pendant le demi-tour. Prendre appui des deux mains sur les bords de la selle et descendre par le saut en avant.

Huitième exercice. Prendre le siége latéral comme à l'exercice précédent. Reprendre appui latéral bras fléchis, et descendre par le saut en arrière.

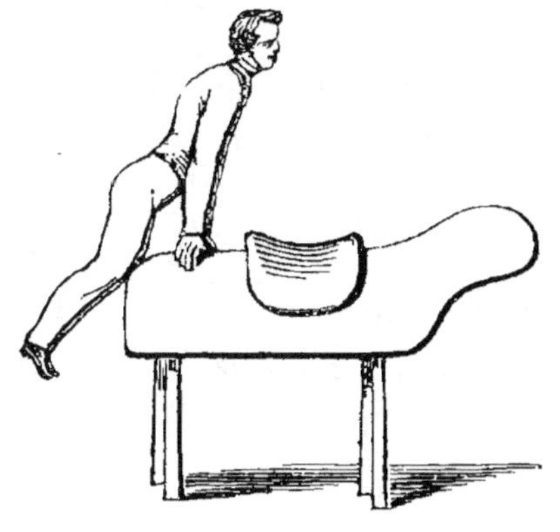

MOUVEMENTS PAR LA CROUPE.

Neuvième exercice. Sauter sans élan dans l'appui, bras tendus et descendre par un saut en arrière.

Dixième et onzième exercice. Sauter sans élan

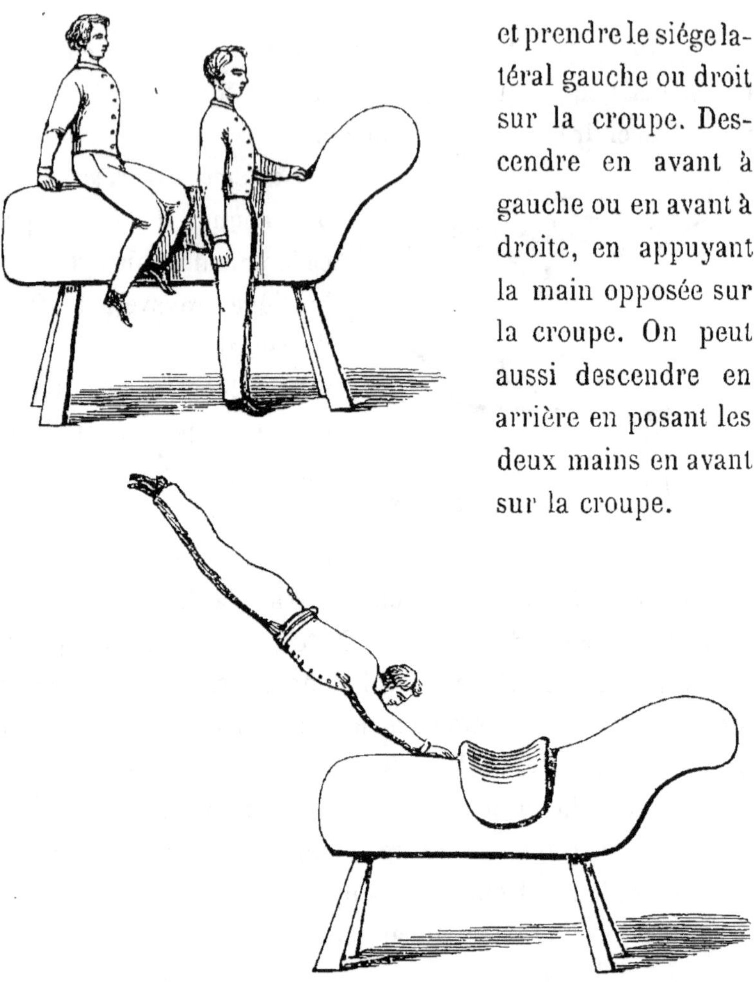

et prendre le siége latéral gauche ou droit sur la croupe. Descendre en avant à gauche ou en avant à droite, en appuyant la main opposée sur la croupe. On peut aussi descendre en arrière en posant les deux mains en avant sur la croupe.

Douzième exercice. Sauter sans élan au siége transversal sur la croupe, prendre appui des deux mains sur la croupe et descendre par le saut en arrière.

Treizième et quatorzième exercice. Sauter avec élan au siége transversal, passer la jambe gauche au-dessus de la selle et descendre par un saut dans la position de station latérale droite (voir la figure des dixième et onzième exercice) ou dans la position latérale à gauche.

Quinzième et seizième exercice. Sauter avec élan au siége transversal, prendre le siége latéral gauche en passant la jambe droite par derrière au-dessus de la croupe, et descendre en station à gauche. Même mouvement pour descendre en station à droite.

Dix-septième exercice. Exécuter *avec élan* les exercices dix, onze et douze.

Dix-huitième exercice. Sauter en selle par croupe, balancer les jambes en arrière et sauter en station à gauche ou à droite. Cet exercice demande des précautions pour ne pas se blesser à la selle; il s'exécute en trois temps et de la manière suivante :

1. Sauter avec élan à genoux sur la croupe, les mains appuyées sur la croupe et près de la selle.

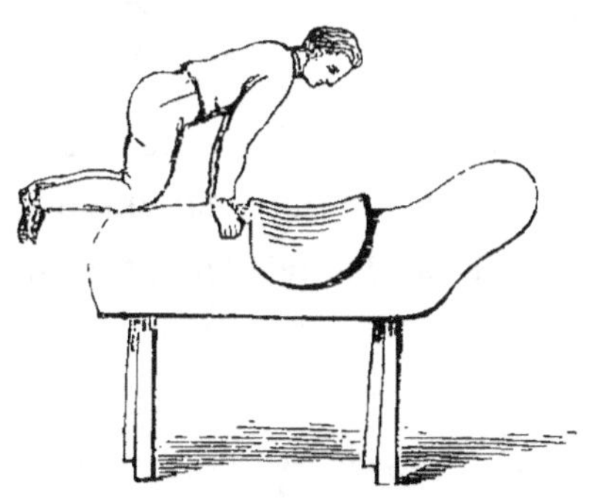

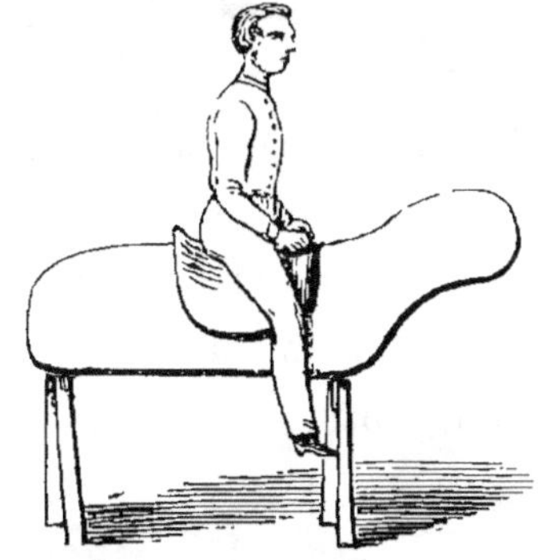

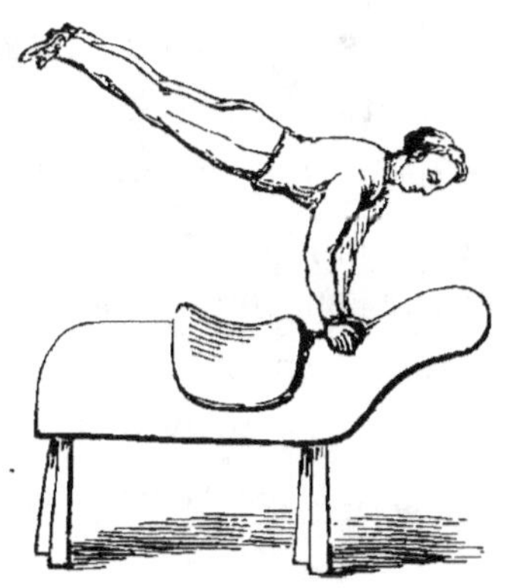

2. Saisir le pommeau de la selle, écarter les jambes et prendre le siége transversal sur la selle.

3. Prendre appui à bras fléchis sur l'encolure, balancer les jambes en arrière et sauter en station à droite ou à gauche.

Dix-neuvième exercice. 1. Sauter en selle par croupe et en deux temps comme il a été expliqué à l'exercice précédent.

2. Appuyer les deux mains sur le pommeau et prendre appui bras fléchis; soulever le corps et passer la jambe droite au-dessus de l'encolure pour prendre le siége latéral gauche.

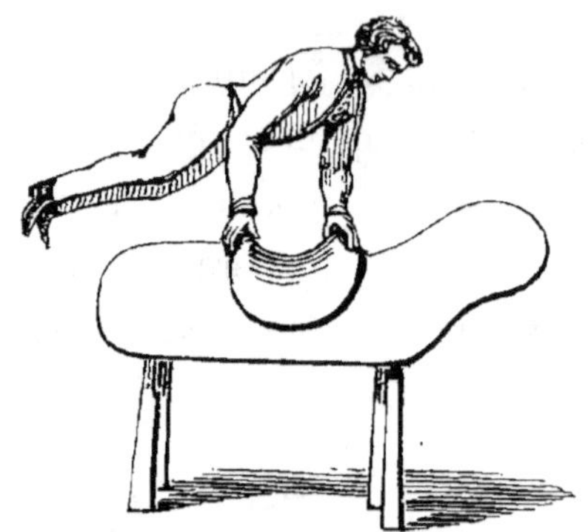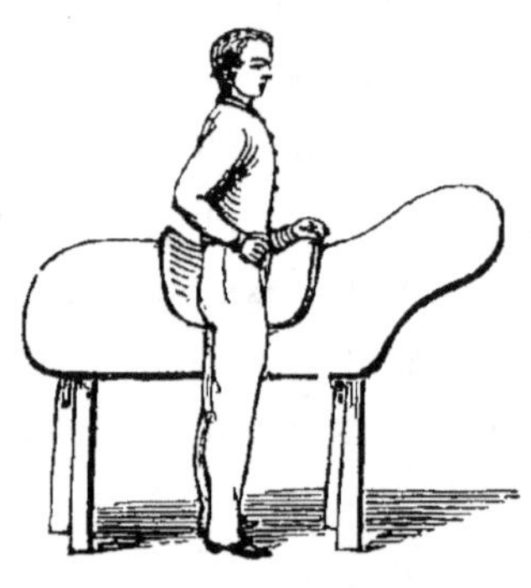

3. Saisir le pommeau de la main gauche, le troussequin de la main droite, balancer les jambes pour leur imprimer un élan, et sauter en station à droite, en passant les jambes au-dessus de la croupe, la main gauche ne quittant pas le pommeau.

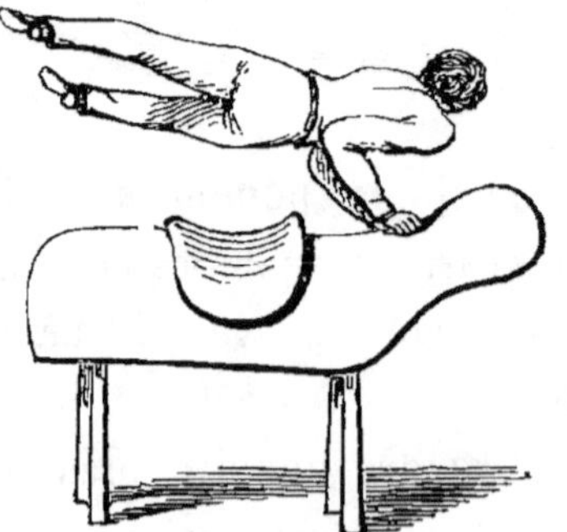

Vingtième exercice. Sauter en selle par la croupe, se mettre en siége latéral droit en passant la jambe gauche en arrière sur la croupe; prendre appui des deux mains sur l'encolure et sauter en station à gauche en passant les deux jambes sur la croupe. Dans ces mouvements, la main voisine du cheval ne doit pas quitter l'encolure.

NOTE pour aider au classement des élèves dans les établissements d'instruction moyenne.

ÉCOLES MOYENNES.

Classes primaires ou sections inférieures : Exercices prescrits pour les élèves âgés de moins dé 10 ans.

Classes moyennes ou sections supérieures : Exercices prescrits pour les élèves âgés de moins de 16 ans.

ATHÉNÉES ET COLLÉGES.

Classes inférieures (7e, 6e et 5e) : Exercices prescrits pour les élèves de 10 à 13 ans.

Classes intermédiaires (4e et 3e) : Exercices prescrits pour les élèves de 13 à 16 ans.

Classes supérieures (2e et réthorique) : Exercices pour les élèves âgés de 16 ans et au-delà.

DESCRIPTION DES INSTRUMENTS & DES APPAREILS

AVEC LEURS PRIX APPROXIMATIFS.

—

APPAREILS PRESCRITS PAR LE PROGRAMME OFFICIEL

Bâtons à lutter. — Bois de frêne ; longueur 0^{m}50 ; diamètre 0^{m}025 à 0^{m}03. Prix 30 centimes.

On utilise pour la lutte assise, les mêmes bâtons réunis au centre par une corde de 0^{m}02 de diamètre et de 0^{m}40 de long. Cet instrument coûte 2 francs.

Canne. — Bois de sapin, de hêtre ou mieux encore de frêne ; longueur de 1^{m}30, diamètre de 0^{m}02 à 0^{m}025, forme cylindrique ou hexagonale. Prix 40 centimes.

Bâtons pour la course d'assistance. — En bois de frêne, long de 1^{m}30, diamètre 0^{m}025. — Prix 60 centimes.

Perches à lutter. — En bois de frêne, de brin, longues de 3 mètres à 3^{m}50, diamètre de 0^{m}03 à 0^{m}035. Lorsqu'on est obligé d'employer le bois de sapin ou de hêtre, on leur donne 0^{m}04 de diamètre. — Prix 4 francs. Ces mêmes perches, lorsqu'elles sont en frêne, peuvent être employées pour les sauts.

Petites balles. — En peau blanche et bourrées de crin végétal ; diamètre de 0^{m}09 à 0^{m}12. — Prix 1 franc.

Grosses balles à anneau mobile. — En peau blanche, de 0^{m}16 à 0^{m}20 de diamètre, bourrées de crin végétal, garnies au centre d'un petit sachet rempli de sable pour en augmenter le poids. Un anneau mobile en fer, de 0^{m}04 de diamètre dans lequel se joue une cheville à tête arrondie, munie de deux plaques en tôle pour assujétir l'autre extrémité à la balle. — Prix 4 francs.

Cordes à lutter et cordes pour les courses. — On leur donne une longueur proportionnée au nombre d'élèves à exercer, mais les premières ne doivent pas avoir moins de 5 mètres, les secondes de 7 à 8 mètres. En bon chanvre, filé à la main, diamètre 0^{m}02. — Prix de fr. 1,90 à fr. 2,20 le kilogramme, soit environ un franc le mètre.

Sautoir mobile. — Il est formé de deux montants gradués de 0m05 en 0m05, au moyen de petites chevilles en bois ; ces montants ont deux mètres de haut, 0m05 d'équarrissage et un pied quelconque, mais pesant, pour base ; on peut au besoin se dispenser de les munir d'un pied en les fichant en terre. Les montants sont espacés de 4 à 5 mètres et réunis au moyen d'une ficelle posée sur les chevilles ; les extré-mités de la ficelle sont pourvues de petits sachets remplis de sable, assez pesants, pour tendre la ficelle, mais, d'autre part, assez légers pour permettre au sauteur qui accroche la ficelle, de l'entraîner avec lui. Pour mieux apercevoir la ficelle, on la garnit au centre d'un tablier de couleur tranchante de 0m30 de haut sur 0m50 de large. — Prix 14 francs.

Fossé-sautoir. — Le fossé a une longueur de 7 mètres environ, une largeur de 5m28 à l'une de ses extrémités et de 1 mètre à l'autre ; la profondeur est de 1 mètre. En le creusant, il ne faut pas perdre de vue que le talus situé du côté où le sauteur prend l'élan, doit offrir assez de résistance ; son inclinaison dépend de la nature du terrain. Dans les terres fortes, on peut réduire la base de ce talus au quart de la hauteur.

On donne aux talus latéraux l'inclinaison nécessaire pour maintenir les terres.

Le fond du fossé, à partir de la base du talus situé du côté où les sauteurs prennent l'appui, se relève de manière à arriver à la crête opposée en affectant une forme légèrement concave.

Pour éviter la détérioration de la crête du talus, on enterre, à l'en-droit où le sauteur prend l'appui, une planche de 0m40 de largeur ; dans ce cas, le prix du fossé serait de 8 à 10 francs.

Appui pour les sauts en profondeur. — Ces appuis sont de plu-sieurs sortes : pour les jeunes élèves, on se sert généralement d'une table à gradins de 0m60 à 0m70 de haut dont le prix varie de 15 à 20 francs. Pour les élèves de 16 ans et au delà, on remplace la table par un escalier de 1m80 à 2m00 de haut et dont les marches, échelonnées de 0m20 à 0m25, ont 0m25, de large. Cet escalier a 0m40 de largeur, le flanc qui n'est pas appuyé au mur, est planchéié. — Prix 40 francs.

Lorsqu'on ne dispose pas de cet appareil, on se sert de l'appui d'une fenêtre, d'un bout d'échelle dont la solidité a été reconnue, d'une table, d'une chaise ou d'un monticule quelconque. On peut aussi, pour exécuter les sauts en profondeur, élever, avec les terres provenant du fossé pour les sauts en largeur, un massif auquel on donne la forme d'une pyramide quadrangulaire tronquée par un plan non parallèle à sa base.

Perches verticales fixes. — Hauteur de 4ᵐ50 à 5ᵐ00 ; diamètre de 0ᵐ04 à 0ᵐ045, en frêne. Prix 5,50

Perches verticales mobiles. — Mêmes dimensions que les précédentes ; leur écartement varie de 0ᵐ38 à 0ᵐ50 suivant l'âge des élèves. Le prix, y compris le crochet et le collet en fer ou l'anneau, servant à les attacher au portique, est de fr. 8,50 pièce.

Corde lisse. — En bon chanvre, de préférence filé à la main, munie de cosse en fer ou en cuivre ; prix y compris le crochet d'attache de 9 à 11 francs.

Mats. — Les mâts sont en sapin du nord ; la hauteur peut aller de 6 à 7 mètres, lorsqu'ils sont placés à l'extérieur ; dans ce cas, on emploie de préférence le bois de chêne et on les réunit par deux, espacés de 3 mètres. Leur diamètre est, suivant l'âge des élèves, de 0ᵐ15 à 0ᵐ18 à la base et de 0ᵐ09 à 0ᵐ13 au sommet ; la partie inférieure, munie de patins et d'arc-boutants, est brûlée ou goudronnée pour sa conservation. Lorsque les mâts sont réunis par deux, on les peint et on les gradue. — Prix de 22 à 25 francs.

Échelle oblique. — Les montants en sapin, longs de 5ᵐ00, ont 0ᵐ06 sur 0ᵐ08 ; les angles sont très-bien arrondis ; ils sont écartés de 0,45 à la base et de 0ᵐ30 au sommet ; on peut aussi leur donner le même écartement dans toute leur longueur. Echelons en frêne, d'un diamètre de 0ᵐ02 à 0ᵐ025, bien lissés et tournés de préférence ; ils sont distancés de 0ᵐ20 à 0ᵐ30 suivant l'âge. Pour éviter que l'échelon ne tourne dans le montant, on en équarrit les extrémités ou bien on les fixe au moyen d'une pointe qui ne traverse pas complétement le montant. — Prix de 30 à 35 francs.

Planche d'assaut. — Longue de 5ᵐ00, large de 0ᵐ25 à 0ᵐ30, les degrés se composent de petites lattes de 0ᵐ03 d'épaisseur, disposées en forme d'échelons et espacées de 0ᵐ20 à 0ᵐ24, on les assemble à queue et à vis ; la partie de la latte touchant la planche, est creusée en gouttière pour pouvoir y introduire les phalanges. — Prix 24 à 27 fr.

Vieux mur. — Dans les établissements d'instruction où l'on dispose d'un vieux mur, on y taille des interstices ou degrés, espacés de 0ᵐ18 à 0ᵐ25 et assez profonds pour permettre à la pointe des pieds de s'y introduire aisément.

Échelle horizontale. — Longue de 4ᵐ00 et complétement en frêne; les montants, espacés de 0ᵐ40 à 0ᵐ50, sont arrondis à la partie supérieure, et creusés en gouttière à leur partie inférieure et extérieure pour l'exercice des phalanges. Les échelons ont 0ᵐ25 de diamètre, tournés de préférence, et distancés de 0ᵐ25 à 0ᵐ30. Prix de 35 à 40 francs.

Lorsque cette échelle doit être placée isolément, il faut comprendre dans son prix, deux montants gradués avec supports qui coûtent environ 25 francs pièce.

Barres parallèles. — La base ou le pied, formé de pièces de sapin ou de hêtre, d'un équarrissage de 0ᵐ08 à 0ᵐ10, a 2ᵐ60 de long sur 1ᵐ15 de large; les pièces sont assemblées avec tenons et mortaises; le fond est planchéié.

Quatre montants de 0ᵐ08 d'équarrissage, ont de 0ᵐ88 à 1ᵐ10 de haut suivant l'âge des élèves. Les deux rouleaux ou barres sont en frêne, d'un diamètre de 0ᵐ055 à 0ᵐ06 et écartés, suivant l'âge des élèves, de 0ᵐ40 à 0ᵐ50; ils dépassent le bâti de 0ᵐ30. Au lieu d'arrondir complétement les barres, on leur donne souvent la forme elliptique dont le petit diamètre a de 0ᵐ045 à 0ᵐ05, et le grand de 0ᵐ06 à 0ᵐ065. Prix de 60 à 70 francs.

Ces barres sont les plus ordinaires, les systèmes perfectionnés ont des montants avec boîtes à coulisses pour augmenter ou diminuer la hauteur des rouleaux. Les montants peuvent aussi être en fer, ayant un coude tournant sur un pivot qui permet d'écarter ou de rapprocher les barres à volonté. Le prix de ce système varie de 110 à 120 francs.

Portique. — Les portiques ont, suivant le nombre d'élèves à exercer et le nombre d'appareils dont on veut les munir, de 5 à 9 mètres d'étendue; ils sont formés de deux montants en sapin du nord de 0ᵐ20 au moins d'équarrissage, reliés au sommet par une traverse en bois de frêne de 0ᵐ14 sur 0ᵐ16 et assemblés avec tenons et mortaises. Les pieds des montants, garnis de patins et d'arc-boutants, sont enterrés de 0ᵐ80 à 1ᵐ00. On peut, pour ne pas devoir donner trop de longueur aux portiques ajouter aux extrémités une traverse de 2ᵐ50, sous forme de T ou V, que l'on garnit également d'appareils. Les appareils sont suspendus par des anneaux et des crochets avec vis tire-fond en fer, ou assemblés au moyen de colliers en fer. L'assemblage des pièces du portique se fait au moyen de tenons et mortaises ; elles sont liées en outre par des équerres ou des plates-bandes en fer. Le prix du portique non pourvu d'appareils, varie suivant les dimensions, de 130 à 200 francs.

APPAREILS TOLÉRÉS.

Ceinture. — Les ceintures sont en sangles larges de cinq à dix centimètres suivant la taille des élèves, et munies à une de leurs extrémités de deux boucles, à l'autre de deux petites courroies ; un anneau de sûreté au centre. — Le prix de la ceinture varie de 90 centimes à 3 francs.

Echasses. — La dimension et la hauteur des échasses varient suivant la taille des jeunes gens. La hauteur moyenne des montants, est de 2^m30 ; ils sont en bois de frêne, d'un diamètre de 0^m022 à 0^m03, et munies de consoles mobiles avec crémaillère, *sans courroies, ni goussets* pour fixer les pieds. La hauteur des consoles va de 0^m30 à 1^m00 ; dans aucun cas, il ne faut confectionner des échasses qui se lient aux jambes. — Le prix des échasses varie de 3 à 4 francs la paire.

Haltères. — La tige, en fer battu, est longue de 0^m10 à 0^m14 ; le poids des deux boules, qui sont de forme sphérique ou aplatie, varie de 2 à 30 kilogrammes. Ces instruments se vendent, tout confectionnés au prix de 60 centimes le kilogramme ; ce prix diminue pour les haltères dont le poids dépasse 10 kilogrammes.

Cannes de fer. — Elles sont longues de 0^m90 à 1^m20 ; le diamètre varie de 0^m018 à 0^m025. Ces cannes se vendent de 35 à 40 centimes le kilogramme. Une canne de fer de 1^m20 de long et de 0^m018 de diamètre pesant 2,650 grammes ; son prix, à raison de 40 centimes le kilogr., sera donc de fr. 1,06.

Barres à sphères. — Elles sont en bois de frêne ou en fer, longues de 1^m50, d'un diamètre de 0^m025 à 0^m03 pour le bois, et de 0^m018 à 0^m02 pour le fer. Les sphères sont de différentes dimensions, elles varient de 0^m08 à 0^m15 de diamètre et se vendent : celles en fer 60 centimes le kilogramme ; celles en bois, environ 2,50 la pièce.

Mils ou massues. — Les meilleures massues sont en bois de frêne, le bois de hêtre ou d'orme convient également. Elles affectent la forme de cône ; la hauteur varie de 0^m45 à 0^m55 ; la poignée est longue de 0^m08 à 0^m12. Le diamètre à la base varie de 0^m11 à 0^m14. — Le prix est, selon les dimensions, de 5 à 8 francs la paire.

Chevalet de natation. — Hauteur de 0^m60 à 0^m70, quatre pieds réunis, sous forme de pliant, par une traverse en fer ; ils ont de 0^m50 à 0^m60 d'écartement à la base. Ce pliant est recouvert de trois fortes sangles, d'une toile à voile ou d'un treillis de cordes. Prix 9 francs.

Tremplins. — Les petits tremplins sont formés de deux planches en sapin, larges chacune de 0^m25, longues de 0^m70 et épaisses de 0^m02 ; elles sont réunies par deux traverses légères et attachées à un support qui élève l'une des extrémités du tremplin à 0^m20 ou 0^m25 cent. du sol. — Prix 8 francs.

Tremplins à tréteaux. — Deux tréteaux solides, longs 0^m52, hauts de 0^m48, en pièces de sapin de 0^m08 d'équarrissage et assemblés avec tenons et mortaises ; ils sont réunis par une traverse mobile en frêne de 2^m25 de long sur 0^m07 à 0^m10 de diamètre, équarrie au centre, arrondie et amincie aux extrémités. Le tremplin, attaché par l'une de ses extrémités au centre de la traverse, est composé de deux planches en sapin, longues de 1^m85. épaisses de 0^m02 à 0^m03 et formant réunies une largeur de 0^m50 à 0^m60. — Prix 35 francs.

Tabouret-sautoir. — Le tabouret a 0^m90 de haut, mais une section avec boîte pratiquée dans les pieds, permet d'en augmenter ou d'en diminuer la hauteur. La caisse rembourrée de crin et recouverte de basane non vernie, a 0^m42 à la base et de 30 à 0^m35 au sommet. Les pieds ont 0^m07 d'équarrissage ; ils sont espacés à la base de 0^m60. Le prix varie de 45 à 80 francs.

Cheval-sautoir (ou de voltige). — La hauteur en selle est de 1^m20 ; une section avec boîte pratiquée dans les pieds, permet d'augmenter ou de diminuer cette hauteur. La hauteur de l'encolure est de 1^m35 ; la la largeur du dos en croupe varie de 35 à 0^m40, elle va en diminuant, de manière à n'avoir que 0^m30 en selle et 0^m25 à l'encolure. Ce cheval qui mesure 1^m80 de la tête à la croupe, est rembourré de crin et recou vert de basane non vernie; les pieds sont écartés latéralement de 0^m60 et inclinés vers la tête et vers la croupe à 35°.

Le prix du cheval de voltige est très-variable, on en confectionne depuis 100 frs. jusqu'à 300 francs.

Échelle verticale. — Les montants en sapin ont 0^m06 sur 0^m08 d'équarrissage, les angles bien arrondis; ils sont écartés, suivant l'âge des élèves, de 0^m35 à 0^m45. Les échelons en frêne tourné, ont de 0^m02 à 0^m25 de diamètre; ils sont distancés de 0^m20 à 0^m28. Le prix d'une échelle verticale de 5^m de long, est de 30 à 35 francs.

Échelle orthopédique. — Une planche en sapin du nord, longue de 5^m, large de 0^m30 et épaisse de 0^m03. Les échelons, tournés aux extrémités, ont 0^m02 de diamètre, ils dépassent la planche, dans laquelle on les fixe au moyen d'une queue et de vis, de 0^m15 de chaque côté. Prix 50 francs.

Perches obliques. — En frêne de brin, environ 6^m de long, 0^m06 de diamètre pour les enfants et 0^m06 sur 0^m08 pour les jeunes gens. — Prix 11 francs.

Poutre horizontale. — Cette poutre, qui sert aux marches d'équilibre, a une longueur de 5 à 7^m; elle est arrondie à sa partie supérieure et supportée par des tasseaux de 0^m15 à 0^m20 de hauteur. — Prix 30 francs.

Un tronc d'arbre raboteux peut servir à cet usage, on le munit également de tasseaux pour le préserver de l'humidité du sol. — Prix de 20 à 25 francs.

Poutre de voltige. — Bois de frêne, 6^m de long, 0^m10 à 0^m12 de grosseur à l'une de ses extrémités, et de 0^m16 à 0^m20 à l'autre.

La grosse extrémité est fixée à une plate-forme confectionnée de manière à permettre d'élever ou d'abaisser à volonté la hauteur de la poutre, dont le centre repose sur un support également gradué. — Prix 150 à 200 francs.

Corde à consoles. — Hauteur de 4^m50 à 5 mètres, en bon chanvre, à quatre torons et de 0^m018 à 0^m023 de diamètre. Les consoles de la forme d'un cône tronqué renversé, sont en bois de hêtre; elles ont de 0^m08 à 0^m10 de haut; leur diamètre de 0^m05 à la partie inférieure et de 0^m07 à 0^m08 à la partie supérieure; on les fixe, au moyen d'une pointe, à des distances qui varient, de 0^m20 à 0^m30 suivant l'âge des élèves.

Le prix de la corde à consoles est de 18 francs y compris l'anneau et la cosse d'attache.

Corde à nœuds. — Comme la précédente, excepté que les consoles sont remplacées par des nœuds. — Prix 14 francs.

Échelle de corde — Hauteur 4^m50 à 5^m; les montants sont à quatre torons; ils ont de 0^m017 à 0^m02 de diamètre.

Les échelons, longs de 0^m32 à 0^m38, sont en frêne tourné; d'un diamètre de 0^m02 à 0^m025 et espacés de 0^m20 à 0^m30 suivant l'âge des élèves. — Le prix de ces échelles, y compris les deux anneaux et les deux cosses en fer, est de 25 francs.

Échelle mixte. — Comme la précédente, dont elle ne diffère que par les échelons qui sont alternativement de corde et de bois. — Prix 25 francs.

Échelle de perroquet. — Cette échelle ne se compose que d'une seule corde, les échelons longs de 0^m46 , y sont fixés par le centre et se croisent alternativement. — Prix 18 francs.

Corde oblique. — En bon chanvre, à quatre torons cablés en duite, 0^m025 de diamètre et incliné à 35°. Le système d'attache doit être très-solide, il est muni d'une manivelle avec roues engrenées et d'une crémaillère pour que la corde soit toujours tendue. Cet appareil exige également une forte poulie sur laquelle passe une corde de sûreté, dout une extrémité est pourvue d'un porte-mousqueton servant à accrocher l'élève par l'anneau de la ceinture. Au haut de la corde oblique est ménagée une plate-forme ou hune en guise de reposoir. Le prix d'une corde oblique, avec ses accessoires, est de 120 francs.

Observations.

Les prix des appareils varient selon les localités. Ceux que nous indiquons, se rapprochent beaucoup des prix donnés dans les prospectus de la maison C. J. Vanneck-Prégaldino, Grand'Place, 24 et 25, à Bruxelles. Cette maison qui fait une spécialité des instruments et des appareils gymnastiques, confectionne ces objets dans toutes les conditions de solidité désirable.

ERRATA.

Page 91, 23e ligne, au lieu : *l'instituteur*, lisez : *l'institut*.
Page 129, 19e ligne, au lieu : *phalagine*, lisez : *phalangine*.
Page 145, 27e ligne, au lieu : *gros orteil*, lisez : *petit orteil*.
Page 322, 14e ligne, au lieu : *échelle*, lisez : *l'échelle*.
Page 417, 3e ligne, au lieu : *le*, lisez : *la*.

FIGURES.

Page 247, Supposez les bras tournés en supination.
Page 342, Supposez un pied appuyé sur chaque barre.
Page 403, Pointillez perpendiculairement en arrière la marche du deuxième peloton.

TABLE DES MATIÈRES.

Iʳᵉ PARTIE.
Histoire de la gymnastique.

IIᵉ PARTIE.
Notions d'anatomie, de physiologie et d'hygiène.

IIIe PARTIE.

Pédagogie.

IVᵉ PARTIE.

Exercices pratiques.

FIN DE LA TABLE DES MATIÈRES.

www.ingramcontent.com/pod-product-compliance
Lightning Source LLC
Chambersburg PA
CBHW051250060726
47596CB00001B/56